JN021360

「中学の理科」が一冊でまるごとわかる

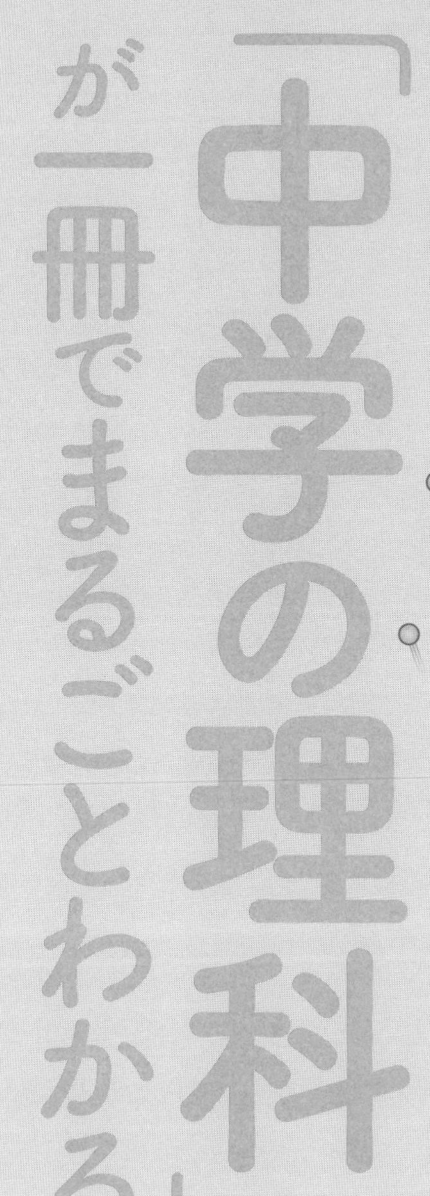

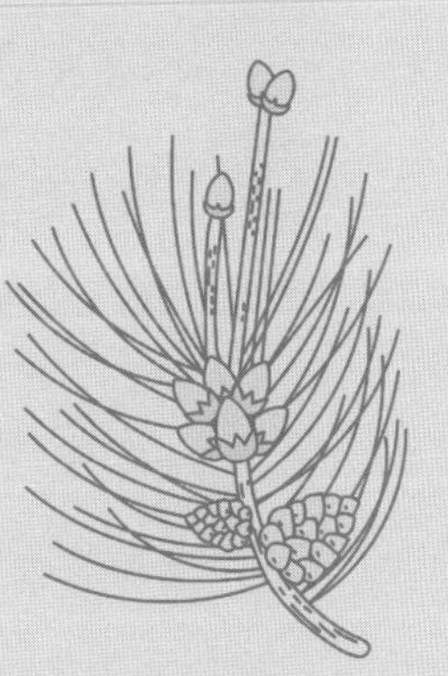

「中学理科の苦手解決サイト」
さわにい 著

ベレ出版

はじめに

この本は中学理科を楽しく学び直すことができるよう、主に大人のみなさんに向けて執筆させていただきました。

「理科を学ぶ」とは「自然について学ぶ」ということです。大人になった今だからこそ、理科を学び直すことでたくさんの発見があることでしょう。

私は元公立中学校の理科教員です。教員という仕事に熱中しすぎて体を壊してしまい、教員を退職せざるを得ませんでした（5年かけ、現在は十分に回復してきております！）。

退職後、「中学理科の苦手解決サイト」というサイトの運営を始めました。これは現役教員時の不登校対応の経験や、教員退職時がコロナ禍と重なったこともあり、「全国の中学生に格差なく理科を学んでほしい」という思いから作成したサイトです。

おかげさまでこのサイトは、全国の中学生から支持を受け、累計1000万回以上のアクセス数を記録し、その後運営を始めたYouTubeチャンネルも、登録者数8万人と好評をいただいております。

普段は理科が苦手な中学生向けに、わかりやすい解説を目標として活動している私ですが、本書は大人向けに執筆したものです。

「中学理科の学び直し」と「理科と日常生活の結びつき」に重点

をおき、一生懸命書かせていただきました。

大人だけでなく、理科が得意な中学生や、高校生などにも役立つ内容となっています。 この本を読むことで、日常生活で見られるさまざまな現象が理科の理論と結びつき、みなさんの生活が少しでも豊かになっていただければ、これに勝る喜びはありません。

さわにい

CONTENTS

第1章 生物

第2章 化学

第3章 地学

第4章 物理

生　物

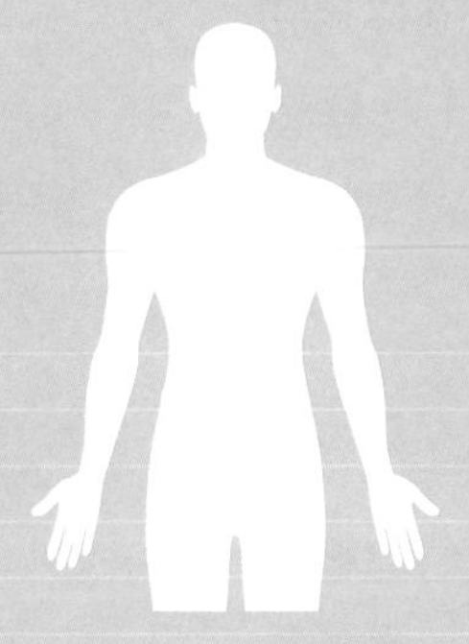

1年

植物が花粉を運ぶ工夫

―― 花のはたらき

中学校の理科は多くの場合、植物の学習から始まります。春の暖かい日差しの中、さまざまな植物を観察するのです。

植物も他の生物と同じように、生きのび、子孫を残すために多様な工夫をしています。まずは植物の「**花**」の部分に注目をして学習していきましょう。

図1-1-1

花とは、右の図の丸でかこった部分のことです。みなさんは**植物がなぜ花を咲かせるのか**、考えたことがありますか？

植物は子孫を残すために花を咲かせます。右の図はアブラナの花です。花は普通、①めしべ②おしべ③花弁(かべん)(はなびら)④がくからできています。

図1-1-2●アブラナの花

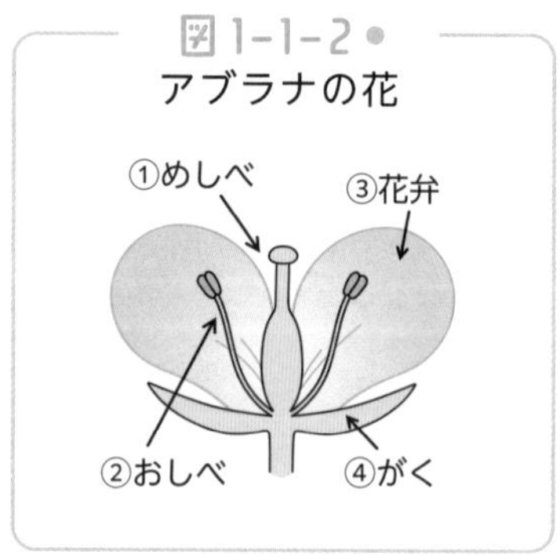

おしべの先には「やく」と呼ばれる袋があり、この中に花粉が入っています。そして、花粉がめしべの先につくと(これを**受粉**といいます)**種子**（しゅし）ができます。このようにして、植物は子孫をつくるのです。なお、種子とは学術的な用語であり、日常で使う「種（たね）」のことです。

受粉を行なう際、自分の花粉を他の場所で咲いている同じ種類の花につけることができれば、遺伝子の組み合わせが増え、より優秀な子孫を残せる可能性が高まります。しかし動けない植物は、どのようにして自分の花粉を離れた場所の植物につけるのでしょうか。

一つの方法は、虫を利用することです。虫を利用して花粉を運ぶ植物を「**虫媒花**（ちゅうばいか）」といいます。虫媒花は一般に、虫を呼ぶために目立つ花弁と蜜をつくります。

図1-1-3●虫媒花

虫媒花の花粉はベタついており、目立つ花弁を目印に蜜を集めにきた虫にくっつきます。虫が次の花へ蜜を集めにいくと、虫についた花粉がめしべの先につき、受粉に成功するわけです。

虫媒花は虫を利用するため、少ない花粉で**効率よく受粉することが可能**です。虫の呼び寄せ方も多様で、腐肉の臭いでハエを集めたり、雌バチの姿に似せ、雄バチを呼んだりする植物もあります。

虫ではなく風を利用して花粉を運ぶ植物もあります。このような植物を「**風媒花**（ふうばいか）」といいます。代表的な植物にはスギ・ヒノキ・マツなどがあります。

風媒花が受粉するための作戦は単純で「大量に花粉をつくり風にのせてばらまく」というものです。植物の名前でピンときた方もいるかもしれませんが、花粉症の多くは風媒花の花粉によるものです。

風媒花は虫を呼ぶ必要がないため、花は目立つつくりではありません。

その代わり、花粉が風で飛びやすいよう工夫されています。植物の工夫には感心させられますが、人間にとっては迷惑な結果になることもあります。

図1-1-4● 風媒花

1年

植物の果実と種子の不思議

―― 植物の受粉前後のようす

植物が受粉をし、種子をつくるための工夫を紹介しました。しかし植物が知恵をしぼるのは、受粉のときだけではありません。今回は植物の受粉前後のようすを詳しく見ていきましょう。

右の図はアブラナの花の受粉前後の変化を表したものです。受粉前のめしべに注目してください。めしべの下の膨らんだ部分を「**子房**（しぼう）」、子房の中の粒を「**胚珠**（はいしゅ）」といいます。

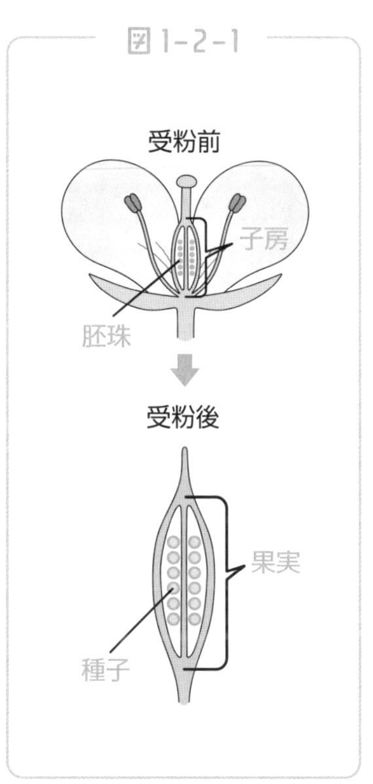

受粉後の花の変化を見てみましょう。子房は**果実**、胚珠は**種子**へと変化します。果実と聞くと、一般にはモモやカキ、サクランボなどをイメージするかもしれません。

しかし果実とは「**子房が成熟し**

てできたもの」のことをいいます。

加えて理解しておきたいことは、みなさんが食べている果実(モモやカキなど)は、**元は植物のめしべだった**ということです。テーブルに並ぶ食材が、どのように成長したのかに目を向けると、新たな発見があるでしょう。

続いて胚珠と種子に注目しましょう。子房の中にある胚珠が、種子のもとになるものです。受粉後に胚珠は種子へと成長します。モモやカキなどの果実の中には、種子(種)が入っていますね。

人は種子を食用とすることもあります。例えばサヤエンドウはさやの部分が果実、豆の部分が種子です。食べる部分が果実というわけではなく、**果実は種子を包んでいるもの**と理解しましょう。

しかし現実には、美味しい果実が多く存在します。なぜ植物の中には、果実を美味しくする種類があるのでしょうか。その答えは「植物は動けない」ところにあります。花粉と同じ理由ですね。

植物は移動ができないため、みずからの力のみで**種子を遠くへ運ぶことが困難**です。そのため果実を美味しくし、他の動物に種子ごと食べてもらうのです。種子を消化しにくいつくりにし、糞と一緒に排出させます。これで自分が動けなくても、種子を遠くに運ぶことが可能になるわけです。

果実を美味しくする以外にも、植物はさまざまな方法で種子を運びます。タンポポは綿毛、カエデはプロペラのような果実をつくり、風の力で種子を遠くへ飛ばします。

フジは種子をはじき飛ばし、オナモミやゴボウは果実が動物などにくっつくようになっています。財布などの面ファスナーはゴボウのこのしくみを参考に発明されました。

ラッカセイは土の中で育ち、大雨や洪水で種子が運ばれるしくみになっています。あの手この手で生息地域の拡大を狙う植物の工夫。私たち人間も「負けてられないな」と考えさせられますね。

図1-2-2●いろいろな種子

1年

被子植物と裸子植物

―― 被子植物と裸子植物の違い

前回はアブラナの花を例に、果実や種子へ成長する過程について解説をしました。前回紹介したような、胚珠が子房に包まれている植物を**被子植物**といいます。被子植物は受粉後、**子房が果実、胚珠が種子へ**と変化しましたね。

しかし植物の中には子房が無く、受粉後に果実をつくらないなかまも存在します。このような植物を**裸子植物**といいます。種子をつくってなかまをふやす植物には、被子植物と裸子植物があるのです。

今回は代表的な裸子植物であるマツについて解説をしていきます。**普段私たちがイメージする花とは異なる**部分も多い、マツの魅力を見ていきましょう。

図1-3-1がマツになります。マツには、雌花と雄花という２種類の花が咲きます。雌花と雄花はりん片という、うろこのようなものが重なってできています。雌花は赤い色をしており、アブラナでいうめしべと似たはたらきをします。雄花は黄色で、おしべと似たはたらきをします。

図1-3-1●マツのつくり

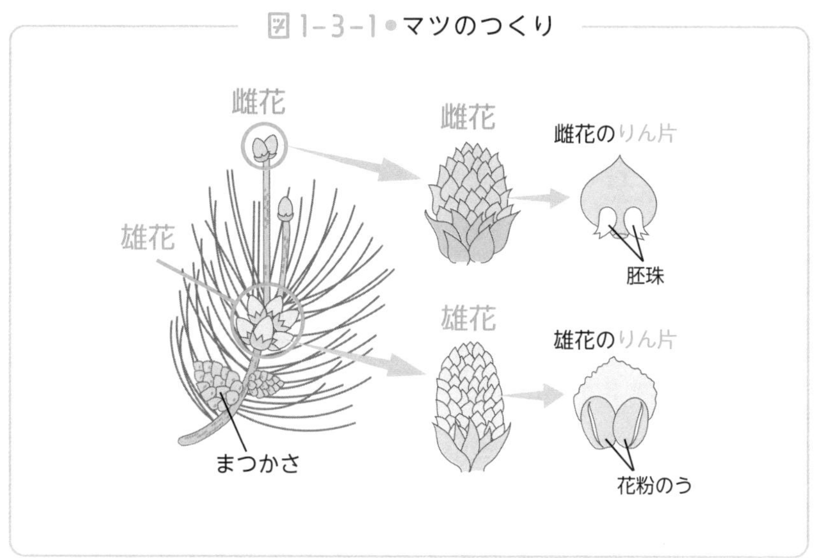

まずは雌花に注目してみましょう。雌花のりん片をピンセットでとると、胚珠がついていることがわかります。前回紹介したアブラナなどの**被子植物は胚珠が子房に包まれていましたが、マツには子房が無く、胚珠がむきだしになっています**。このような植物を裸子植物というのです。

さて、胚珠とは受粉後に種子になるものでした。マツの雌花は受粉後、約 2 年かけて成長し、**まつかさ**になります。まつかさとは俗に言うまつぼっくりのことです（「まつぼっくり」という言葉の由来もぜひ調べてみてください）。

まつかさの中には種子が入っています（図1−3−2）。これは、雌花の胚珠が成長したものです。まつかさには種子を守る役割がありますが、果実とは別物です。マツは裸子植物であり、子房が無いので、果実はできないのですね。

続いてマツの雄花を見てみましょう（図1-3-1）。雄花もりん片が重なっています。雄花のりん片には**花粉のう**がついており、この中に花粉が入っています。つまり裸子植物の花粉のうは、被子植物のやくと似たはたらきをするのです。しかし構造などの違いにより、名前は使い分けられることが多くなっています。

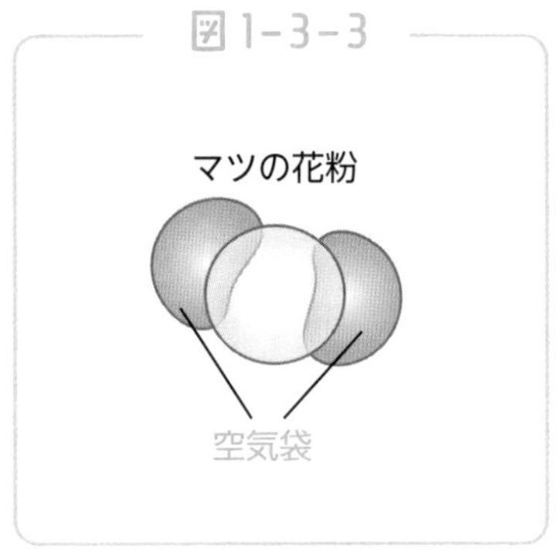

マツの花粉には空気袋がついていて、風で飛びやすい構造になっています。裸子植物の多くは風媒花で、花粉を風で飛ばして受粉をします。

これがマツの花のつくりです。マツは虫を呼ぶ必要がないので、目立たない花のつくりになっています。そのため私たちから見ても少し地味な花ではありますが、春になったらぜひマツの花を詳しく観察してみてください。

1年

双子葉類と単子葉類 ～葉や根のつくりの秘密～

―― 双子葉類と単子葉類の特徴

続いては花ではなく、植物の葉や根のつくりに注目をしてみましょう。今回紹介するのは双子葉類(そうしようるい)、単子葉類(たんしようるい)という植物のなかまです。

双子葉類というのは、被子植物の中でも子葉が２枚の植物のなかまのことです。**子葉**とは種子から芽を出した植物の、はじめに出てくる葉のことです。

一方で**単子葉類**は、被子植物の中でも子葉が１枚の植物のなかまのことです。一般的に子葉は２枚のイメージが強いかもしれませんが、右の写真のように子葉が１枚の植物もあります。

双子葉類と単子葉類の違いは子葉の数だけではありません。**葉脈**(ようみゃく)や根のつくりも異なっているのです。

図1−4−1は双子葉類と単子葉類の葉脈のようすです。葉脈とは

葉に見られる水や栄養分の通り道です。水や栄養分は葉の隅々まで届けなければいけないため、このようなつくりになっているのです。

ヒトの血管とよく似たはたらきですね。

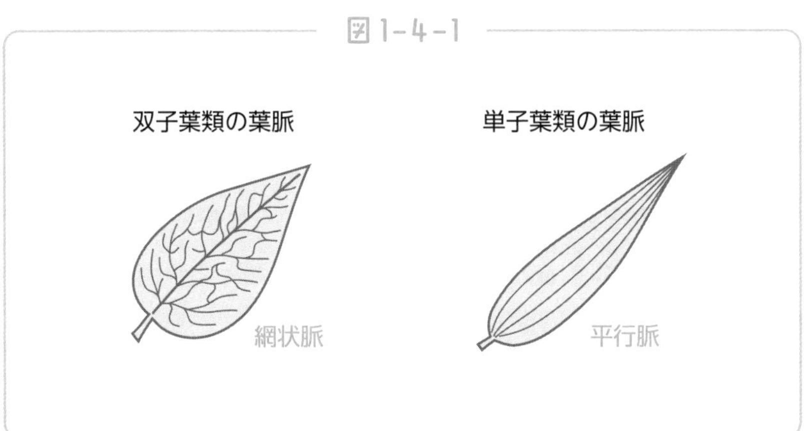

図1-4-1

双子葉類の葉脈は網目状になっており、**網状脈**（もうじょうみゃく）と呼ばれます。単子葉類の葉脈は平行に近いつくりをしており、**平行脈**と呼ばれます。

続いて根のつくりを見てみましょう（図1−4−2）。双子葉類の根は、1本の太い根から、細い根が出ています。この太い根を**主根**といい、細い根を**側根**といいます。一方で単子葉類の根はすべて細い根からできています。このような根のつくりを**ひげ根**といいます。

このように、双子葉類と単子葉類では**子葉・葉脈・根のつくりが異なる**のです。このことを知っていると、植物のからだの一部を見るだけで、植物のからだの全体像を予想するきっかけになります。

身の回りの植物で考えてみましょう。例えばタマネギ。私たちが食べているのは、実は葉の部分です（緑色ではありません。これ

図1-4-2

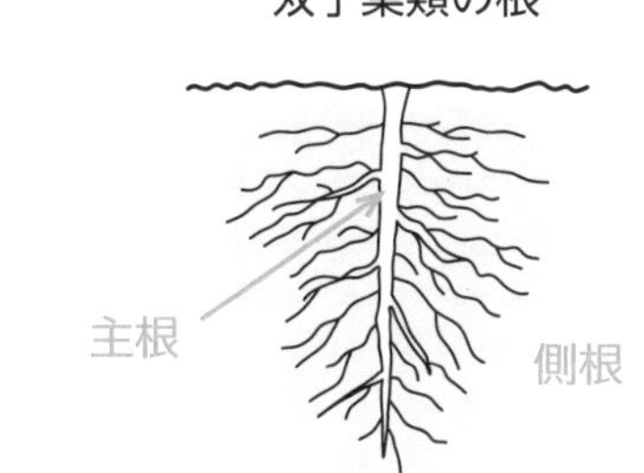

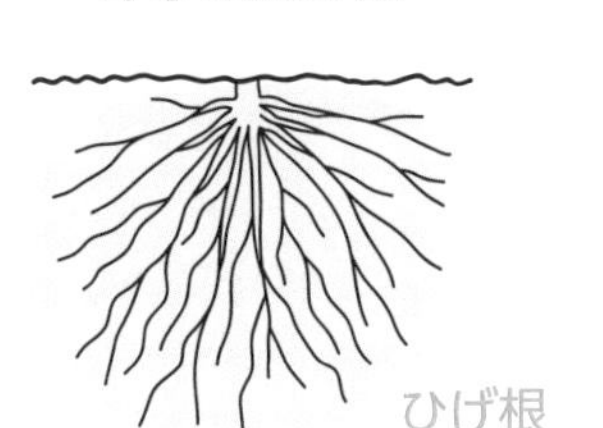

は地中に埋まっているため光合成をする必要がなく、葉緑体をつくらないからです）。タマネギを切ってみると、平行脈であることがわかります。つまり単子葉類で、根はひげ根になります。タマネギから出てくるひげ根を見たことがある方もいるでしょう。

タマネギ

一方ホウレンソウは、葉脈が網状脈ですね。このことからホウレンソウは双子葉類とわかります。よって根は、主根・側根であると想像することができるのです。

ホウレンソウ

私はよく庭の草むしりをするのですが、ひげ根の植物は主根・側根の植物よりも抜きやすいことが多いです。

ひげ根は根を深くまで伸ばすことが難しいためです。このように、抜きやすい、抜きにくいなどの判別も葉脈を見るだけでできるようになります。みなさんもぜひ、身近な植物の観察にこれらの知識を活用してみてください。

1年

離弁花と合弁花 ～タンポポの花の秘密～

―― 花弁のつくり

虫媒花は虫を呼ぶ目印として、きれいな花弁をつけました。花弁のつくりを詳しく観察するために、アブラナの花とツツジの花を分解してみましょう。

図 1-5-1

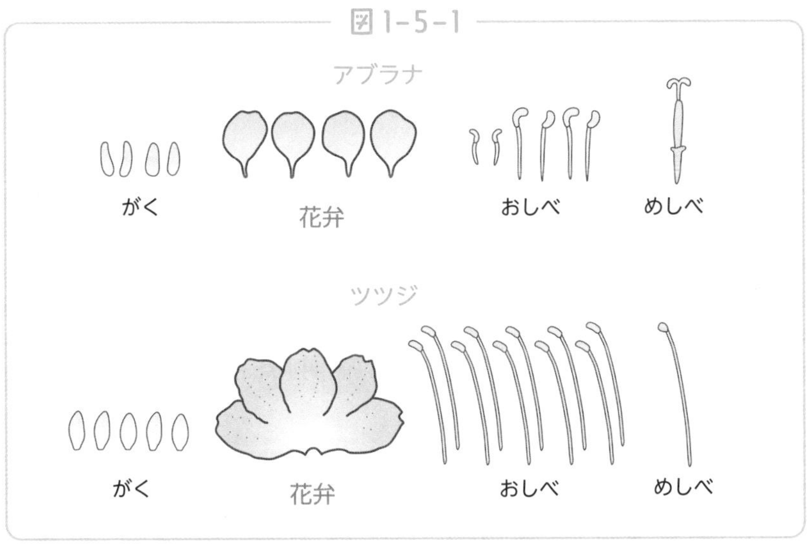

すると、**花弁(はなびら)のつくりに違い**があることがわかります。アブラナの花弁は一枚一枚が離れているのに対し、ツツジの花弁はくっついています。

アブラナのように花弁が離れている花のなかまを「**離弁花類**」といい、ツツジのように花弁がくっついている花のなかまを「**合弁花類**」といいます。

離弁花類の代表的な植物にはアブラナ・サクラ・スミレなどがあり、合弁花類にはツツジ・アサガオ・タンポポなどがあります。

図1-5-2

ここで多くの中学生が勘違いしやすい花があります。それはタンポポです。タンポポは離弁花類ではなく、合弁花類です。

しかし、タンポポの花を思い浮かべると、花弁が一枚一枚離れているように感じられます。**なぜタンポポは合弁花類**なのでしょうか？

その秘密はタンポポの花のつくりにあります。普段見かけるタンポポは、ひとつの花ではなく、**たくさんの花が集まったもの**なのです。タンポポの花を図1−5−3のように分解すると、タンポポの１つの花が観察できます。

図1-5-3

1つの花のつくりは右下の図のようになります。道ばたのタンポポを分解してみると、肉眼でもめしべの先に花粉がついていることが確認できるでしょう。

さて、ここで話を「タンポポは合弁花類」に戻しましょう。タンポポの1つの花を見ると、花弁は1枚に見えますが実は5枚の花弁がくっついています。つまりタンポポは合弁花類といえるのです。

図1-5-4
たんぽぽの1つの花

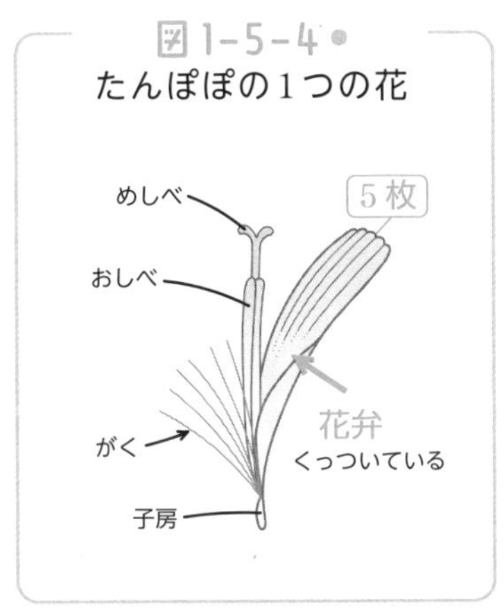

タンポポは受粉後、みなさんおなじみの綿毛へと変化します。タンポポのがくの部分が綿毛になるのです。また、一般的に種と呼ばれる部分は果実になり、この中に種子があります。

図1-5-5●
受粉後のタンポポ

身近なものほど、注目してみると新たな発見があるものです。みなさんも街を歩く際、ちょっとした疑問や不思議に目を向けてみると、新たな発見が広がっていることでしょう。

1-6

シダ植物とコケ植物は種をつくらずになかまをふやす？

―― 種子をつくらない植物

さまざまな植物のなかまを紹介してきました。ここまで解説してきた植物のなかまは、すべて種子をつくってなかまをふやす植物たちです。種子でなかまをふやす植物は植物全体の約 8 割を占めます。

裏を返せば、残りの約 2 割の植物は**種子をつくらずになかまをふやす**ということです。今回は種子をつくらない植物の代表である、シダ植物とコケ植物について解説をしていきます。

まず**シダ植物**のなかまであるイヌワラビを見ていきましょう。イヌワラビはワラビのなかまですが、食べることはできませんので注意をしてください。

図 1-6-1 ● イヌワラビ

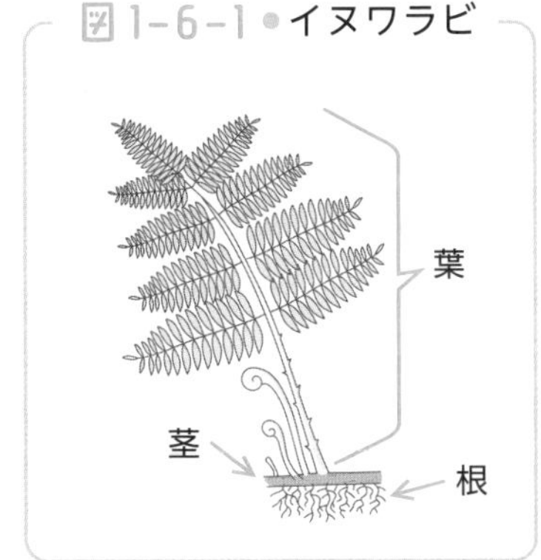

イヌワラビは右の図のようなつくりをしています。気をつけたいポイントは、葉と茎のつくりです。シダ植物はここで描かれている葉で 1 枚の葉ですので、注意してください。図1-6-2を見ると理

解しやすいでしょう。

また、シダ植物の**茎は地面の中**にあります。このような茎のつくりを地下茎（ちかけい）といいます。

この茎から、1枚1枚の葉が生えているのです。ちなみにシダ植物以外にもジャガイモやハスなど、地下茎をもつ植物は多くあります。

シダ植物の葉の裏を見ると、茶色い粒のようなものがついています。これが、シダ植物がなかまをふやすしくみです。

図1-6-3●胞子と胞子のう

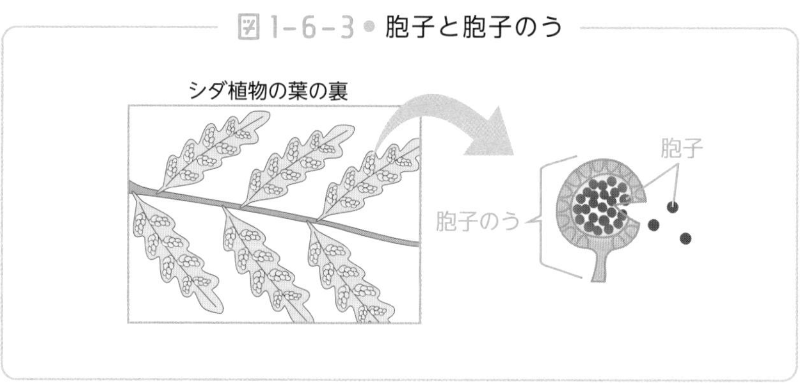

これは**胞子のう**といいます。胞子のうの中には、**胞子**と呼ばれる小さい粒がたくさん入っています。シダ植物はこの**胞子により、なかまをふやす**のです。

一般的な胞子のメリットは、1つの植物から何十万、何百万という数をつくることができることです。胞子自体には栄養分がほとんどなく発芽できる可能性は低いのですが、数が多い分、子孫を残せる可能性は高まるわけです。

種子は胞子とは反対に、たくさんの数をつくることは難しいですが、一般に種子の中には栄養分を多く含んでおり、発芽、成長がしやすくなっているのです。

はじめに書いた通り、現在は種子でなかまをふやす植物のほうが多いですが、胞子には胞子のメリットがあるのですね。

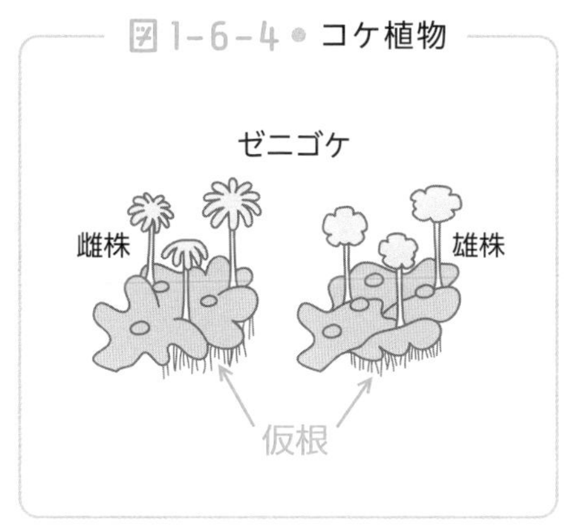

コケ植物も胞子でなかまをふやす代表的な植物です。コケ植物は根・茎・葉の区別がないという、変わった特徴をもつ植物です。

普通、植物は根から水を吸収しますが、コケ植物には根が無いため、**からだの表面から水を吸収**します。また、コケ植物は根の代わりに仮根という器官をもちます。仮根の主なはたらきはからだの固定であり、地面や岩などにはりつくことを可能にしています。仮根があるため、コケ植物は岩から生えているように見えるのですね。

今回は種子をつくらない植物について解説をしました。植物といえば種子でふえるというイメージが強いですが、種子以外でなかまをふやす植物も少なくありません。

1-7

1年

「脊椎動物の特徴と5つのグループ」言えますか？

―― 脊椎動物のなかま

今回からは動物のなかまについて解説をしていきます。動物は大きく「脊椎動物（せきついどうぶつ）」と「無脊椎動物（むせきついどうぶつ）」に分けることができます。**脊椎とは背骨のこと**です（似た言葉で脊髄（せきずい）があります。脊髄は脊椎の中にある神経の束のことです）。

背骨をもつ動物を脊椎動物といい、背骨をもたない動物を無脊椎動物というのです。今回は脊椎動物について考えていきましょう。

脊椎動物は５つのグループに分かれます。魚類・両生類・は虫類・鳥類・哺乳類の５つです。これらののグループの名前は聞いたことがある方も多いでしょう。グループに含まれる生物はすべて、背骨をもつ動物なのです。魚などは食べるときに背骨が見えるのでわかりやすいですね。

脊椎動物のグループはそれぞれ異なる特徴をもちます。まずは子の生まれ方についてです。哺乳類以外のなかまは、卵から子が生まれます。卵から子がかえるなかまのふやし方を**卵生（らんせい）**といいます。

図1-7-1● 脊椎動物の分類

	魚類	両生類	は虫類	鳥類	哺乳類
背骨	ある	ある	ある	ある	ある
子の生まれ方	卵生	卵生	卵生	卵生	胎生
卵が育つ場所	水中	水中	陸上	陸上	ー
主な生活場所	水中	水辺	陸上	陸上	陸上
呼吸のしかた	えら	子　えらと皮膚 親　肺と皮膚	肺	肺	肺
体表	うろこ	湿った皮膚	うろこ	羽毛	毛
なかまの例	フナ サメ	カエル イモリ	ワニ カメ ヤモリ	ハト スズメ ペンギン	ネコ クジラ コウモリ ヒト

一方哺乳類は、母親の子宮の中である程度成長してから子が生まれます。このようななかまのふやし方を**胎生**（たいせい）といいます。胎生は哺乳類の最も大きな特徴といってもよいでしょう。

また、表にはありませんが一般的に魚類・両生類・は虫類は卵を産みっぱなしにし、鳥類と哺乳類は子の世話をします。これらの違いも面白いところですね。

もちろん**すべての動物がこの表に当てはまるわけではありません**。例えばワニは、は虫類ですが子どもの世話をしますし、カモノハシは哺乳類ですが卵を産みます。このように、例外がいることも併せて理解しておいてください。

続いては体表について考えてみましょう。特に注目をしてほしいのは両生類とは虫類です。この 2 つのグループは、違いがわかりにくいため、見分ける際には体表を比べるとよいでしょう。

カエルやイモリなど、両生類の体表は湿った皮膚になっていますが、ワニやカメなどのは虫類のからだはうろこで覆われています。

イモリ

ヤモリ

両生類とは虫類で特に区別しにくいのがイモリとヤモリでしょう。名前も形も似ていますが、イモリは両生類、ヤモリはは虫類です。イモリは漢字で「井守」ヤモリは漢字で「家守」と書きます。それぞれ井戸のまわりの害虫、家のまわりの害虫を食べてくれることからこのような名前がついたともいわれます。みなさんもイモリとヤモリを見分ける際には、体表を参考にするとすぐに区別ができるでしょう。

脊椎動物のグループ分けにおいて、間違えやすい動物たちは他にもたくさんあります。代表的なものとしては、サメが魚類であり、クジラが哺乳類であるところでしょうか。クジラは卵を産みませんので哺乳類になります。クジラの祖先は陸上にすんでいましたが、そこから海へと生活圏を移していったのです。そのため、クジラの骨には後ろ足の名残が見られます。

またクジラは哺乳類であるため、肺呼吸です。そのため数分から数時間に一度、呼吸をするために海面に出てくる必要があります。これがクジラの潮吹きですね。

さらに哺乳類であるクジラやイルカは、魚類と尾びれを動かす向きが異なります。これは一度陸上にすんだ動物が再度海に戻るための進化をしたことによるとも考えられています。

図1-7-2 ● 尾びれの動かし方

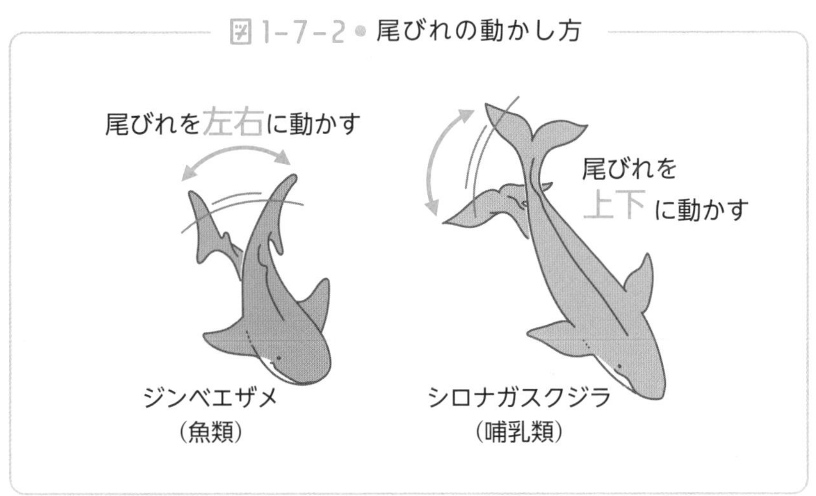

最後に**ヒトの体表**についても簡単に解説をしておきます。普通哺乳類はイヌ・ネコ・ライオンなどに代表されるように、毛で覆われています。なぜヒトは毛がうすく進化したのでしょうか。

それは体温調節、とりわけ体を冷やす機能に特化したためです。ヒトは体のさまざまな場所から汗をかくことにより、他の動物よりも体を冷やす能力に秀でています。

そのため、他の動物が暑くて動けない昼に長時間活動することが可能になり、体温上昇に弱い脳を長時間使用できるように進化をしたともいわれています。

このように哺乳類は１つのグループの中でも、独自の進化を遂げていったことがわかります。みなさんもぜひ、脊椎動物の共通点や相違点を探してみてください。

1年

クモは昆虫ではない？節足動物とは

―― 無脊椎動物のなかま

脊椎動物に続いて、**無脊椎動物**のなかまを見ていきましょう。地球上の動物の95％以上は無脊椎動物といわれています。先ほど解説した脊椎動物は、動物界の中ではごく少数なのですね。

無脊椎動物はどのようになかま分けができるのでしょうか。以下は無脊椎動物の分類を図にしたものです。

図 1-8-1

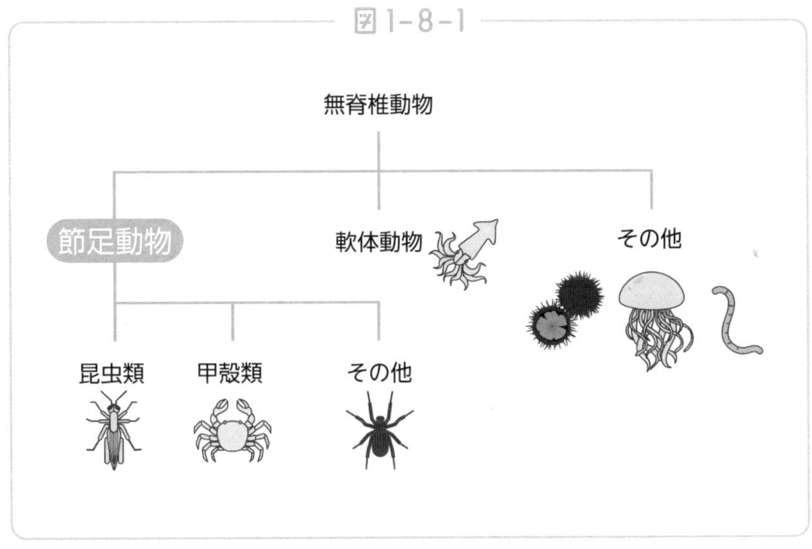

無脊椎動物は大きく節足動物・軟体動物・その他の動物に分ける

ことができます。今回は無脊椎動物の中でも、**節足動物**（せっそくどうぶつ）について解説をしていきます。

節足動物は大きく２つの特徴をもつ動物です。１つは外骨格をもつこと。もう１つは、からだや足に**節**（ふし）をもつことです。

外骨格とは体の外側にある骨格のこと。反対に、私たち脊椎動物がもつような骨格を**内骨格**といいます。

下の図のように、脊椎動物は内側に骨格があり、その外側に筋肉がありますね。一方、節足動物は外骨格であるため、外側に骨格があり、その内側に筋肉があるというわけです。

図1-8-2 ● 外骨格と内骨格

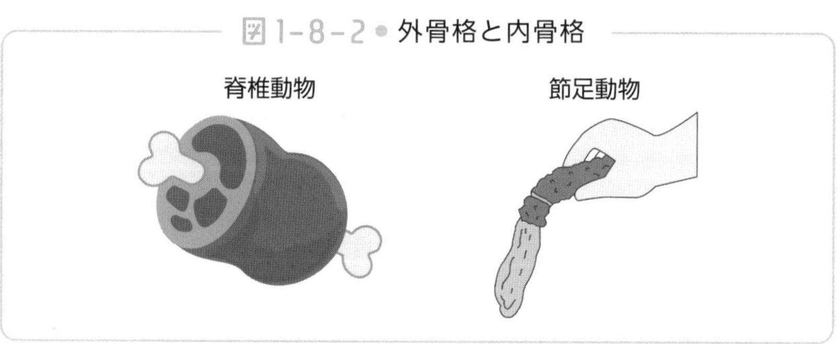

節足動物の特徴２つ目はからだや足に節をもつということです。節とはヒトで言う関節のようなものです。節足動物は外骨格であるため、節がわかりやすいですね。

図1-8-3

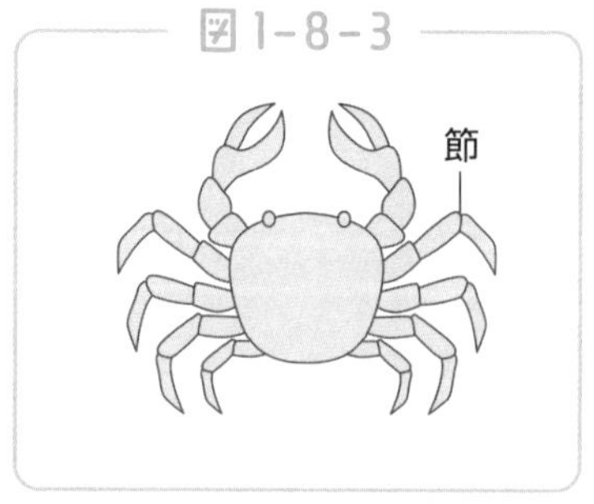

このような特徴をもつ節足動物は、大きく昆虫類・甲殻類・その他の動物に、さらに分けることができます。まずは昆虫類から詳しく見てみましょう。

昆虫類は地球上の約80%を占める動物です。無脊椎動物の種類が多い理由の一つは、昆虫類の種類が非常に多いためです。昆虫類は数も非常に多く、地球上の全人類の体重と、すべてのアリの体重がほぼ同じと考えられているほどです。

図1-8-4 ● 昆虫類

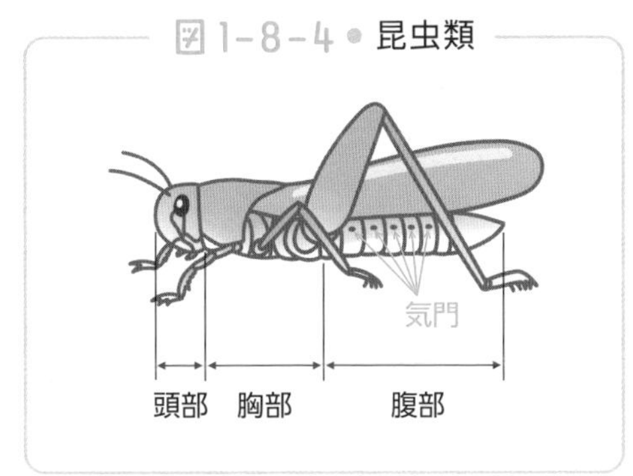

昆虫類の特徴は、からだが頭部・胸部・腹部の3つの部分に分かれていることです。胸部には節のある足が3対（6本）あります。からだの側面には気門（きもん）と呼ばれる穴があり、そこから空気を取り入れて呼吸をします。

また、卵からかえった幼虫が、形や生活様式を変えて成虫になることを**変態**（へんたい）といいます（変態をしない昆虫もいます）。

変態には完全変態と不完全変態の2種類があります。完全変態とはチョウ・ハチ・カブトムシのように、**幼虫→さなぎ→成虫**と変化するもの。不完全変態はトンボ・バッタ・セミのようにさなぎの時期がないものをいいます。

昆虫は私たちの最も身近な動物ともいえます。ぜひ身近な昆虫を観察してみてください。

昆虫類以外の節足動物には甲殻類もいます。甲殻類の代表的な生物はカニやエビなどが挙げられるでしょう。甲殻類も多くの種類がいますが､海に生息する生物が多く､昆虫類ほど身近ではありません。

甲殻類はからだが丈夫な殻で覆われており、頭胸部と腹部に分かれます(変わった形をしている種も多くあります)。水中で生活する甲殻類はえらで呼吸をしますが、陸上で生活をする甲殻類は別の部分で呼吸をします。

図1-8-5 ● 甲殻類

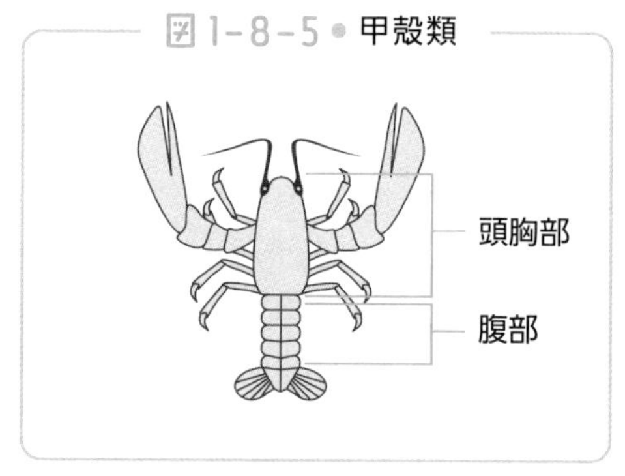

さらに節足動物には、昆虫類・甲殻類以外にもさまざまな種類がいます。クモ類・ムカデ類・ヤスデ類などが代表的な生物でしょう。これらは一般に「虫」と呼ばれますが、昆虫ではないことに注意しましょう。

クモ類はよく見ると、足が 8 本あります。昆虫類は足が 6 本ですので、クモは昆虫とは別の種類であることがわかりますね。クモは見た目が不気味なので、苦手な方も多いでしょう。しかしクモは一部の毒グモを除き、ヒトにとって無害です。それどころか、ヒトや農作物に害を与える害虫を捕食するため、益虫となることのほうが多いのです。

　節足動物は私たちにとって非常に身近な動物です。ぜひ興味をもっていろいろと調べてみてください。

1年

頭から足が生える？軟体動物の不思議

——軟体動物のなかま

無脊椎動物には、節足動物以外にも多くの種類があります。今回は無脊椎動物のなかまである軟体動物について解説をしていきます。

図1-9-1

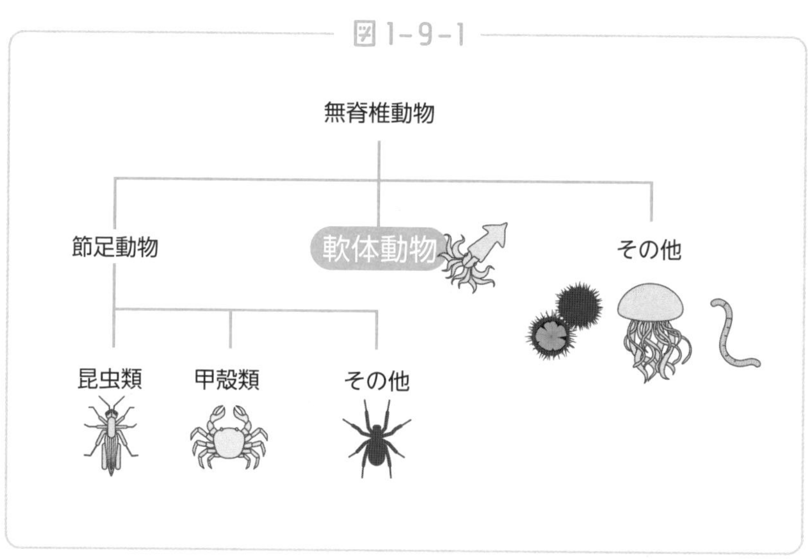

軟体動物とはからだの外側が**外套膜**（がいとうまく）という筋肉でできた膜で覆われた生物のことです。骨や節はもたずに、**筋肉でできた足で活動**をします。イカやタコ、ホタテなどの貝類、カタツムリなどが挙げられます。

イカやタコのなかまは軟体動物の中でも頭足類と呼ばれます。文字通り、頭から足が出ている生物です。外套膜で覆われた部分は頭ではなく胴ですので注意してください。

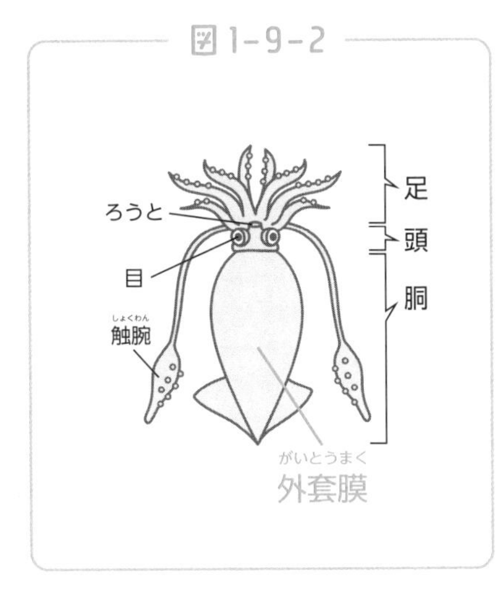

外套膜を切り開くと、内臓のつくりを観察することができます。

解剖といえばカエルのイメージが強いかもしれませんが、現在はイカの解剖が主流です。イカは普段の調理でもさばく機会がありますし、目、口、からだのつくりがよくわかります。

さらにイカは解剖をすると貝殻の名残も観察することができます。**イカは昔、貝殻をもっていたと考えられている**のです。からだのつくりだけでなく、生き物の進化も感じられる生物として、イカは解剖に適した生物といえるのですね。

貝類やカタツムリなども軟体動物のなかまです。軟体動物はからだが柔らかいので、殻で自分のからだを守る生物が多くなっています。

また、カタツムリによく似た生物として、ナメクジが挙げられます。ナメクジもカタツムリと同じで、巻き貝のなかまです。カタツムリにはからだを守るための殻がついていますが、ナメクジにはありません。ナメクジは殻を無くすことで、生きるのに必要なエネルギーを減らすことに成功しています。

なお、カタツムリの殻は体にしっかりとくっついており、無理に取ろうとすると死んでしまいます。カタツムリの殻を取るとナメクジになるわけではないことに注意しましょう。

図1-9-3 ● カタツムリとナメクジ

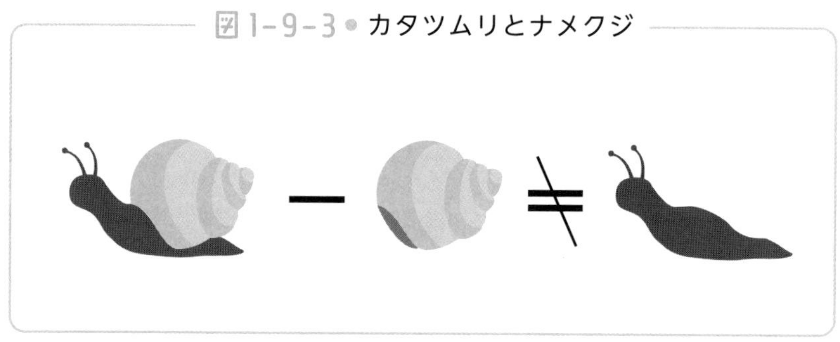

これらが軟体動物のなかまです。さて、無脊椎動物には、前回解説をした節足動物、今回紹介した軟体動物以外にも、ウニやクラゲ、ミミズのなかまなどさまざまな生物がいます。ウニには200年近く生きる種類がいます。

また、ミミズはオスとメスの両方の性質をもつ種類がいます（雌雄同体）。そのため、出会った2個体ともが産卵可能で子孫を効率よくふやすことができます。無脊椎動物には、とてもユニークな生物がたくさんいるのですね。

今回で生物のなかま分けの話は終わりになります。現在地球上に生き残っている生物は、みな生き残るためにさまざまな工夫をしています。何かひとつでも興味が湧く生物がいましたら、ぜひ細かく調べてみてください。生物たちの生きる工夫に、感心させられるはずです。

次回からは、生物のからだのつくりについて解説をしていきます。

2年

生物のからだは何からつくられている？

―― 植物と動物の細胞のつくり

1665年、イギリスのロバート・フックは自作の顕微鏡を用いてコルクの木を観察し、それらが小部屋のようなものからなることを発見しました。フックはその小部屋を**細胞**(cell)と名づけました。

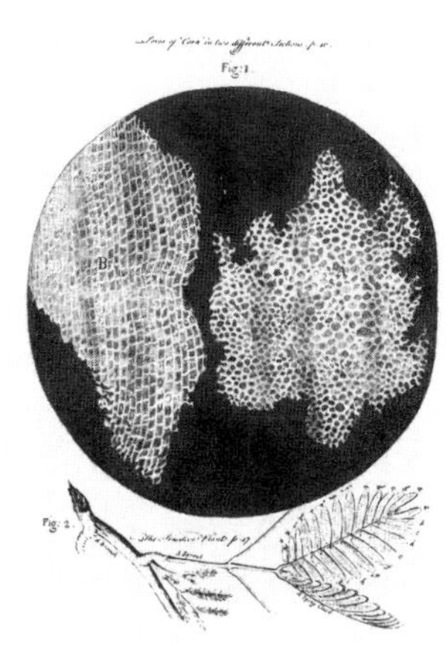

コルク

その後多くの科学者の研究により、生物の体は細胞からできており、**細胞が生物の体をつくる最小単位**であるという細胞説が確立していきました。私たちヒトの体も、約37兆～60兆個の細胞からできているといわれています。私たちの体の中で、これほどの細胞が活動しているというのは、不思議な気分にさせられますね。

今回は細胞、特に植物と動物の細胞のつくりの違いを見ていきましょう。

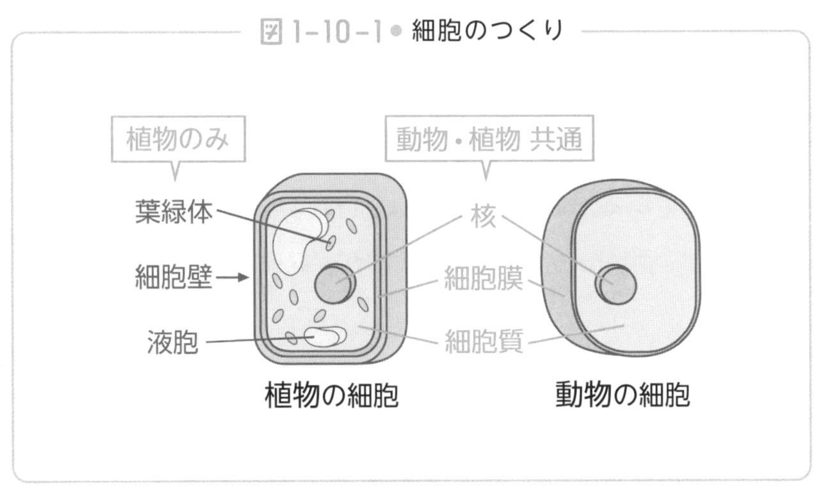

上の図が**植物の細胞と動物の細胞のつくり**です。細胞には、動物・植物に共通のつくりと、植物だけに見られるものがあります。

まず植物のみに見られるつくりを解説します。**葉緑体**とはその名の通り、緑色をした粒です。葉緑体は主に葉や茎の細胞に含まれます。植物は葉緑体で**光合成**をします。光合成とは二酸化炭素・水・光のエネルギーから栄養分をつくるはたらきです。植物は葉緑体があるので、食物を食べなくても成長できるのですね。

続いては**細胞壁**です。細胞壁は植物のからだを保護し、からだの形を保つことに役立ちます。植物は動物と違って**動く必要がありません**。そのため骨格ではなく、細胞壁によってからだを硬くしているのです。

液胞は主に水分や糖類を貯蔵するはたらきをしています。植物は移動ができないので、いつ光合成や水分の吸収ができなくなるかわかりません。そのため、液胞にこれらを貯蔵しておくのです。

同時に液胞は、老廃物をため込む機能もあります。植物は排出組織が未発達であるためです。液胞は動けない植物が発達させたつくりなのです（動物にも液胞はありますが、発達していません）。

続いて植物と動物の細胞に共通して見られるつくりを見ていきましょう。**核**はどの細胞にも1つある丸い粒です。核の中には染色体という物質があり、ここに遺伝情報が含まれています。核は酢酸カーミン溶液（酢酸オルセイン溶液）でよく染まることも特徴です。

細胞から核を除いた部分を**細胞質**といいます。呼吸に関する酵素をもつミトコンドリアなどが含まれます。

細胞質の外側の膜を**細胞膜**といい、細胞内外の物質を調節します。生命活動に必要な物質を吸収し、老廃物などは積極的に排出するはたらきをもちます。

細胞の中にあるさまざまなつくりが、生命活動を維持するために常にはたらいているのです。ヒトの細胞の平均的な大きさは約0.02mmです。生物の体の精密なつくりには本当に驚かされます。

2年

消化とは？ヒトの消化器官のつくり

―― 消化と吸収

私たちが食べた食物は体内で消化・吸収され、残りは便として排出されます。この過程において、体内ではどのようなことが起きているのでしょうか。今回はヒトの消化・吸収について考えていきましょう。

消化器官は大きく2つに分かれます。消化液を分泌する消化腺と、食物が直接通る**消化管**です。**消化管は人間の体の中を貫いている1本の管**であり、口→食道→胃→小腸→大腸とつながっています。ヒトのからだをチクワとすると、消化管はチクワの穴のようなものです。ヒトの消化管の長さは10mほどにもなり、高さにするとマンションの4

図1-11-1● 消化管

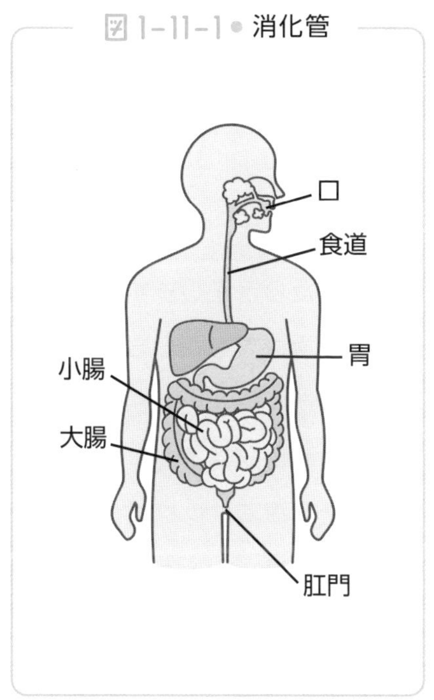

階ほどにもなります。ヒトの体を考えるとかなりの長さですね。それぞれの消化器官では、どのようなはたらきが行なわれているのでしょうか。詳しく見ていきましょう。

まずは口です。口では食物を歯で細かく嚙み砕きます。同時に、だ液腺からだ液を分泌し、デンプンを分解します。だ液には**アミラーゼ**という消化酵素が含まれており、これがデンプンを分解するのです。

食道はぜん動運動により、食物を胃へ送るはたらきをします。ぜん動運動とは食道の壁をつくっている筋肉が、上から下へ収縮をくり返すことで、胃の中に食物を送り込む動きです。このはたらきにより、ヒトは寝ながら食べても、逆立ちしながら食べても食物を胃に送ることができます（危険ですので実際には行なわないでください）。

食物が胃に送られると、胃もぜん動運動を行ない、食物を混ぜ合わせるはたらきをします。胃はある程度の伸び縮みが可能な器官で、たくさん食べても膨らむことができます。

胃液は強い酸性であり、食物と一緒に入ってきた細菌を滅菌します。また、胃液には**ペプシン**という消化酵素が含まれ、タンパク質を分解するはたらきがあります。

胃から小腸につながる部分には、十二指腸と呼ばれる箇所があります。十二指腸は小腸の一部で、30cmほどの長さですが、**肝臓でつくった胆汁、すい臓でつくったすい液が混ざり合う大切な箇所**です。すい液の中には、リパーゼなどの消化酵素が含まれます。

消化された食物は小腸で吸収されますが、小腸でも消化が行なわれます。ヒトの腸内には多くの微生物がすんでいます。微生物も食物が消化されないと栄養を吸収できません。そのためヒトは、小腸で最後の消化を行ない、その後すぐに吸収することで吸収効率を高めているのです。

小腸は**柔毛**という細かい突起をもっています。これも吸収効率を高めるためのしくみです。

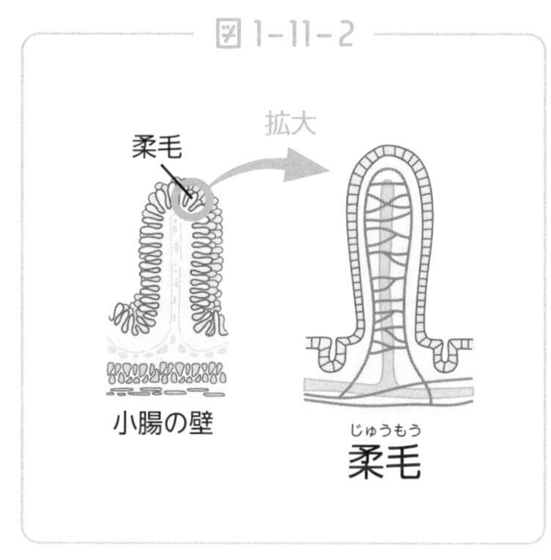

柔毛は**小腸の表面積を増やし、吸収効率を高めるはたらき**があるのです。ヒトの小腸は6ｍほどの長さがあり、広げるとテニスコート1面分ほどの面積になります。ヒトのからだが、いかに栄養を効率よく吸収するためのつくりになっているのかがわかりますね（草食動物のヒツジはさらに腸が長く、約30mもあります）。

大腸は1.5mほどある太い管です。小腸とは異なり柔毛はありません。消化や栄養分の吸収はほとんど行なわれず、食物から残った水分を吸収するはたらきがあります。

下の図はヒトのからだの消化酵素と、栄養素が分解される過程です。

最終的にデンプンはブドウ糖、タンパク質はアミノ酸、脂肪は脂肪酸とモノグリセリドに分解され、吸収されます。

図1-11-3 ● 消化酵素による分解

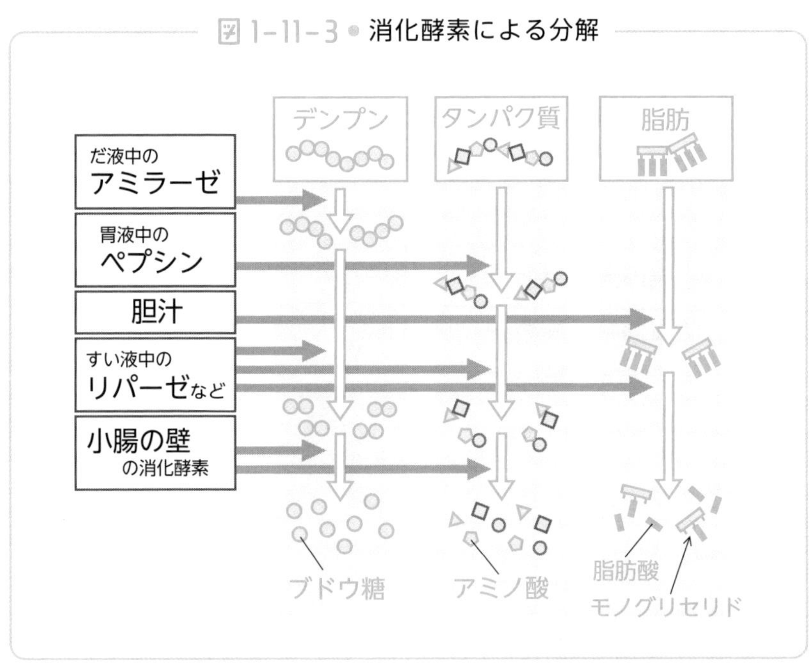

このように、ヒトのからだでは消化・吸収を効率よく行なうためにさまざまな器官が活躍しているのです。私たちが食べた食物が、便として出てくるまでに、1本の管の中でさまざまな変化をしているのは、とても興味深いですね。

2年

肺には筋肉が無いのに呼吸ができるしくみ

―― 肺のつくりとはたらき

私たちが呼吸する回数は、１日に約20,000回です。吸い込む空気の量も非常に多く、１日で500mlのペットボトル約30,000本分。質量(重さ)にすると約18kgにもなります。これはご飯約100杯分の質量です。

食事ができない場合でも、数日であれば何とか生きのびることはできるかもしれません。しかし空気がなければ、数分ももちません。今回は私たちが活動をするため、なくてはならない**呼吸**について考えていきましょう。

図1-12-1●空気の成分

空気中には窒素が約78%、酸素が約21%含まれています。ちなみに二酸化炭素は約0.04%と、ごくわずかしか含まれていません。

ヒトは呼吸をすることにより、酸素を体内にとり入れ、二酸化炭素を排出します。図1-12-1と

図1-12-2を比べると吐く息では酸素が減り、二酸化炭素が増えていることがわかりますね。

一般にヒトは酸素を吸い、二酸化炭素を吐くといわれますが、**吐く息でも、酸素は二酸化炭素よりも多く含まれている**ことに注意しましょう。

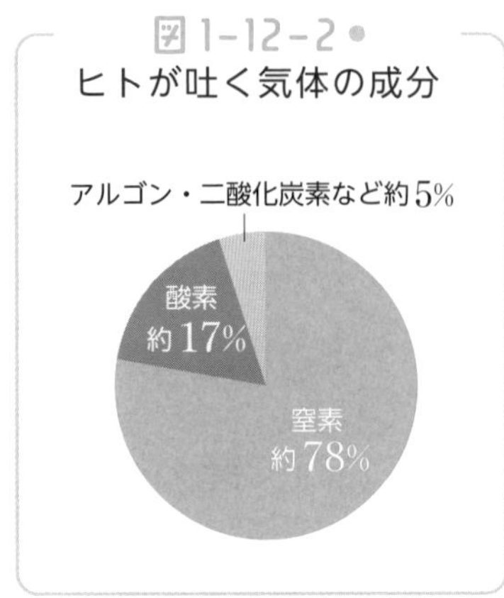

続いてはヒトが呼吸をするしくみを見ていきましょう。ヒトの呼吸器官は鼻(口)から始まり**気管**へと続きます。食物は気管に入らないようなつくりになっています。飲み込む際にのどの筋肉や舌の反射作用があるためです(気管に食物やだ液が入ってしまうのが「むせる」という現象です)。

気管は2本の気管支に分かれ、1対の肺に入ります。気管支は肺の中でさらに枝分かれをします。

気管支の先のほうには、**肺胞**(はいほう)という小さな袋がついています。肺胞には毛細血管が張り巡らされていて、ここで酸素と二酸化炭素の交換を行ないます。

図1-12-3

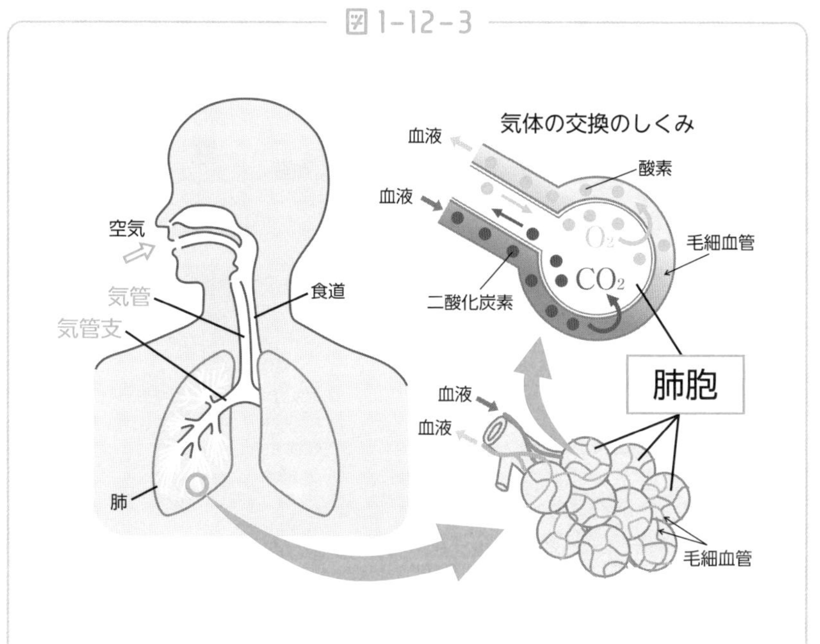

肺胞がついていることにより、**肺全体の表面積が大きくなり、効率よく気体を交換することができる**のです。これは小腸の柔毛とよく似たはたらきですね。肺胞のはたらきにより、ヒトの肺の表面積は50～100m^{2}にもなるといわれています。

肺には心臓のような筋肉がなく、みずから運動することができません。呼吸運動は**横隔膜**(おうかくまく)という筋肉の膜と、肋骨のまわりの筋肉で行なうのです。

この肺の運動をモデル化したものが図1-12-4になります。横隔膜が縮んで下がると、肺の中に空気が入って息を吸うことができます。

反対に横隔膜が伸びて上がると肺の中の空気が出て息を吐くことができます。

このようにして、ヒトは呼吸を行なうことができるのです。下のQRコードからは、**肺のモデルが動くようす**を動画で見ることもできますので、スマホなどを利用し、ぜひ見てみてください。

図1-12-4 ● 肺のモデル

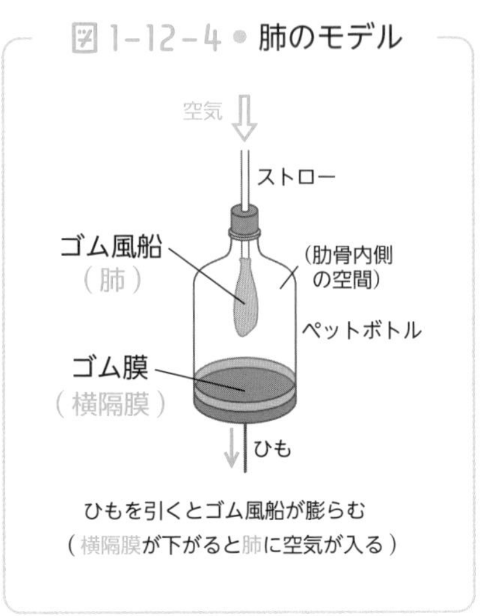

なお、しゃっくりが起きるのは、この横隔膜がけいれんするためです。しゃっくりは特別な理由がなくても起きる現象で、健康な方でも起こります。

今回はヒトの呼吸のしくみについて解説をしました。ヒトの肺は非常に巧みにつくられています。昆虫などは肺が無く、酸素を全身に回すことが難しいため、大きな体に進化することが難しいともいわれています。私たちのような大きな体でも、酸素を十分にとり入れることができるのは、肺の活躍があってこそなのですね。

2年

ヒトの血液「4つの成分」

―― 血液のはたらき

ヒトの体には4Lもの血液が絶えず流れ続けています。心臓から送り出された血液は毛細血管を通り、細胞のひとつひとつに酸素や栄養を届け、心臓へと戻ります。これらの血管を1本につなげて伸ばして考えると、その長さは約90,000kmにもなるそうです。(地球一周が約40,000km)

今回は私たちの体をめぐる血液にはどのような成分があるのか、また、それぞれの血液の成分がどのようなはたらきをしているのかを考えていきましょう。

ヒトの血液には赤血球・白血球・血小板・血しょうという**4つの成分**があります。赤血球・白血球・血小板の3つは固形成分で、血しょうは黄色で透明の液体成分です。

図1-13-1

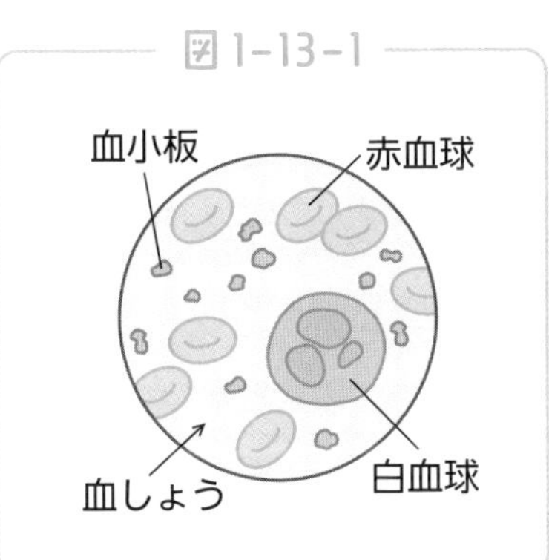

まずは**赤血球**のはたらきを見ていきましょう。赤血球は赤色で、中央がくぼんだ形をしています。赤血球が赤色に見えるのは**ヘモグロビン**という色素をもつためです。

ヘモグロビンをもつ赤血球は、体中に酸素を運ぶはたらきをします。

これはヘモグロビンが、肺などの酸素が多い場所では酸素と結びつき、酸素が少ない場所では酸素を離す性質をもつためです。

図1-13-2●ヘモグロビンのはたらき

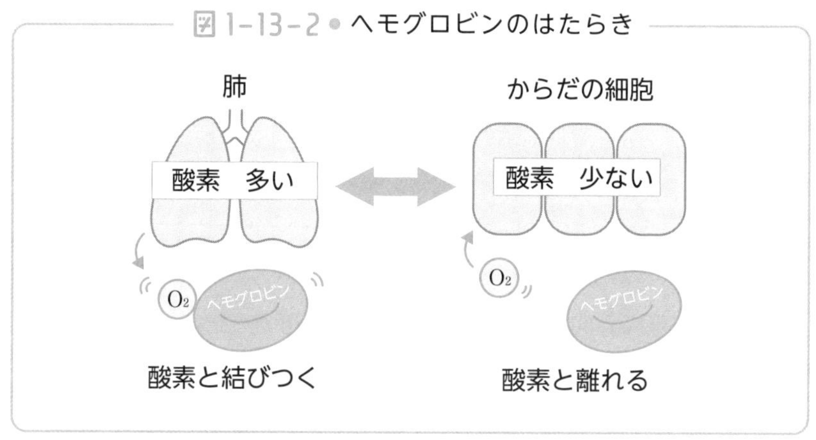

赤血球に関連して知っていただきたいことの一つに、**ヘモグロビンは一酸化炭素と非常に強く結びつく**ということがあります。その結びつきの強さは酸素の230倍ともいわれます。つまりヒトが一酸化炭素を吸ってしまうと、ヘモグロビンは一酸化炭素と結びついてしまい、酸素と結びつくことが困難となります。その結果、ヒトの体は酸素不足となってしまうのです。これが一酸化炭素中毒です。一酸化炭素は酸素が不十分な場所で不完全燃焼が起きると発生します。ものを燃やす際は換気に十分注意しましょう。

白血球は色素の無い血球で、体の中に入ってきた細菌をとらえるはたらきをします。ケガをした場合などに膿が出ることがありますが、これは細菌と、それをやっつけようとはたらいた大量の白血球の死骸などが混じったものです。

血小板は傷口から血液が出たときに血液を固め、出血を防ぐ役割があります。かさぶたには、赤血球などとともに血小板も含まれます。血が止まらなくなっては大変ですので、血小板も大切な役割を担っています。

最後は**血しょう**です。血しょうは液体成分で、大部分は水です。食べ物から吸収した栄養分や、生命活動により発生した不要な物質を運ぶはたらきをもっています。

血液は非常に多くの役割をもっています。私たちの体の大部分は、傷がつくと血が出てきますね。血液は私たちの体の隅々まで行き届き、体を守ってくれているのです。

2年

「動脈」「静脈」「動脈血」「静脈血」の違いとは

——ヒトの血管と血液循環

血液には4つの成分が含まれ、全身をめぐることで私たちの生命活動を維持していることを説明しました。今回は血管と血液に関する名称を整理していきたいと思います。普段耳にする言葉の意味をしっかりと整理することで、体のしくみをより深く理解することができるでしょう。

今回解説する用語は「動脈」「静脈」「動脈血」「静脈血」の4つです。まず**動脈**と**静脈**について考えていきましょう（図1-14-1）。

図1-14-1

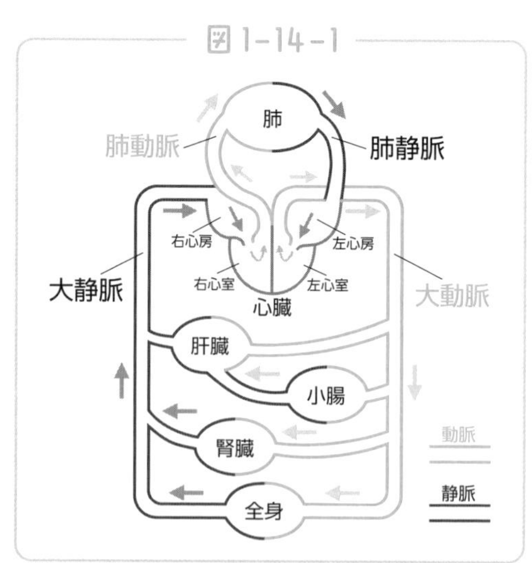

はじめに押さえていただきたいのは、**動脈と静脈は血管**である、ということです。動脈とは、心臓から送り出された血液が流れる血管のこと。 血液は心臓から送り出され、全身の細胞に酸素や栄養

を届け再び心臓へと戻ります。そのうち行き半分である、**心臓から送り出された血液が流れる血管を動脈**というのです。郵便配達で喩えると、郵便物を届けに行く際に通る道路が動脈というわけです。

反対に**静脈とは、心臓に戻る血液が流れる血管**のことです。心臓へと戻る、帰り半分の血液が流れている血管が、静脈ということですね。郵便配達でいえば、郵便物を届けた帰り道の道路が静脈です。

代表的な動脈・静脈には、図1−14−1のような大動脈・肺動脈・大静脈・肺静脈があります。**大動脈**は肺以外の全身へ血液を送る、動脈の本幹です。直径約2～3cmという人体最大の血管です。**肺動脈**は、心臓から肺へ向かう血液が流れる血管です。

また、**大静脈**は肺以外の全身から血液を集めて、心臓に送る静脈の本幹です。**肺静脈**は肺から心臓へと戻る血液が流れる血管です。

右の図は動脈と静脈のつくりです。動脈の特徴は、血管の壁が厚くなっていることです。動脈には心臓から送り出された血液が勢いよく流れます。そのため、血管の壁が厚く弾力があるつくりになっているのです。

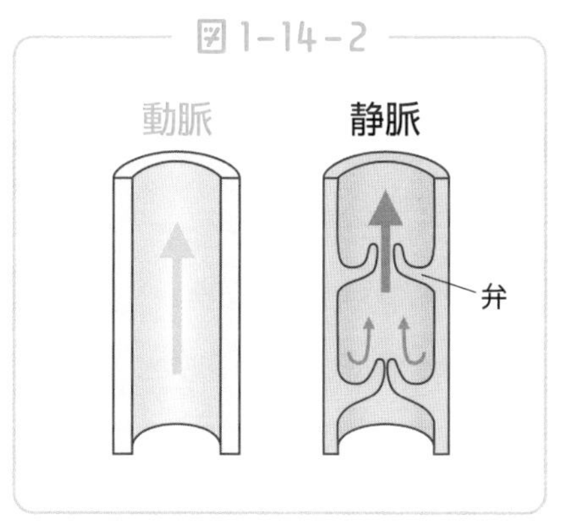

一方静脈は、動脈と比べて流れの勢いが弱いため血管の壁がうす

くなっています。加えて、弁がついていることも特徴です。弁は血液が逆流しようとすると閉まります。つまり血液の逆流を防ぐはたらきがあるのです。静脈には心臓へと戻る血液が流れます。そのため流れの勢いは弱く、弁がないと血液が逆流する恐れがあるのです。

くり返しになりますが、**動脈と静脈は血管**のことですので、しっかりと押さえておきましょう。では続いて、動脈血と静脈血について考えていきましょう。

動脈血と静脈血は血液のことです。動脈血とは酸素を豊富に含む血液のこと。静脈血は酸素をあまり含まない血液のことです。動脈血は明るい赤色をしていますが、静脈血は暗い赤色をしています。

図 1-14-3

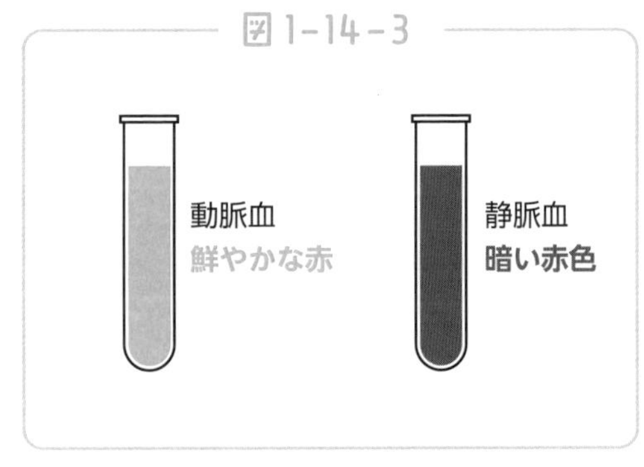

このようになる理由はヘモグロビンは酸素と結びつくと明るい色になり、酸素を離すと暗い色になるためです。みなさんも採血などをした際に、自分の血液が暗い赤色で、心配になったことはないでしょうか？

採血では静脈血を抜き取るので、暗い赤色の血液がとれるのです。もちろん健康面で心配する必要はありません。

血液は肺から酸素を補給すると動脈血になり、全身の細胞へ酸素を渡すと静脈血になるのです。

最後に中学生が混乱しやすいポイントについて解説をします。それは、「肺動脈には静脈血が流れ、肺静脈には動脈血が流れる」ということです。この言葉だけでは混乱しやすいので、図を見ながら確認をしていきましょう。

図1-14-4の肺動脈を見てください。肺動脈は心臓から肺へと向かう血液が流れる血管ですので、動脈ですね（動脈とは行き半分の血液が流れる血管でした）。

しかし図を見ると、肺動脈には静脈血が流れていることがわかり

図1-14-4

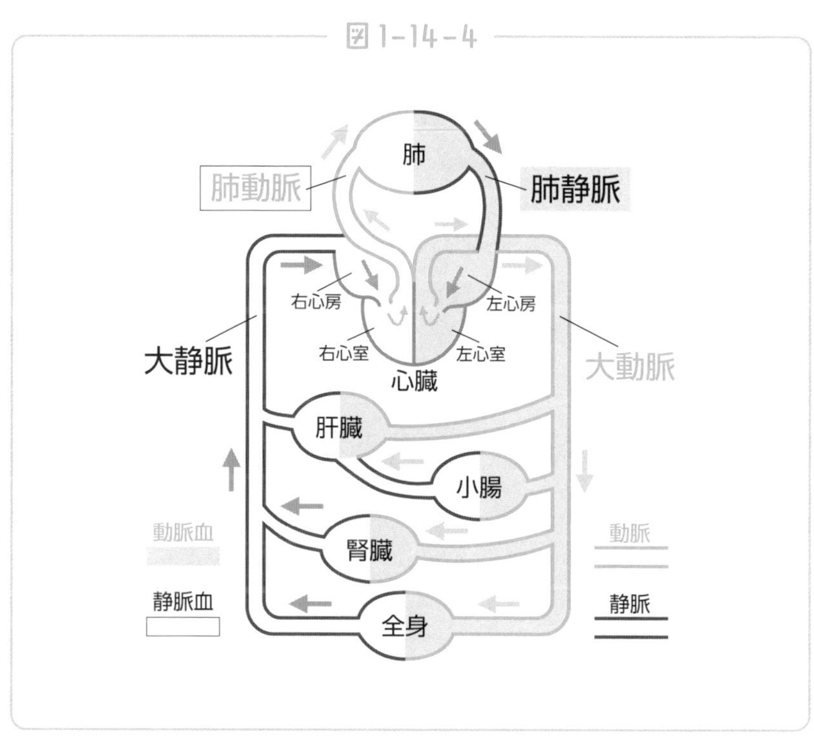

ます。肺動脈に流れる血液は、すでに全身に酸素を渡してしまった後だからです。

つまり、(肺)動脈に静脈血が流れるという現象が起きてしまうわけです。

続いて肺静脈を見てみましょう。肺静脈は、肺から心臓へと戻る血液が流れる血管ですので、静脈ですね（静脈とは帰り半分の血液が流れる血管でした)。

肺静脈には動脈血が流れています。これは、肺で酸素を十分に補給した血液が流れるためです。

つまり、肺静脈には動脈血が流れるということになります。

これをまとめると「肺動脈には静脈血が流れ、肺静脈には動脈血が流れる」となるわけです。

少しややこしいのですが、言葉の意味を整理しながら確認をすれば、納得していただけるかと思います。

2年

ヒトの目のつくり
～目には感知できない場所がある？～

―― 目のつくりとはたらき

今回はヒトの目のつくりについて解説をしていきます。「ものを見る」という何気ない行為の裏には、巧妙な目のはたらきが隠されています。

右の図がヒトの目のつくりを表した図になります。**角膜**とは眼球の正面を覆う透明な膜のことで、目を保護しています。

図 1-15-1

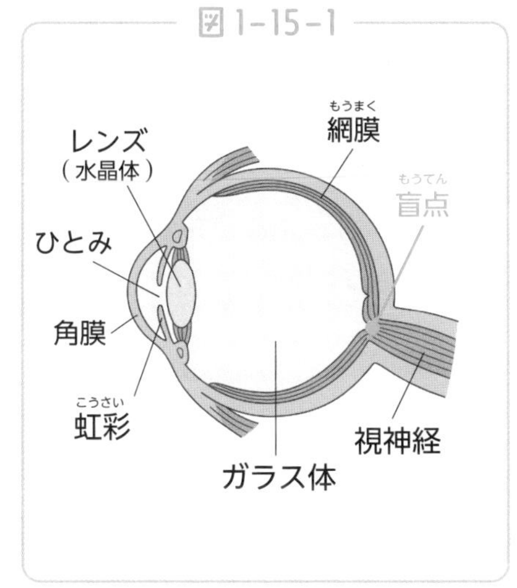

続いて**ひとみ**と**虹彩**（こうさい）を見てみましょう。ひとみ（瞳孔）とはヒトの黒目の部分です。

この部分は穴になっており、光はこの穴から入ります。虹彩にはひとみの大きさを調節するはたらきがあります。暗い場所ではひとみを大きくし、光を多く取り入れます。反対に明るい場所ではひとみを小さくし、光の量を減らすのです。

急に明るくなったり暗くなったりすると、しばらく目が慣れないのは、ひとみの大きさを調節するのに時間がかかるためですね。

図1-15-2

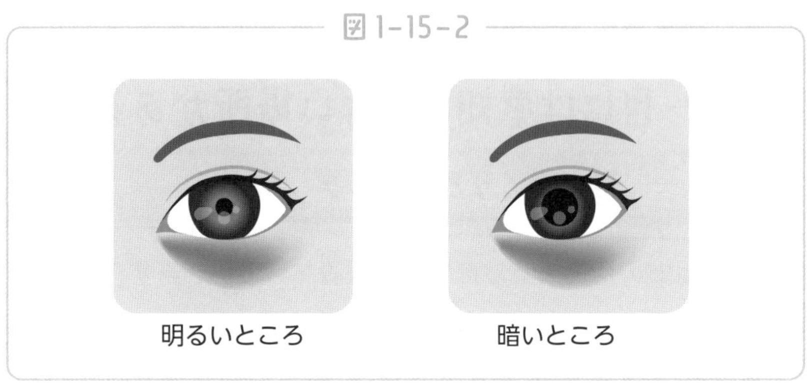

続いては**網膜**(もうまく)と**レンズ**のはたらきです。網膜に像が結ばれると、視神経から脳に信号が伝わり視覚として認識することができます。

レンズは光を屈折させて、網膜上に像を結ばせるはたらきがあります。遠くを見るときはレンズがうすくなり近くを見るときはレンズが厚くなります。

図1-15-3

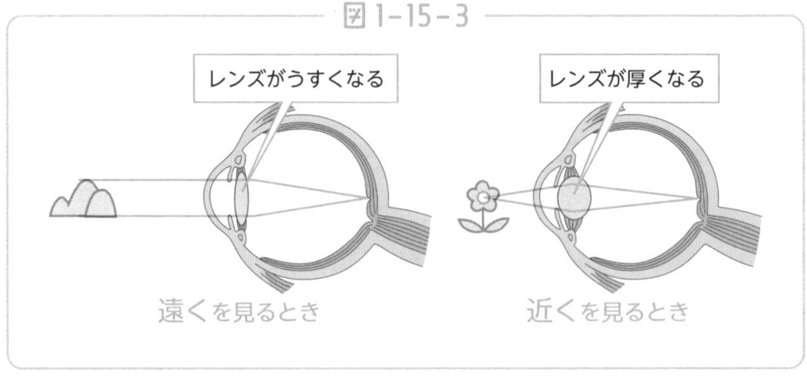

レンズによる調節機能は年齢を重ねることにより衰えます。レン

ズの弾力性がなくなっていってしまうのです。レンズの老化は15歳くらいから始まり、40歳を超えると自覚症状が出てくることが多くなります。これを老眼といいます。

網膜に像が結ばれるとヒトには視覚としての感覚が生まれます。しかし視神経が網膜の奥に入る場所では光を感じる細胞が無いため、光を感じることができません。この部分を盲点（もうてん）といいます（図1-15-1）。盲点を感じるための簡単な実験をしてみましょう。

図 1-15-4 ● 盲点の実験

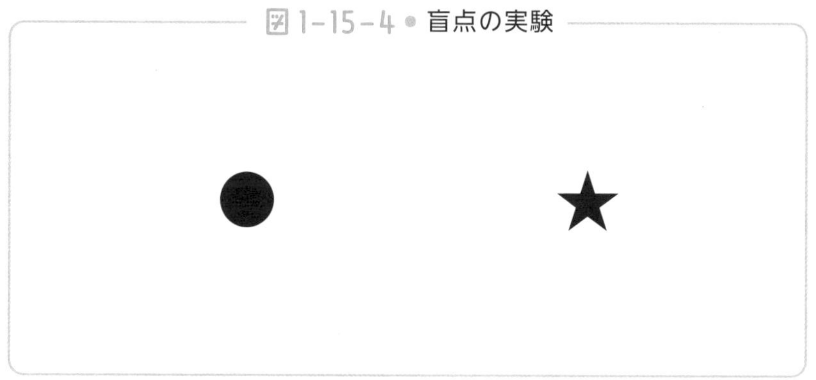

本と顔を平行にして、上の図を見てください。左目を手で隠し、右目で左の●を見つめます。その状態で本と顔の距離を変化させると、右側の★が完全に見えなくなるポイントがあるはずです。これが盲点です。普段の生活では反対側の目の視野がカバーしてくれるので、大きな問題になることはありません。

私たちは目のさまざまな機能が一体となることで、ものを上手に見ることができるのです。ヒトが五感から得る情報は、視覚によるものが8割以上を占めるともいわれます。目を酷使することが多い現代。たまには頑張り屋の目を休ませてあげましょう。

2年

ヒトの耳のつくり ～人は耳でバランスをとる？～

―― 耳のつくりとはたらき

耳は目に次いで多くの情報を受け取る器官といわれています。さらに耳は、音を聞く以外にもさまざまなはたらきを担っています。今回はヒトの耳のはたらきを解説していきます。

右の図はヒトの耳の模式図です。ヒトは空気の振動を音として認識することができます。ヒトの耳は左右についているため、どちらの耳に音が先に届いたかを判断することで音が**聞こえた方向を判別**します。

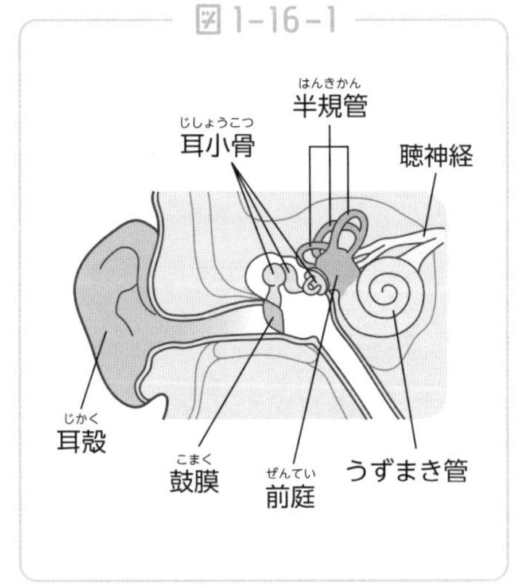

私たちの耳はこのようなつき方をしているため、左右の聞こえ方の判断は比較的容易です。しかし、前後・上下方向の音の発生地点の特定は苦手になっています。ちなみにフクロウの耳は、これを補うため上下にずれています。

空気の振動は**鼓膜**（こまく）でキャッチします。鼓膜という名前は聞いたことがある方も多いでしょう。鼓膜は音の刺激を受け取るための非常に大切な部分です。耳への強い衝撃や気圧の変化で鼓膜が破れてしまうと、難聴に陥ることもあります。

鼓膜がキャッチした振動は**耳小骨**（じしょうこつ）へと伝わります。耳小骨は3つの骨からできており、これらの骨が振動をうずまき管へと伝えます。

また、耳小骨の一部には筋肉がついており、大きい音を感知したときには筋肉の反射により、空気の振動の増加率を下げるはたらきも行ないます。ヒトの耳には音を上手に感知するしくみが備わっているのですね。

うずまき管では空気の振動が信号に変えられ、聴神経を通じて脳へと伝えられます。これがヒトが音を感知するしくみです。

さらに耳は、音を聞く以外にも大切なはたらきをもちます。その一つが、**傾きや回転の変化を感じ取るはたらき**です。

耳の**前庭**の中にある感覚細胞の毛の上には**耳石**（じせき）が乗っています（図1-16-2）。体が傾くことで石が動き、傾きの変化を感じ取ります。そのため耳石が何らかの理由で落ちてしまうと、めまいなどの症状におそわれるのです。

図1-16-2

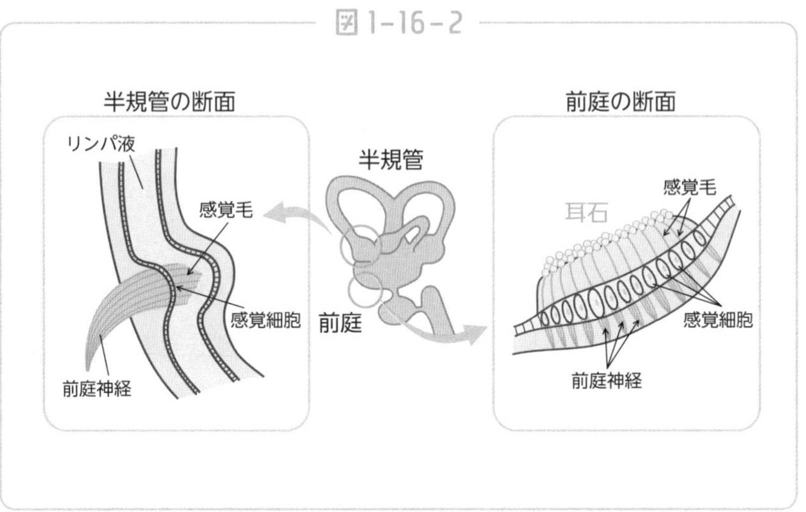

半規管（はんきかん）は3本の管が互いに直角に交わるような形になっていて、体の回転を感じ取ります。管の内部にはリンパ液が入っていて、この動きを細胞の毛が感じ取り、回転を把握するしくみになっています。このように耳は、聞く以外にも大切なはたらきをもっているのです。

最後は耳の**耳殻**（じかく）のはたらきです。耳殻とは耳の張り出て飛び出している部分のことで、音を効率よく集めるはたらきがあります。

このようにヒトの耳はさまざまな機能をもちます。また、ウサギのような耳の大きな動物は、体温の調節を耳で行ないます。耳はただ音を聞くだけの単純な器官ではないのですね。

2年

刺激と反応 ～ヒトの神経の不思議～

―― ヒトの反応のしくみ

横断歩道を渡るとき、私たちは視覚や聴覚などから車の動きを察知し、適切なタイミングで渡り始めることで安全を確保しています。

私たちが外界から刺激を受け取り行動するまでには、どのような過程があるのでしょうか。今回はヒトの神経と反応について考えていきましょう。

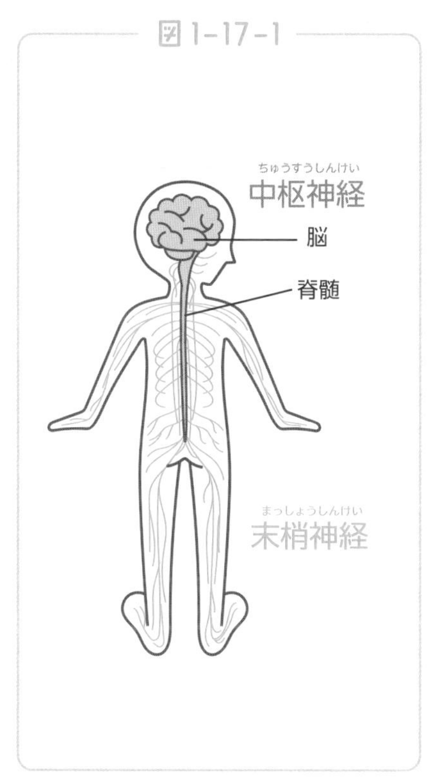

ヒトの神経系は大きく、中枢神経（ちゅうすうしんけい）と末梢神経（まっしょうしんけい）に分けることができます。**中枢神経は脳と脊髄**からなり、全身に命令を出すはたらきをします。

末梢神経は中枢神経と感覚器官(目・耳・皮膚など)

や筋肉をつないでいる神経です。末梢神経のうち、皮膚などの感覚器官からの刺激の信号を脳や脊髄に送る神経を**感覚神経**、脳や脊髄からの命令の信号を筋肉に送る神経を**運動神経**といいます。

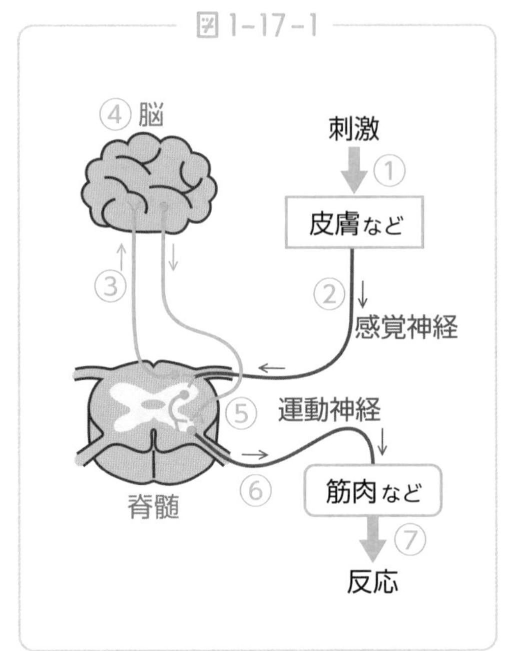

そのため、ヒトが一般的な反応をする際の信号の経路は、①感覚器官→②感覚神経→③脊髄→④脳→⑤脊髄→⑥運動神経→⑦筋肉という経路となります。

ヒトが刺激を受けてから行動するまでには、7つものステップをふんでいることがわかります。ヒトの神経が①～⑦の信号を伝えるには、どのくらいの時間がかかるのでしょうか。

これを確かめるための中学理科の実験としては、図1-17-3のようなものがあります。複数人で輪になって手をつなぎ「右手を握られたと感じたら左手を握る」という行動を全員で伝え合っていくものです。

図 1-17-3

「握られた」という感覚を皮膚が受け取るのが①のステップ、「握る」という筋肉の動きが⑦のステップです。1人目は右手でストップウォッチを押すと同時に左手を握り、ストップウォッチを左手に持ちかえます。

2人目以降は、「右手を握られたと感じたら左手を握る」という行動をくり返します。1周回って1人目が右手を握られたと感じたら、ストップウォッチを止めます。

このタイムを人数で割ることで、感覚を受け取ってから筋肉を動かすまでの1人あたりの時間を出すことができるのです。この実験を行なうと、1人あたり0.2秒～0.3秒ほどの時間がかかります。ヒトが刺激を受け取ってから、行動するまでは意外と時間が必要なのですね。

ちなみに陸上競技の短距離走では、ピストルが鳴ってから0.1秒以内にスタートするとフライングになります。ヒトが**0.1秒以内に反応することはほぼ不可能**とされているため、0.1秒以内に動くと「勘で動いた」と判断されてしまうのです（近年は0.099秒でスタートを切れる選手もいるようで、このルールには賛否があるそうです）。

実験からわかるように、ヒトが刺激を受け取ってから体を動かすには時間がかかります。しかし状況によっては、ヒトは一瞬でも早く体を動かさなければいけない場面があります。熱いストーブに手を置いてしまった場合などが典型的な例でしょう。

この場合ヒトはやけどを防ぐため、一刻も早く手を離す必要があります。このようなときの、刺激に対して無意識に起こる、生まれつきもっている反応を**反射**といいます。

図1-17-4 ● 反射

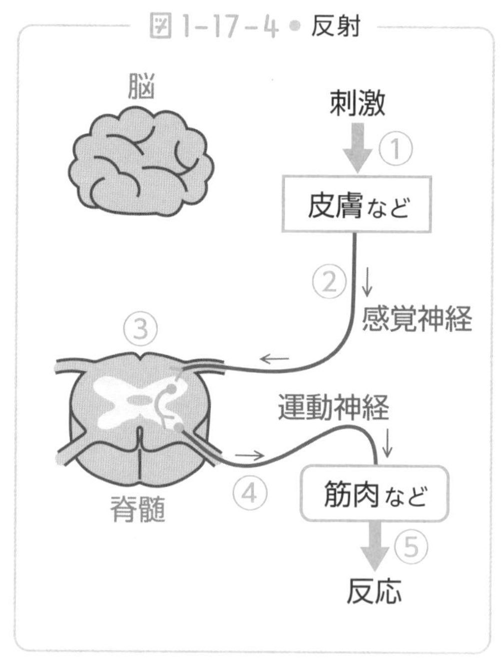

反射では感覚器官で受け取った刺激の信号が脊髄に伝えられると、脳を経由せず脊髄から直接命令信号が出されます。このため、意識的に起こす反応よりも

反応時間を短くすることができるのです。

他にも光の強さによってひとみの大きさが変化する反応なども反射の一例です。このようにヒトの体には、危険を回避したり体のはたらきを調節したりするため、反射を起こすしくみが備わっているのです。

反射と似たものに**条件反射**があります。条件反射の例としては「梅干を見るとだ液が出る」などが挙げられます。条件反射は**過去の経験がもとになって起こる反射**のことです。これは記憶と結びついて起こる反射であり、生まれつきの反射とは区別されます（例えば梅干を知らない外国人は、梅干を見てもだ液は出ないでしょう）。スポーツなどでは、この条件反射の形成が上達のカギになるのです。

私たちは「刺激を受ける→筋肉を動かす」という行動を常にくり返し、日々の生活を送っています。ヒトの体の中で起きていることを知るとその精巧さに驚かされますね。

3年

「有性生殖と無性生殖」メリットとデメリット

── 生物のふえ方

今回からは「**生殖**」について解説をしていきます。生殖とは、生物が**自分と同じ種類の新しい個体(子)をつくること**です。生物の種類によって、さまざまな生殖の方法があります。生殖の方法にはどのようなものがあり、それぞれどんなメリット・デメリットがあるのかを考えていきましょう。

生殖には無性生殖と有性生殖の 2 種類があります。**無性生殖**とは、雌雄(オスとメス)の親を必要とせず、親のからだの一部が分かれ、それがそのまま子になる生殖のことです。一方**有性生殖**は、雌雄の親が関わって子をつくる生殖方法です。

図 1-18-1 ● 無性生殖

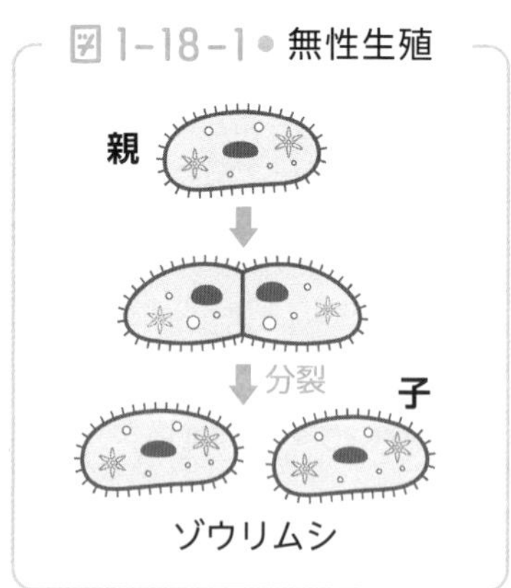

無性生殖は**親と子の遺伝子が全く同じ**になるのに対し、有性生殖では、**親と子の遺伝子は異なる**ものになることがポイントです。

まずは無性生殖について考えていきましょう。

ゾウリムシやミカヅキモなどの微生物は、自分のからだを分裂させることで、新たな個体をつくることが多いです。

図1−18−1はゾウリムシが無性生殖を行なうようすです。このように、自分のからだを半分にし、子をつくる方法を無性生殖の中でも**分裂**といいます。分裂によってできた子は、親と全く同じ遺伝子をもちます。

ゾウリムシは分裂をくり返し子をつくることができますが、その回数は350回程度と限界があります。ゾウリムシは有性生殖を行なうこともでき、途中で有性生殖を行なうと分裂できる回数がリセットされるようです。

ジャガイモ

植物にも無性生殖をする生物が多く見られます。例えば、サツマイモやジャガイモから、芽や根が出てくるのを見たことがある方も多いでしょう。これは親のからだの一部から子ができているため、無性生殖になります。植物のからだの一部から、新しい子が出てくるなかまのふやし方を、無性生殖の中でも**栄養生殖**といいます。もちろん、親の遺伝子と子の遺伝子は同じになります。

サツマイモやジャガイモは受粉をして種子をつくることも可能であり、その場合は有性生殖になります。花粉はおしべでつくり、それがめしべの先につくと受粉し種子ができます。これは動物でいうところの、オスとメスが関わって子ができることです。

無性生殖でふえる植物として有名なものにはサクラ(ソメイヨシノ)もあります。ソメイヨシノは、同じ個体では受粉して種子をつくること(有性生殖)ができない植物です。そのため、人間が挿し木などの方法でふやします。切った枝を土に植えることで、子をつくるのです。日本には数百万本のソメイヨシノがあるといわれていますが、これらはすべて完全に同じ遺伝子のクローンなのです。

図1-18-2

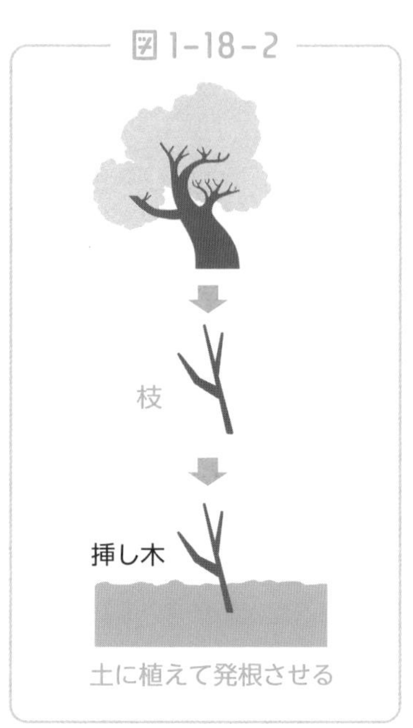

ここで紹介した生物以外にも、実に多様な生物が無性生殖を行ないます。無性生殖のメリットは何といっても、手軽に子をつくれることです。雌雄が関わる必要がなく、子孫を残すことができるため、多くの子孫を残す上では有利と考えられます。

しかし無性生殖にはデメリットもあります。親子が全く同じ遺伝子ということは、特定の病気などが蔓延(まんえん)すると、一気に絶滅してしまうリスクが高いのです。

一方、有性生殖は子孫を残すのには時間がかかりますが、多様な

図1-18-3 有性生殖の多様性

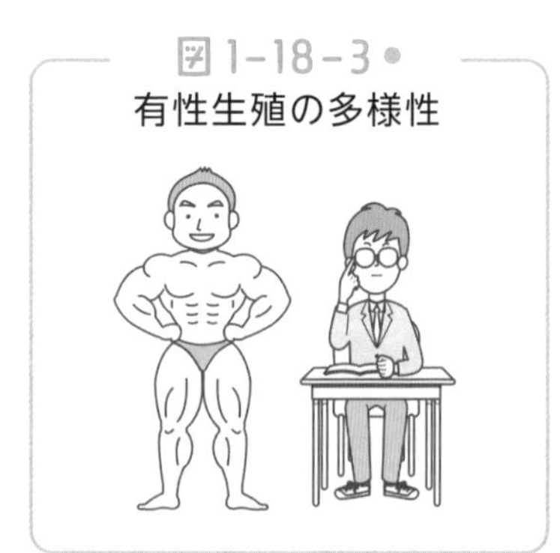

遺伝子が生まれます。ヒトを想像すればわかるように、かかりやすい病気や欠点はさまざまです。一見すると遠回りな生殖方法ですが、この多様性と環境の変化への強さは、絶滅をさけるための大きなメリットとなるのです。

続いて有性生殖のしくみについて解説をします。まずはカエルを例に、動物の有性生殖を見てみましょう（下図）。

オスの精巣で精子、メスの卵巣で卵がつくられます。精子の核と卵の核が合体すると、受精が起こり、受精卵という細胞ができます。この受精卵が分裂をくり返し、成長していきます。

図 1-18-4

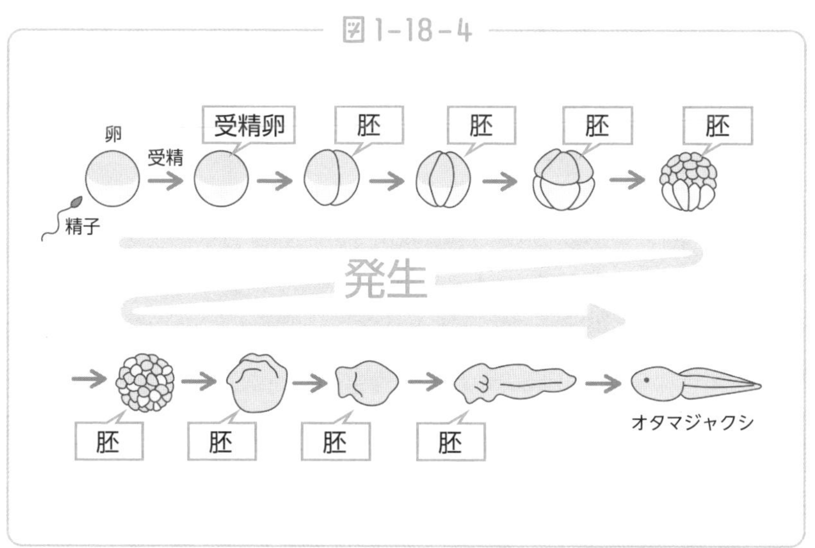

また、受精卵の細胞分裂開始～自分で食物を食べるまでの子を**胚**（はい）といい、受精卵が細胞分裂をくり返し、成長する過程を**発生**といいます。カエルの場合は、オタマジャクシになるまでが胚です。

最後に、植物の有性生殖のしくみを見てみましょう。植物は花のなかにあるおしべで花粉をつくります。花粉の中には「**精細胞**」が含まれています。

花粉がめしべの先につくことを受粉といいます。受粉が行なわれると、花粉から花粉管（かふんかん）という管（くだ）が伸びていき、その中を精細胞が通っていきます。

精細胞はやがて、胚珠の中にある**卵細胞**までたどりつきます。精細胞の核と卵細胞の核が合体すると、受精卵ができます。その後、受精卵は細胞分裂をくり返し、新しい芽や子葉になる胚へと成長していきます（胚は種子の中にあります）。

図1-18-5
植物の有性生殖

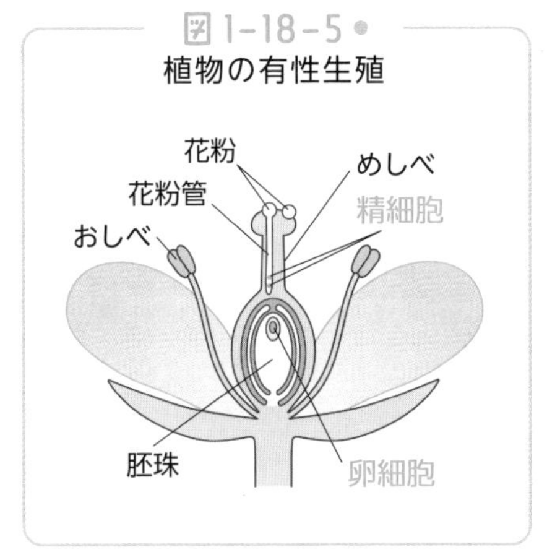

このように植物も手間のかかる有性生殖を行なうことで、多様な遺伝子をもつ子をつくり、生存競争を有利に進めようとしているのです。

これが生物の生殖になります。無性生殖と有性生殖のどちらにも、メリット・デメリットが存在します。今回紹介した以外にも、多様な方法で子をつくる生物が多くいます。生物のふえ方のしくみに注目してみると、新たな発見があることでしょう。

1-19

遺伝のしくみ ～子どもの血液型は予想できる～

―― 遺伝のしくみ

今回は有性生殖における**遺伝**のしくみを解説していきます。遺伝とは、親がもつ形や性質などの特徴(これを形質といいます)が子に伝わることです。

マツバボタンを例に解説します。右の図は赤い花を咲かせるマツバボタンと、白い花を咲かせるマツバボタンです。このときの花の色のように、子に同時に現れることがない形質を**対立形質**といいます。子の花の色が赤と白のしましまになるということは、ありえませんね(種によっては、ピンクの花の子が生まれることもあります)。

図1-19-1

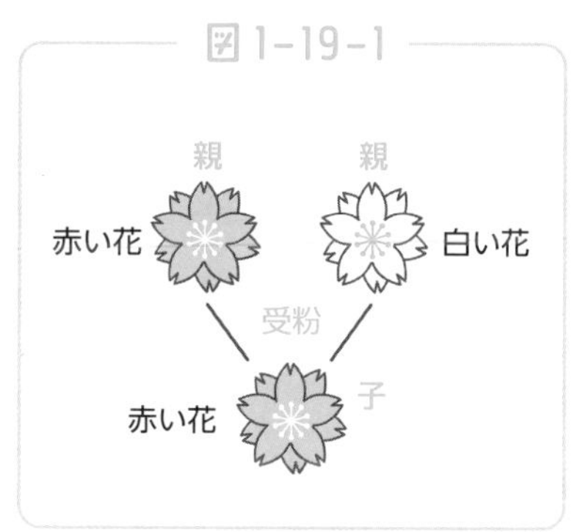

ヒトで言うと、まぶたの一重・二重や、髪質の直毛・巻き毛は、同時に現れることがないので、対立形質になります。

対立形質の遺伝子が子に伝わったときに、**子に現れる形質には決**

まりがあります。マツバボタンの例でいうと、代々赤い花をつけるマツバボタンと、代々白い花をつけるマツバボタンの子は、すべて赤い花をつけます。

感覚的には赤い花をつける子の数が半分、白い花をつける子の数が半分となりそうです。子がすべて赤い花をつけるとは違和感がありますね。なぜこのようになるのか、図1-19-2にそって詳しく説明をしていきます。

代々赤い花をつけるマツバボタンの遺伝子をAA、代々白い花をつけるボタンの遺伝子をaaとしましょう（イ）（中学理科では遺伝子をアルファベット2字で表現します）。

子に遺伝子を伝える際には細胞分裂をする必要がありますが、このとき親は、自分の遺伝子を半分にします。

A_1とA_2が細胞分裂した赤い花の親の遺伝子、a_3、a_4が細胞分裂した白い花の親の遺伝子です（ロ）。

すると子は、赤い花の親からはA_1かA_2のどちらかの遺伝子を受け取り、白い花の親からはa_3かa_4のどちらかの遺伝子を受け取ることになります。親からの遺伝子を半分ずつもらうことで、子の遺伝子が決まるのです。

つまり子への遺伝子の伝わり方は1・3、1・4、2・3、2・4の4通りの組み合わせのいずれかになります（ハ）（赤と白の子

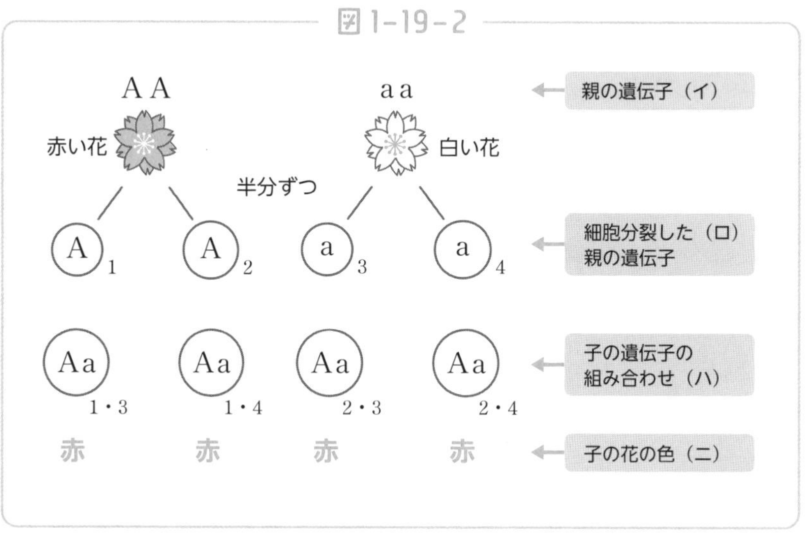

なのでA_1A_2とa_3a_4の組み合わせはありませんね)。しかし、この4通りのどれになったとしても、子の遺伝子はAaとなります。赤い花の遺伝子と、白い花の遺伝子を1つずつ受け取っているからです。

赤い花の遺伝子と、白い花の遺伝子を1つずつ受け取った場合、マツバボタンは赤い花の形質を現すという決まりがあります（ニ）。このとき、子に現れる形質を**顕性形質**（けんせいけいしつ）（以前は優性形質といいました)といい、子に現れない形質を**潜性形質**（せんせいけいしつ）（以前は劣性形質といいました)といいます。

マツバボタンの場合は赤い花が顕性形質、白い花が潜性形質となるわけです。このとき、白い花の形質は、子に現れていないだけで、遺伝子は受け継がれていることに注意してください。

次に、図1-19-2でできたマツバボタンの**子ども同士をかけ合**

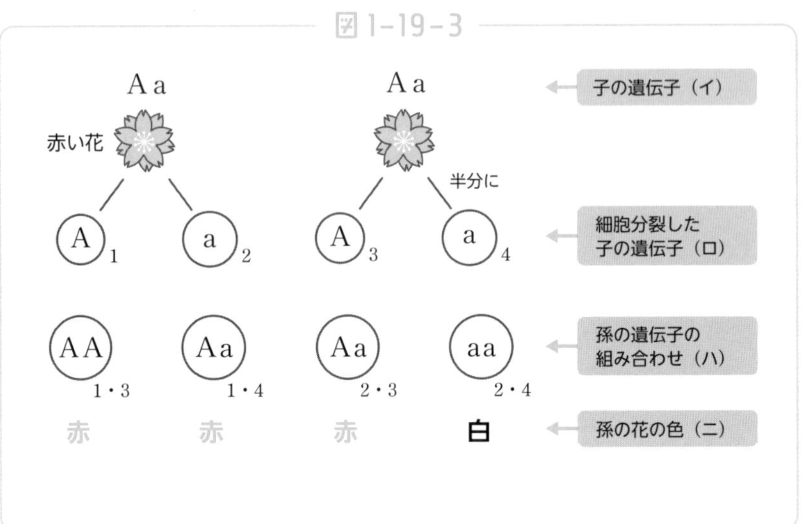

わせ、孫をつくってみましょう。

子の遺伝子はAaでしたね（イ）。

孫は片方の親から1と2のいずれかの遺伝子を受け取り、もう片方の親から3と4のいずれかの遺伝子を受け取ります。

すると、孫の遺伝子はAA、Aa、Aa、aaの4通りのいずれかになります（ハ）。この際、AAは赤い花をつける遺伝子、aaは白い花をつける遺伝子です。Aaの場合は、赤い花が顕性形質であるため、赤い花になります（ニ）。

つまり、孫のマツバボタンには赤い花：白い花が3:1で現れるようになるのです。このような遺伝の法則性は、一般に**メンデルの法則**と呼ばれます。先に紹介した、ヒトのまぶたの遺伝などにおいても、メンデルの法則が当てはまります。

では最後に、メンデルの法則を利用して、ヒトの血液型の遺伝について考えてみましょう。ご存知の通り、ヒトの血液型にはA型・B型・AB型・O型の4種類があります。

図1-19-4 ● 両親と子の血液型

父＼母	A型	B型	AB型	O型
A型	AまたはO型	すべて	O型以外	AまたはO型
B型	すべて	BまたはO型	O型以外	BまたはO型
AB型	O型以外	O型以外	O型以外	AまたはB型
O型	AまたはO型	BまたはO型	AまたはB型	O型のみ

父と母の血液型と、子の血液型の関係は図1-19-4のようになります（例外もありますのでご注意ください）。

なぜこのようになるのでしょうか。ヒトの血液型は4つの型になりますが、遺伝子型としては6つの種類があります。それぞれAA・AO・BB・BO・AB・OOの6種類です。このとき、**AとBは顕性形質、Oが潜性形質**となります。つまり、それぞれの遺伝子型と血液型の決まり方は、図1-19-5のようになります。

図1-19-5

遺伝子型	AA	AO	BB	BO	AB	OO
血液型	A型		B型		AB型	O型

あなたがO型の場合は、遺伝子型はOOに決まりますが、A型の場合は、遺伝子型がAAかAOかわからないという具合です。

A型の父とB型の母の子どもは、すべての血液型になる可能性があります。父の遺伝子型がAO、母の遺伝子型がBOであった場合は、子は親から1つずつ遺伝子をもらうので、ABのAB型、AOのA型、BOのB型、OOのO型の4種類があり得るからです。

ですが父の遺伝子型がAA、母の遺伝子型がBBの場合は、子の血液型は必ずAB型になります。親から1つずつ遺伝子をもらうと、ABの組み合わせしかあり得ないためです。

以上、中学で学習する遺伝について紹介させていただきました。実際にはさらに複雑な要素が絡み合いますが、基本を知っておくだけでも、命のつながりへの理解が深まるはずです。

3年

食物連鎖と生物のつり合い

―― 食べる・食べられるの関係

地球上には百万種以上の生物が存在します。これらの生物は、**食べる・食べられるという関係**で結びつけることができます。生物同士の食べる・食べられるの関係性を「**食物連鎖**」といいます。今回は食物連鎖と自然界の生物の数のつり合いについて、解説をしていきます。

食物連鎖のはじまりは植物です。植物は二酸化炭素・水・光のエネルギーから、デンプンなどの栄養分をつくることができます。このように、みずから栄養分をつくることができる生物を**生産者**といいます。植物は、地球上の生物を支える存在ともいえますね。

続いて、植物を食べることで栄養分を得る生物がいます。草食動物です。草食動物はみずから**栄養分をつくることができない**ため、植物を食べることで栄養分を得ます。さらに、草食動物を食べることで栄養分を得る肉食動物もいます。このように、食べる・食べられるという関係は続いていくのです。

草食動物と肉食動物は、他の生物から栄養分を得ているため**消費**

者と呼ばれます。食物連鎖の基本は植物・草食動物・肉食動物の関係で表すことができます。

これら食物連鎖の関係をわかりやすく表す際に用いられるのが下の図のような生態ピラミッドです。これは、食べる・食べられるの関係や、個体数が視覚的にわかるようにしたものです。

生態ピラミッドが表すように、生物の個体数は通常、食べる側よりも食べられる側のほうが数が多いのです。では、何らかの環境の変化で、生物の個体数に偏りが発生した場合、このつり合いはどうなるのでしょうか。生態ピラミッドを利用して考えてみましょう。

図1-20-1

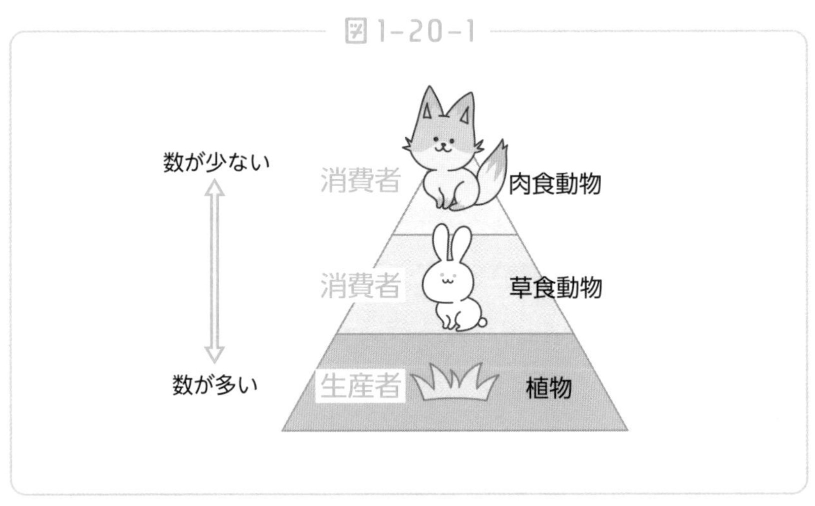

例として、何らかの原因で草食動物の数がふえた場合を考えてみましょう（図1-20-2）。

草食動物の数がふえると、草食動物がエサとする植物は数が減ります。反対に、草食動物を食べる肉食動物は数がふえることになります（図1-20-3）。

図1-20-2

図1-20-3のように植物が減り、肉食動物の数がふえると、一時的に数がふえた草食動物の数は減少することになります（図1-20-4）。エサが減り、天敵がふえるためです。

図1-20-3

図1-20-4のように草食動物が減少すると、結局は植物がふえ、肉食動物が減少し、**元通りのつり合いが保たれる**ようになります（図1-20-1）。このように、自然界には生物の個体数のつり合いをある程度保つはたらきがあるのです。

図1-20-4

もちろん環境に極端な変化があると、それに耐えられずに絶滅に至る生物も出てきます。特に私たち人間の活動が環境に与える影響は甚大です。生態系を守るためには一人一人が、少しずつでも環境に配慮した生活を心がけることが大切になりますね。

3年

山が死骸でいっぱいにならないのはなぜ？

——分解者と炭素の循環

食物連鎖と生物のつり合いについて解説をさせていただきました。自然界の生物たちは、絶妙なバランスで生態系を保っていることがおわかりいただけたかと思います。

しかし生産者と消費者だけでは、生態系を長期間維持していくことは不可能です。それはなぜでしょうか。

生産者は水と二酸化炭素・光のエネルギーから光合成を行ない、栄養分をつくります。つまり、生産者と消費者だけでは、地球上から次第に水と二酸化炭素が不足していくことになるはずです。

もう一つ問題があります。生産者がつくった栄養分は、最終的に落ち葉や枯れ葉、消費者の死骸や糞となります。これでは野山が落ち葉・死骸・糞などでいっぱいになってしまうはずです。

ところが実際にはこれら2つの問題は起こりません。なぜなら自然界に**分解者**と呼ばれる生物たちが存在するためです。分解者とはどのような生物なのでしょうか。

分解者とは落ち葉や枯れ葉、死骸、糞などを分解し、そこから栄養分を得る生物のことです（自分以外の生物から栄養分を得ているので、広い意味では消費者のなかまになります）。

図 1-21-1 ● 分解者

落ち葉を食べるダンゴムシ、動物の死骸を食べるシデムシ、動物の糞を食べるセンチコガネなどが代表的な分解者になります。基本的には大型の分解者が細かくしたものを、小型の分解者がさらに細かく分解していきます。

そして最終的には、**菌類**・**細菌類**などが分解を担当します。菌類はキノコやカビなどをイメージするとわかりやすいでしょう。細菌類には乳酸菌や大腸菌などの種類があります。

菌類・細菌類は最終的に生物の死骸などを、水や二酸化炭素・アンモニアを含んだ物質にまで分解してくれます。分解されたこれらの物質は、再び生産者が利用して新たな生命の栄養分と

図 1-21-2 ● 菌類

なるのです。つまり、分解者がいてはじめて自然界のサイクルが完成するのです。

人間は分解者の力を利用して、農業や工場などで発生した廃水を浄化したり、発酵食品をつくったりします。

このように、分解者は一見地味ですが生態系を守り、私たちの生活を支えるための非常に大切な役割を担っているのです。

図1-21-3● 細菌類

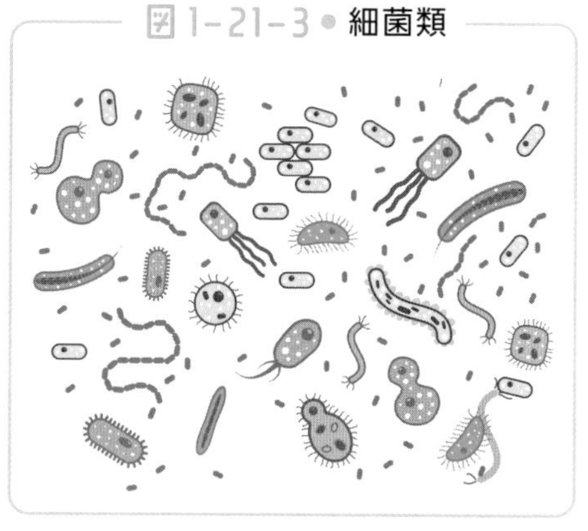

生産者・消費者・分解者。さまざまな生物が関わり合い、地球上の生態系が守られていることがおわかりいただけたかと思います。私たちの生活は、思いもよらない生物に支えられているのです。

今まで気にもとめなかった生物たちの活躍に、興味をもっていただければ幸いです。

化　学

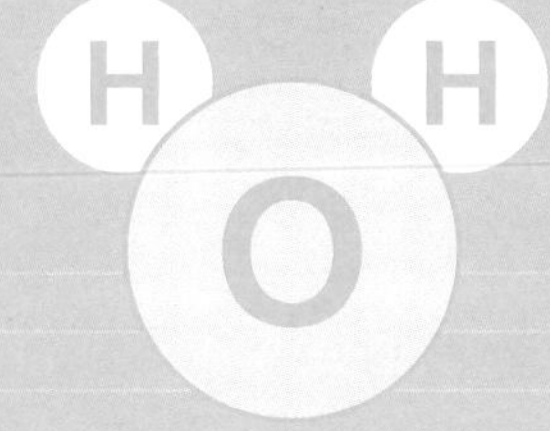

「金属は磁石につく」は大きな勘違い？

1年

―― 金属に共通する性質

今回からは「化学分野」について解説をしていきます。中学校の化学の学習は「いろいろな物質の種類」から始まることが多いです。

「**物質**」とはどのような意味でしょうか。似た言葉に「**物体**」があります。中学理科ではこの2つの言葉を区別して使い分けます。物質とは**材料に注目**したときに使う言葉であり、物体とは**使う目的や形に注目**したときに使う言葉です。

例えば、鉄クギと鉄パイプは全く同じ物質です。材料がどちらも同じ鉄だからです。しかし、これら2つは異なる物体です。使用目的や形が異なるからです。2つの言葉はこのように使い分けます。

図 2-1-1

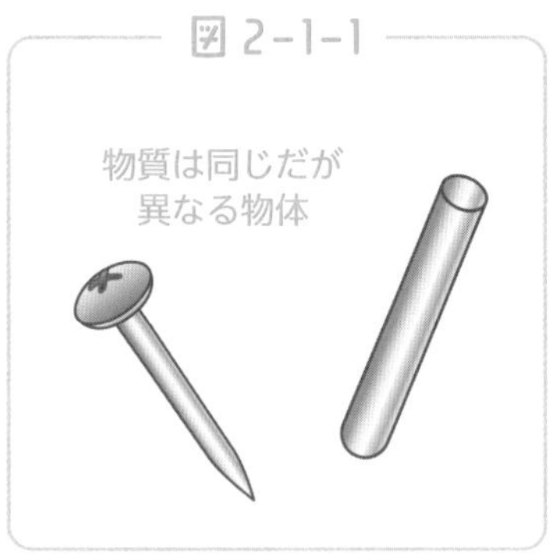

今回は物質の学習の一つとして「**金属**」の解説をしていきます。身近な金属には金・銀・銅・鉄・アルミニウム・亜鉛などがあります。反対に、金属ではないものをまとめて「**非金属**」といいます。

酸素・二酸化炭素といった気体や、ガラス、プラスチックなどが代表的な非金属になります。

さて、物質を「金属」というグループにまとめることができるということは、金属には**共通する性質**があるはずです。では、どのような特徴をもつ物質が金属といえるのでしょうか。ぜひ一度、考えてみてください。学校の授業においても、このような内容を話し合うのはとても面白いものです。

金属に共通の性質は 3 つあります。①金属光沢（こうたく）がある、②電気や熱を通しやすい、③展性（てんせい）・延性（えんせい）がある、の 3 つです。

①**金属光沢**とは、みがくと光を受けて輝く性質のことです。この性質があるため、金属には装飾品として利用されるものが数多くあるのです。

図 2-1-2
金属光沢

②金属に共通する性質、2 つ目は「**金属には電気や熱を通しやすい性質がある**」ことです。電気の通しやすさは「銀」「銅」「金」の順になります。銀は最も電気を通しやすい金属です。しかし銀は高価なため、一般的な導線には銅がよく利用されます（電線などには、さらに安価で軽いアルミニウムも利用されます）。また、金属は電気だけでなく熱も通しやすい性質をもちます。この性質を利用し、調理器具などにも多く用いられます。

③ 3 つ目は「**展性**・**延性**がある」ことです。

展性とは叩(たた)くとうすく広がる性質、延性とはひっぱると伸びる性質のことです。特に金は展性・延性にすぐれます。1 gの金は叩けば 1 m²ほどに広がり、細く長く伸ばせば2.8kmにもなります。ガラスや石は、叩けば砕けてしまうことから、金属ではないことがわかりますね。

中学生によくある勘違いに「金属は磁石につく」というものがあります。実は磁石につくのは、鉄やニッケルなど一部の金属だけで、すべての金属が磁石につくわけではありません。金属に共通する 3 つの性質を理解し、身の回りの物質を観察してみてください。性質を上手に利用した道具が、たくさん見つかることでしょう。

1年

有機物と無機物とは？言葉の由来を知る

―― 有機物と無機物

今回は有機物と無機物について解説をしていきます。有機と無機、これらの言葉は日常生活でもよく用いる言葉ですね。高校では有機化学、無機化学の学習も行ないますので、化学を選択していた方々はすぐにイメージできる言葉でしょう。

しかし化学と接点が少なかった方は、有機・無機という言葉を曖昧に理解している方も多いでしょう。実際これらの言葉は定義が少し複雑で、わかりにくくなっています。この機会にしっかりと理解しましょう。

まずはそれぞれの例を確認してみましょう。**有機物**の例としては、「紙」「糞」「生物の死骸」「小麦粉」などがあります。一方**無機物**の例としては、「鉄」「ガラス」「岩石」「空気」などが挙げられます。

図 2-2-1

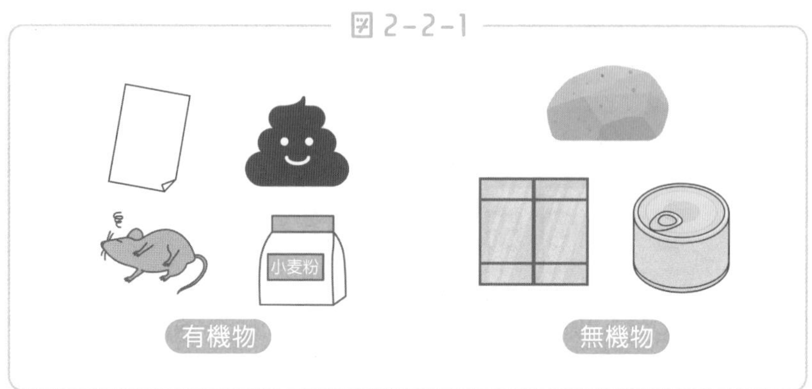

そもそも有機物・無機物という言葉の由来はどのようなものなのでしょうか。「有機の」という意味の英語である「organic」にはもともと「生体の・組織の」という意味がありました。一方「無機の」は否定の接頭語in−を使った「inorganic」で「生体に関係がない」という意味をもっていました。

つまり昔は、動植物やそれらからつくられる物質を**「生命から得られる物質」という意味で有機物**と呼んでいたのです。反対に、金属やガラス、岩石など、**「生命に関係がない物質」は無機物**として区別していたのです。

これらの言葉の名残は現在も見られます。そのため主に生物の体や、生物が作り出すものが有機物、生物とは関係のないものが無機物という理解でも基本的には問題ありません。

しかし化学が進歩するにつれ、生物の活動に関係なく有機物を合成することができるようになってきました。その始まりは1828年に、ヒトの尿に含まれる尿素という有機物を無機物から人工的に合成できるようになったことです。そこから有機物を合成することが学問として広まっていったのです。

そのような過程で「有機物」「無機物」という**言葉の意味も少しずつ変化**してきました。現在、**有機物は「炭素を含む物質」**、**無機物は「炭素を含まない物質」**と定義されることが多いです。

ですが「炭素を含む物質」は中学生にとって感覚的に理解しにくい上に、一酸化炭素や二酸化炭素をはじめ、炭素を含んでいても無機物に分類される物質もあるなど、ややこしさも感じます。

そのため個人的には「有機物は炭素を含む物質」「無機物は炭素を含まない物質」と基本となる定義は押さえながらも、**有機物は「生物の体」「燃えるもの」「腐るもの」などのイメージを併せてもつ**ことをすすめています。

定義だけでなくイメージも併せて理解しておくことで、友人やお子さんに説明する際に、具体的にわかりやすく伝えることができるでしょう。

1年

密度とは何？ 偉人から学ぶ

―― 密度の大きさ

みなさんに質問です。「綿(わた)と鉄を比較すると、どちらの質量が大きいと思いますか?」これは、密度の授業の導入でよく行なわれる質問です（「質量が大きい」とは「重い」と考えてもらって大丈夫です。質量と重さの厳密な違いはp.282で解説します）。

この質問に多くの生徒は「鉄」と回答します。みなさんはどうでしょうか？

図2-3-1

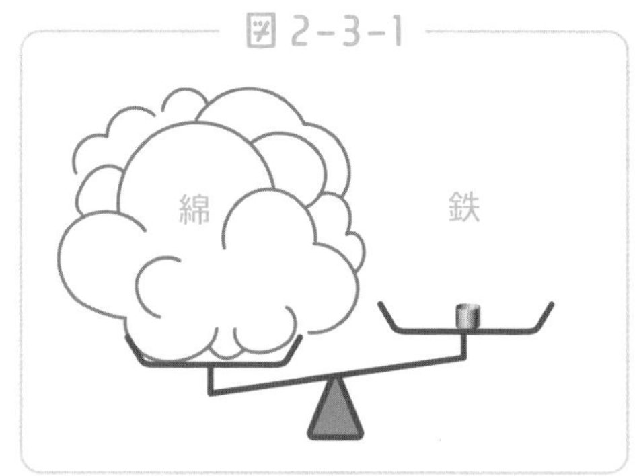

図2-3-1を見てみましょう。このように大量の綿とわずかな鉄の塊の質量を比較すると、鉄よりも綿のほうが質量が大きくなります。

つまり冒頭の質問には「同じ体積(大きさ)であれば」という前提条件がないと答えは出ないのです。このことから、「同じ体積での質量の違い」を比較する尺度があると便利なことがわかりますね。これが**密度**です。

密度は $1cm^3$ あたりの質量で表すことができます。鉄 $1cm^3$ の質量は7.87gなので、鉄の密度は $7.87g/cm^3$ となります。密度の求め方を公式にすると、密度（g/cm^3）＝質量（g）÷体積（cm^3）となります。アルミニウムを例にして考えてみましょう。$12cm^3$ のアルミの質量が32.4gだった場合、密度は $2.7g/cm^3$ となるのです。

図 2-3-2

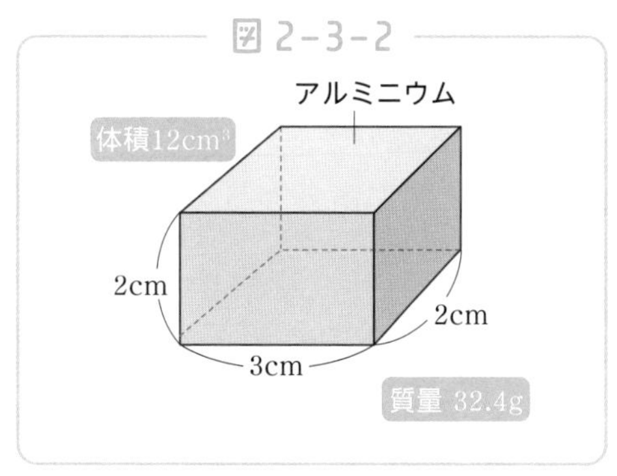

身近な物質の密度は、右の表のようになります。例えば金は密度が非常に大きい物質で、$19.32g/cm^3$ もあります。

図 2-3-3 ● 物質の密度

物質	密度（g/cm^3）
金	19.32
水銀	13.55
鉛	11.34
銅	8.96
鉄	7.87
アルミニウム	2.70
水（4℃）	1.00
氷（0℃）	0.92

水銀は液体ですが、密度が非常に大きく $13.55g/cm^3$ です。この性質を利用すると密度の面白い実験ができます。

水銀の中に鉛（なまり）や銅、鉄を入れると、これらの物質は浮くのです。**物質が液体に浮くか沈むか**

第2章 化学

は、物質の密度が液体よりも小さいか大きいかで決まるためです。鉛や鉄が浮くというのは、とても意外性がありますよね。

最後に、密度の考え方を応用し難題を解決した、アルキメデスという人物の逸話を紹介します。

あるときアルキメデスは、王様から次のような相談をされます。「金細工職人に金塊を渡し、純金の王冠を作成してもらった。しかし、良からぬ噂が流れている。職人は金塊に別の安い金属を混ぜて王冠をつくり、一部の金塊を盗んだというのだ。完成した王冠は壊さずに、混ぜ物があるかを調べてほしい」というものです。

これにはアルキメデスも、どうしたものかと考えあぐねたようです。しかしある日お風呂に入り、湯船からあふれた水を見て調べる方法が閃(ひらめ)きました。このときは喜びのあまり、「わかったぞ!」と叫びながら街中を裸で走り回った、といわれています。

アルキメデスは後日、王冠、そして王冠と同じ質量の金塊を、それぞれ水いっぱいの容器に沈めました。

もしも職人が金塊のみから王冠をつくっていた場合、あふれる水の量は同じになるはずです。

反対に混ぜ物をしていた場合は、あふれる水の量が変わります。密度が異なる物質を混ぜているため、同じ質量にしようとすると体

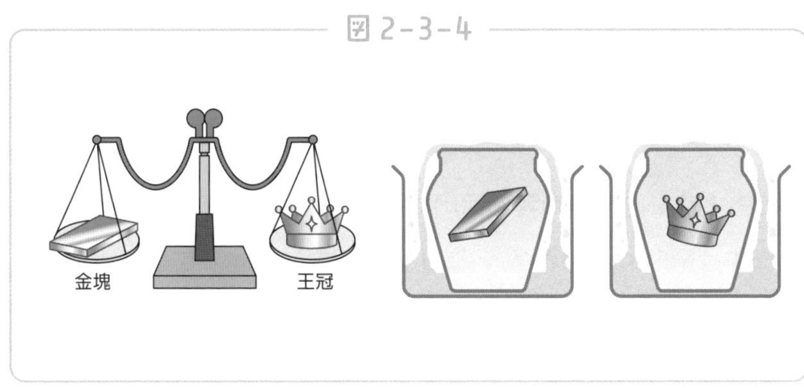

図 2-3-4

積が変わってしまうためです。

この実験を行なった結果、王冠を沈めた際には金塊よりも多くの水があふれ、職人の不正を見破ることができたというわけです。

実際にはこの方法では、あふれる水の量は少なく、判別が困難なため、金塊と王冠をてんびんのように吊るし、これを水に沈めることで見破ったのではないかともいわれています。

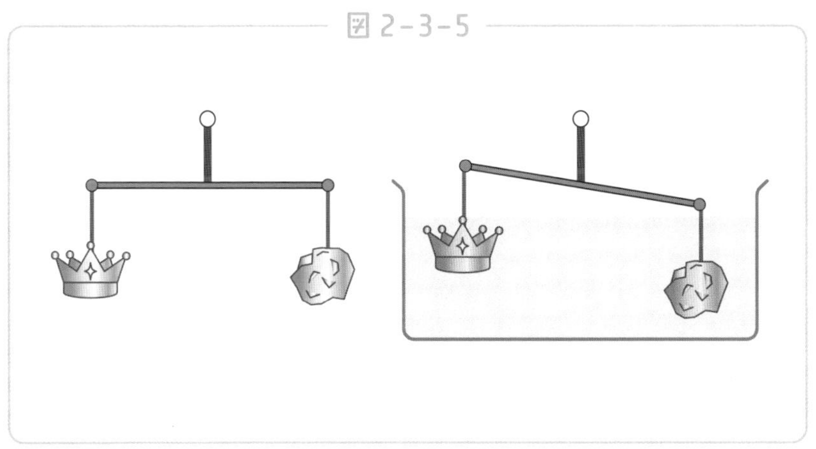
図 2-3-5

詳細はさておき、物質の密度を理解し、不正を見抜いたアルキメデスの発想力には大変感心させられます。

このように密度の知識を活用することで、物質の判別が可能になります。密度は計算が多く敬遠されがちな単元ですが、大昔から生活の中で活用されていたのですね。

1年

状態変化とは？体積と質量の変化

―― 状態変化と体積・質量

今回は状態変化について解説をしていきます。状態変化という言葉に聞き覚えはあっても、言葉の意味が曖昧になってしまっている方は多いかもしれません。日常生活とも密接に関わる現象ですので、ここでしっかりと確認しましょう。

状態変化とは物質の状態が固体⇄液体⇄気体と変化することです。基本的には物質を加熱することで固体→液体→気体と変化し、物質を冷却することで気体→液体→固体と変化します。

図 2-4-1

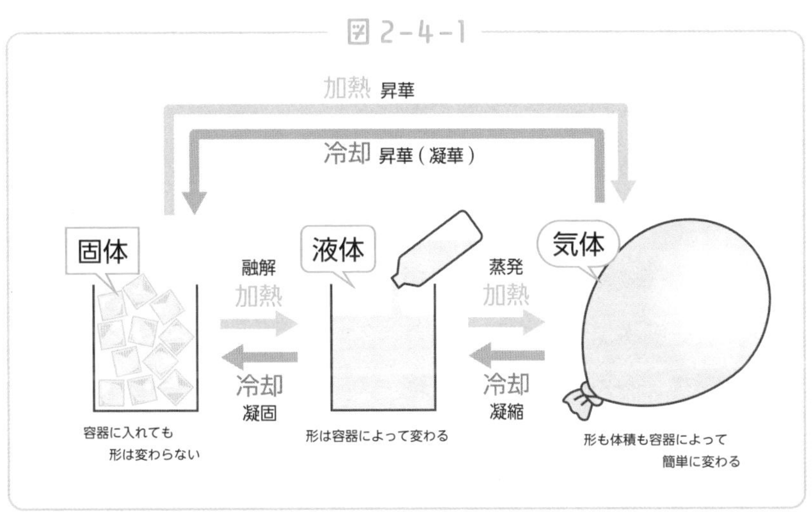

固体とは物質をつくる粒子が、ほぼ一定の位置に固定されている状態です。粒子は固定された位置を中心に振動しますが、基本的には結晶の状態となっています。そのため容器を移し替えても**形が変化することはありません**。

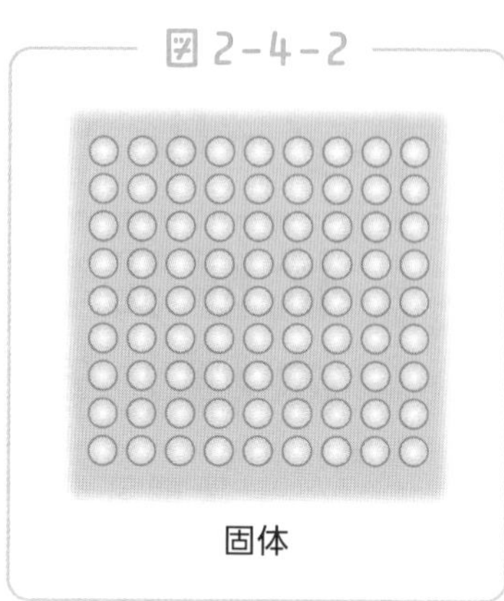
図 2-4-2
固体

液体は粒子の集まりが不規則になった状態です。そのため粒子は流動性をもち、互いに位置を入れ替えることができます。液体は容器によって形を変えることができるのです。

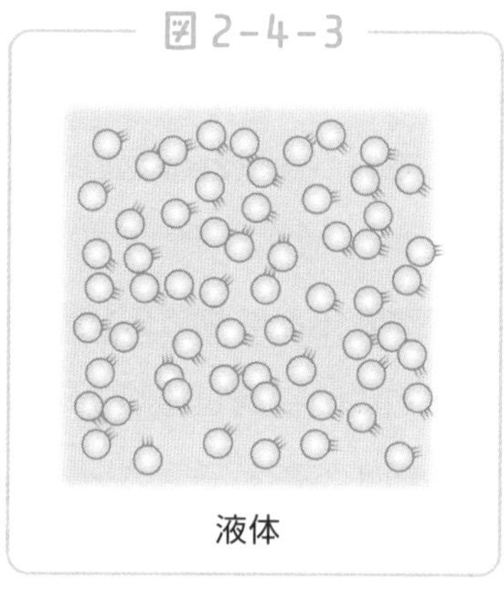
図 2-4-3
液体

気体は粒子の運動が液体のときよりもさらに激しくなります。粒子は空間を動き回り、粒子間の距離は固体や液体と比べ非常に大きくなります。形が容器によって簡単に変わるだけでなく、**体積も容器の大きさによって変化する**ことが特徴です。例えば空気は押し縮めることが容易ですが、水はほとんど押し縮めることができません。

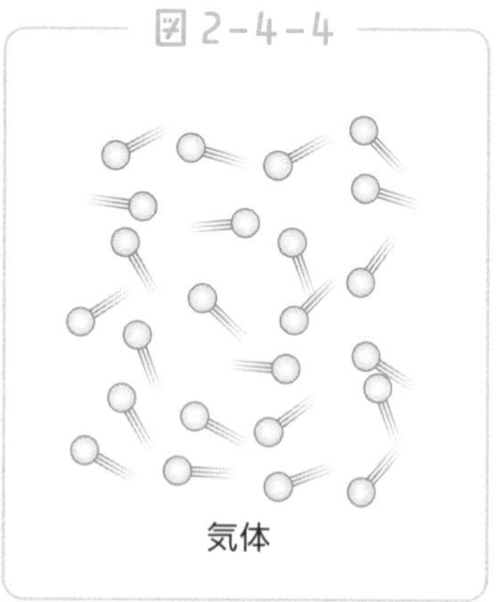
図 2-4-4
気体

これらが固体・液体・気体の代表的な違いになります。続いては状態変化と体積・質量の変化を考えてみましょう。

まずは**体積**についてです。体積とは物体の大きさのことでした。一般に気体→液体→固体と変化すると、体積は小さくなります。学校現場ではロウを使っての状態変化の実験が定番です。液体のロウを冷やして**固体にすると、体積が小さくなる**ようすが確認できます。

ここで注意事項があります。それは、液体の水は例外であるということです。液体→固体と変化をする際は、体積が小さくなることが多いのですが、私たちの身近な物質である水は液体→固体に状態変化すると体積が大きくなります。

例えば、コップに冷水を入れて凍らせると、表面が少し膨らむことが確認できます。また、ペットボトルなどの飲料水は凍らせることが禁止されていることがあります。これは体積が増え、容器が破壊されることを防ぐためです。最も身近な液体である水の状態変化と体積の関係は注意して覚えておきましょう。

続いて状態変化と**質量**の関係を考えてみましょう。**固体⇄液体⇄気体と変化しても、質量は変化しません。**状態変化とは粒子の結びつきの強さが変化するだけで、粒子の数は変化しないからです。

図 2-4-5

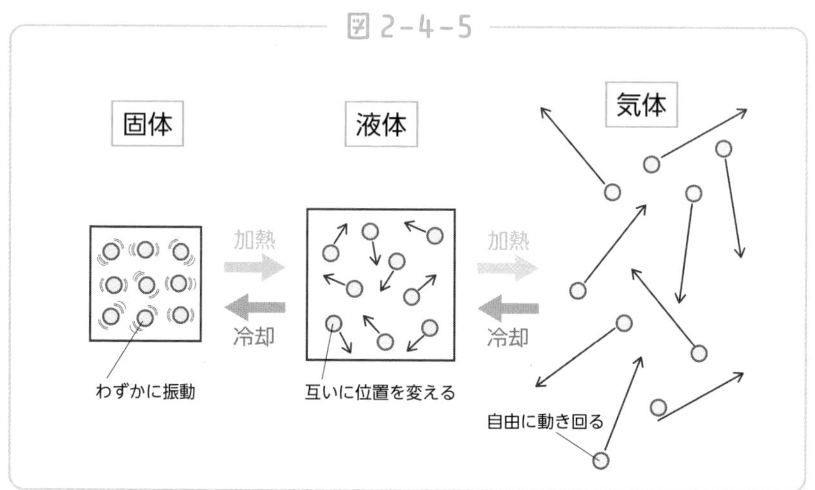

特に液体→気体の変化は、質量が減ると勘違いしやすいので注意しましょう。もちろん粒子が気体になってどこかへ飛んでいってしまえば、質量は減少します。しかし密閉した容器に液体を入れて蒸発させても質量は減少しないのです。

最後に**状態変化と密度の関係**を考えてみましょう。水と氷を例に見ていきます。水が氷になると体積は大きくなりますが、質量は変化しません。つまり密度は氷のほうが小さくなりますね。よって、氷は水に浮くのです。

図 2-4-6

氷は水に浮く

同様にロウで考えると、ロウは液体より固体のほうが体積は小さいです。質量はどちらも同じなため、密度は固体のほうが大きくなります。よって固体のロウが液体のロウに沈むことになるのです。

これが状態変化と体積・質量の関係になります。次回は状態変化と温度の関係を詳しく学習していきます。状態変化のイメージが、より具体的につかめるようになるはずです。

1年

温度とは何か？ 状態変化との関係性

―― 状態変化と温度

前回は状態変化と体積・質量の関係について学習しました。今回は状態変化と温度の関係について詳しく見ていきましょう。そもそも「**温度**」とは何なのでしょうか。10℃の水と30℃の水は何が違うのでしょうか。みなさんは考えたことがありますか。水を例に温度について考えていきましょう。

温度の正体は粒子の運動（動き）の違いです。粒子の運動が激しいほど、温度が高いことになります。つまり、30℃の水は、10℃の水よりも粒子の動きが激しいということです。

図 2-5-1

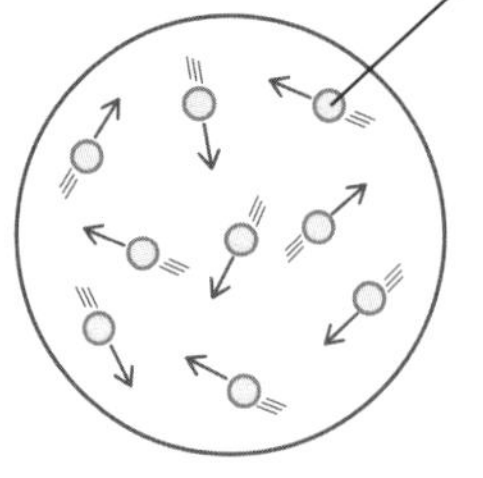

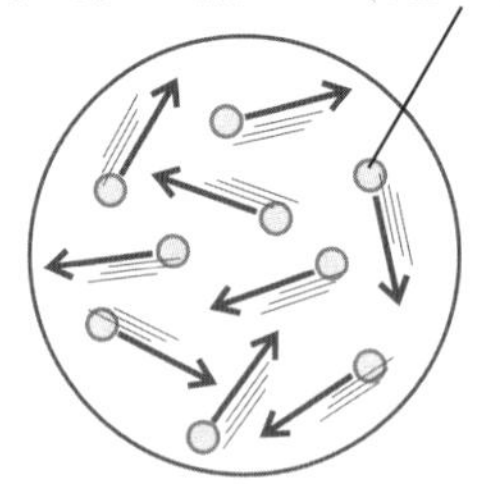

水の場合は一般に、温度を下げていき0℃になると液体の水から固体の氷へと変化します。これは、温度が下がり粒子の運動が穏やかになると、粒子同士の位置が固定されるためです。

氷になった場合も、粒子は振動をしています。氷の温度が下がるほど、この振動は穏やかになります。氷にも－10℃の氷や－30℃の氷があるのです。

さらに温度を下げていくと、－273℃で粒子の振動は止まります。「止まる」とは最も粒子の動きが遅いということです。そのため水に限らず－273℃よりも低い温度はありえません。この温度を**絶対零度**というのです。

では、水を温めた場合はどうでしょうか。水を温めていくと、一般には100℃で液体の水から気体の水蒸気へと変化します。これは温度が上がるにつれ粒子の運動が激しくなり、100℃になると粒子のつながりが切れて空気中へと飛び出すためです。気体となった水蒸気は、さらに加熱すれば100℃以上にすることも可能です。

図2-5-2 物質の融点・沸点

物質	融点（℃）	沸点（℃）
水	0	100
エタノール	－115	78
酸素	－218	－183
窒素	－210	－196
鉄	1535	2750
銅	1083	2567
水銀	－39	357

このように、**温度と状**

態変化には密接な関係があるのです。ただし、0℃で固体になり、100℃で気体になるのは、あくまでも水の場合です。物質により固体から液体になる温度(これを融点(ゆうてん)といいます)と、液体から気体になる温度(これを沸点(ふってん)といいます)は異なりますので注意しましょう(図2-5-2)。

最後に日常生活で用いる「蒸発」と「沸騰」という言葉の違いを確認しましょう。

蒸発も沸騰も、液体が気体に変化することを意味する言葉です。液体の表面からのみ気体になる場合、これを蒸発といいます。蒸発は沸点に達しなくても起こる現象です。水たまりは100℃にならなくても蒸発していきますね。一方沸騰は、液体の内部からも気体になる現象で、沸点に達すると起こります。似た意味の言葉ですが、正確に区別して使い分けるようにしましょう。

これが状態変化と温度の関係です。さて、中学理科では状態変化に加えて、化学変化についても学習します。化学変化を学習すると、粒子の変化がさらによくわかるようになります。化学変化については後ほど解説していきます。

2-6 身近な気体の性質 ～酸素や二酸化炭素の特徴～

1年

—— 気体の性質

今回は物質の中でも気体に焦点を当てて解説をしていきます。気体は**目で見ることが難しい**物質であるため、固体や液体と比べイメージをつかみにくくなっています。中学で学習する身近な気体の種類とその性質を確認していきましょう。

まず「空気」について解説します。空気とは私たちの身の回りにある気体の集まりのことです。「空気」という気体があるわけではなく、さまざまな気体が集まって空気ができています。

空気の成分を体積比で表すと右の図のようになります。空気の**約8割は窒素**で構成されています。そして**約2割が酸素**、残りがアルゴンや二酸化炭素などとなっています。

図 2-6-1● 空気の成分

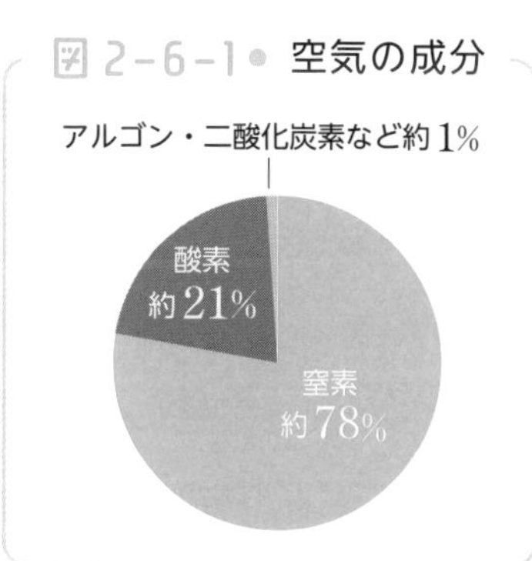

押さえておきたい点は、「空気中で最も多い気体は、**酸素ではなく窒素**である」ということと「空気中を**二酸化炭素が占める割合は**

約0.04%と非常に少ない」ということの2点です。

空気に含まれる気体の多くは無色無臭であるためイメージがしづらいと思いますが、大切なところですので、覚えておきましょう。

図 2-6-2

成分	体積比(%)
窒素	78.08
酸素	20.95
アルゴン	0.93
二酸化炭素	0.04

では、それぞれの気体の性質について確認していきましょう。まずは酸素です。

酸素はヒトが呼吸をする上で必要な気体であり、そういった意味では最も重要な気体といえます。呼吸に必要という以外にも「ものが燃えるのを助ける」という重要な性質があります。

注意点は、酸素はものが燃えるのを助けているだけで、**酸素自体が燃えるわけではない**ということです。そもそも物質が「燃える」とは、物質が酸素と結びつくことを意味します。そのため、酸素無くして物質が燃えることは不可能なのです。

中学生から「宇宙には酸素がないのに、なぜ太陽は燃えているのですか」という質問をされることがあります。非常に素晴らしい着眼点だと感心します。太陽は酸素と結びついて燃えているわけではなく、水素の核融合反応で爆発しています。そのため、宇宙空間でも輝き続けることができるのです。

続いては**二酸化炭素**について考えてみましょう。二酸化炭素は炭素原子１つと、酸素原子２つが結びついてできた気体です。中学理科では「石灰水を白くにごらせる気体」としてよく登場します。

二酸化炭素に関する身近な物質には、ドライアイスが挙げられます。ドライアイスは、**二酸化炭素を冷やして固体にしたもの**です。二酸化炭素は－79℃で固体になるのです。ドライアイスは固体から液体にならずに気体へと直接状態変化するため、食品の保存などさまざまな用途で使用されています。

ドライアイスは実験などでもよく用いられますが、①低温のため直接手で触らない、②気体になった際に体積が大きくなり、容器の破裂につながるため、密閉した容器に入れない、などの注意点があります。さらに場所によっては酸欠になる危険性もあります。便利な使い方や面白い実験がある反面、使用には十分注意してください。

また、ジュースなどに含まれる**炭酸**は、二酸化炭素が水に溶けたものだということをご存知でしょうか。つまり原理的にはドライアイスを水に入れると、炭酸水をつくることができるのです。しかし家庭で市販のジュースのような強めの炭酸をつくるには危険がともなうので、実際にはつくらないようにしましょう。

最後は**水素**について紹介します。水素は漢字で「水の素」と書きます。その名の通り水素が燃えると、水が発生します。燃えてできるのが水というのは、意外性があり面白いですね。水素は化学式で書くとH_2です。これが燃える(酸素が結びつく)とH_2O。つまり水になるわけです（化学式については後述します)。

水素はとても燃えやすい気体です。酸素と化学反応し、とてもよく燃えます。

水素はすべての気体の中で最も軽いのですが、この燃えやすい性質のため、浮かぶ風船などには使用することができません。そのため風船には、2番目に軽いヘリウムが用いられるのです。

このように気体はさまざまな性質をもち、さまざまな用途に用いられます。肉眼で見ることが難しい気体だからこそ、気体に興味をもち、調べてみると、面白いことがたくさんあるでしょう。

2-7

2年

「原子」と「分子」は何が違うのか

―― 原子と分子の違い

今回は「原子」と「分子」について解説をしていきます（この本ではここまで､原子や分子を粒子という言葉でも表現してきました）。

原子、分子という言葉は日常でも耳にする言葉だと思いますが、その区別が曖昧な方も多いでしょう。ぜひこの機会に整理しましょう。

原子とは物質をつくるもとになる最小の粒子のことです。砂糖の粒や、水、コンクリート、空気など、身の回りの**あらゆる物質は原子からできています**。

原子の大きさは非常に小さく、1円玉硬貨1枚には220垓（がい）（22,000,000,000,000,000,000,000）個ものアルミニウム原子が含まれています。

また、銀原子を約2億倍の大きさにすると、テニスボールと同じくらいの大きさになります。

これはテニスボールと地球の大きさの比とほぼ同じです。原子がいかに小さいかがよくわかりますね。

図 2-7-1

原子は基本的に次の 3 つの性質をもちます。①化学変化によってそれ以上分けることができない、②無くなったり新しくできたり、他の種類の原子に変わったりしない、③種類によって質量や大きさが決まっている、というものです。

図 2-7-2 ● 原子の性質

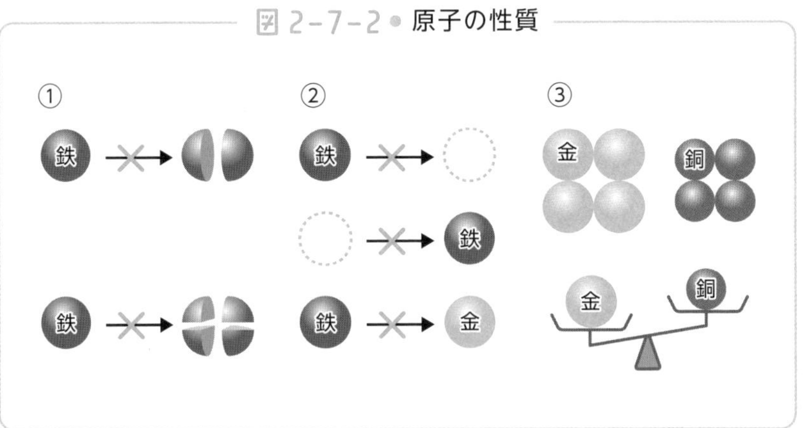

このように、原子はすべての物質をつくる根幹といえるものなのです。

原子の種類のことを「元素（げんそ）」といいます。原子がいくつあっても、その原子が同じものである限り、元素の種類は 1 種類ということです。原子と元素はとても紛らわしい言葉ですが、この使い分けに注意しましょう。

元素は現在118種類が知られています。下の図のような周期表を見たことがある方も多いでしょう。

図 2-7-3 ● 周期表

	1	2	3	4	5	6	7	8	9	10	11	12	13	14	15	16	17	18
1	H																	He
2	Li	Be											B	C	N	O	F	Ne
3	Na	Mg											Al	Si	P	S	Cl	Ar
4	K	Ca	Sc	Ti	V	Cr	Mn	Fe	Co	Ni	Cu	Zn	Ga	Ge	As	Se	Br	Kr
5	Rb	Sr	Y	Zr	Nb	Mo	Tc	Ru	Rh	Pd	Ag	Cd	In	Sn	Sb	Te	I	Xe
6	Cs	Ba	ランタノイド	Hf	Ta	W	Re	Os	Ir	Pt	Au	Hg	Tl	Pb	Bi	Po	At	Rn
7	Fr	Ra	アクチノイド	Rf	Db	Sg	Bh	Hs	Mt	Ds	Rg	Cn	Nh	Fl	Mc	Lv	Ts	Og

ランタノイド	La	Ce	Pr	Nd	Pm	Sm	Eu	Gd	Tb	Dy	Ho	Er	Tm	Yb	Lu
アクチノイド	Ac	Th	Pa	U	Np	Pu	Am	Cm	Bk	Cf	Es	Fm	Md	No	Lr

元素の種類は元素記号で表すことができます。記号の 1 文字目は大文字で、2 文字目は小文字で書く決まりがあります。

続いて、原子とよく似た言葉である**分子**について考えていきましょう。分子とは、**いくつかの原子が結びついた粒子**のことです。例としては図2-7-4のように水素分子、酸素分子、水分子、二酸化炭素分子、オゾン分子などが挙げられます。

図 2-7-4

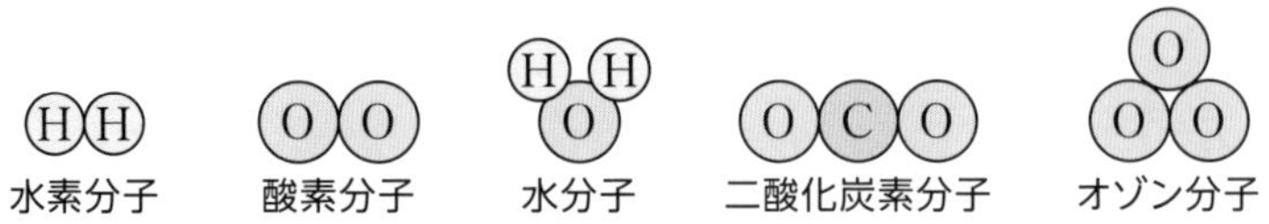

気体のところで学習した「水素」や「酸素」、「窒素」などはすべて分子のことです。「酸素はものが燃えるのを助ける性質がある」の「酸素」とは、酸素原子ではなく酸素分子のことなのです。

基本的に物質の性質は原子の種類でなく、分子の種類によって大きく変わります。例えば、酸素原子が 2 個結びついた酸素分子は、呼吸の必要な人間にとって大切な物質です。

しかし酸素原子が 3 個結びついたオゾン分子は、人間にとって有毒です（地球の上空にあるオゾン層は、生物を紫外線から守るという有益なはたらきもありますが）。

このように**分子が異なると、その物質の性質は異なるものになる**のです。反対に言うと、分子はその物質の性質を表す最小の単位ということもできます。酸素分子の 2 個の酸素原子を切り離してしまうと、酸素分子の性質をもたなくなるからです。

原子(元素)には118種類がありましたが、原子が結びついた分子は数百万の種類があり、現在も年間数十万種類の分子が新しく合成されたり、単離されたりしています。たった118種類の原子の組み合わせから、これだけ多くの分子がつくられ、まだ新しく合成されているというのは大変興味深いですね。

最後に原子と分子の「安定」について解説をします。先ほど紹介したように気体の「水素」や「酸素」とは分子のことでした。図にすると、右の図のようなイメージです。

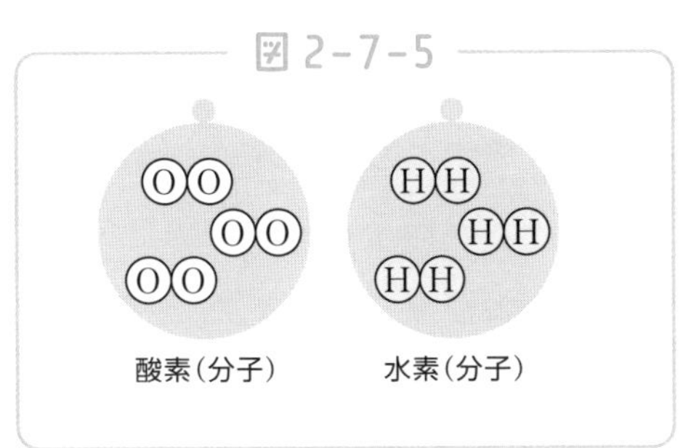

ではなぜ、水素や酸素は原子の状態ではなく分子の状態で存在するのでしょうか。これは、水素や酸素は、**原子の状態よりも分子の状態のほうが安定しているから**です。

原子や分子の安定といわれてもイメージがしにくいので、鉛筆を例に考えてみましょう。

机の上から鉛筆を落としてしまった場合、右の図の①と②どちらの状態になることが自然でしょうか?

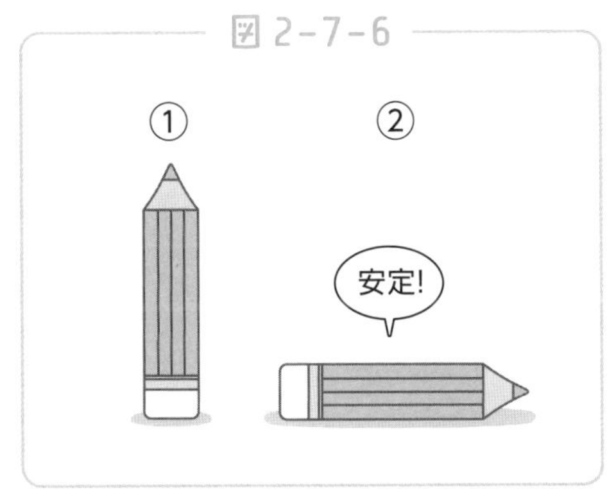

もちろん②のようにな

るはずです。これは鉛筆にとって、②のほうが安定しているからです。

これと同じように、水素や酸素にとっては、分子の状態のほうが安定しているため、ほとんどが分子で存在しているというわけです。

これで原子と分子の違いの解説を終わります。これ以上分けられない原子と、原子が結びついた分子、これらの区別を意識すると、化学の理解が深まりますよ。

2-8 2年

化学式を見れば物質が理解できる

―― 物質の化学式

前回は原子と分子について確認してきました。今回は引き続き、**化学式**について学習をしていきましょう。

化学式とは原子がどのような割合で結びついているのか、**元素記号と数字**を使って表したものです。例としては下の図のようなものが挙げられます。

図2-8-1

	化学式	イメージ図
水素(分子)	H_2	(H)(H)
酸素(分子)	O_2	(O)(O)
窒素(分子)	N_2	(N)(N)
二酸化炭素(分子)	CO_2	(O)(C)(O)
水(分子)	H_2O	(H)(H)(O)

	化学式	イメージ図
鉄	Fe	Fe Fe Fe / Fe Fe Fe / Fe Fe Fe
金	Au	Au Au Au / Au Au Au / Au Au Au
塩化ナトリウム	NaCl	Cl Na Cl Na / Na Cl Na Cl / Cl Na Cl Na

化学式を見る際のポイントは、アルファベットの**大文字と小文字の区別**に気をつけることです。

化学式は必ず大文字の前で**原子が区切られます**。例えば二酸化炭素は$C|O_2|$、塩化ナトリウムは$Na|Cl|$という具合です。この点を押さえておかないと、NaClに「C」が入っているため、炭素が含まれるのでは？という勘違いをしやすくなってしまいます（もちろんNaClのCは、Clという塩素原子の一部です）。

また、元素記号の右下につく小さな数字は、**左の原子の個数**を示します。そのためH_2Oでは水素原子が2個、CO_2では酸素原子が2個となるのです。

さて、ここで疑問が浮かんだ方もいるかもしれません。鉄・金・塩化ナトリウムの化学式についてです（図2-8-1）。これらの塊は非常に多くの原子が結びついてできていますが、化学式の右下には数字がつきません。これはなぜでしょうか。

それは、これらの物質が**分子をつくらない物質**だからです。水素分子や二酸化炭素分子など、分子をつくる物質は、決まった個数が結びついて存在しています。

図2-8-2

しかし鉄や金などはそれぞれの

原子が切れ目なく大量に並ぶ構造をしています。そのため、元素記号の右下に数字は書かなくてよい決まりになっているのです。個数を正確に数えることが不可能だからです。

塩化ナトリウムについても同様です。塩化ナトリウムは塩素原子とナトリウム原子が交互に切れ目なく並んでいます。そのため化学式としては数字をつけずにNaClと表すことになっているのです。

最後に化学式の読み方について説明します。化学式は一般的に後ろに書いてある物質名から順に読みます。塩素(Cl)であれば「塩化～」酸素(O)であれば「酸化～」、硫黄(S)であれば「硫化～」のようになります。

図2-8-3

これらが化学式の基本です。基本を知っていれば、化学式を見るだけで多くのことがイメージできるようになりますし、次回学習する化学反応式の理解も深まります。

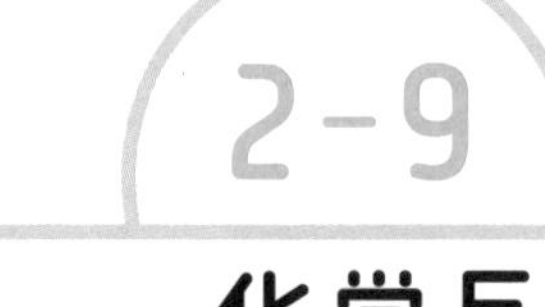

2年

化学反応式の書き方の重要ポイント

――化学反応式の書き方の手順

前回の化学式に続き、今回は化学反応式について解説をしていきます。その前に、中学理科で学習する**物質の2つの変化**の違いについて整理をしましょう。

中学理科では「状態変化」と「化学変化」の2種類の変化について学習します。**これらの違い**はどこにあるのでしょうか？

状態変化とはp.105で学習したように物質が固体⇄液体⇄気体と変化することでした。水を加熱すると水蒸気になりますが、このときは集まっていた水分子がばらばらになるだけで、**水分子そのものには変化がありません。**

これは水から氷になるときも同様です。このような変化を状態変化といいました。状態変化のようすを化学式で見てみると、氷(H_2O)⇄水(H_2O)⇄水蒸気(H_2O)のようになるわけです。物質そのものは変化していませんね。

図 2-9-1 ● 状態変化と化学変化

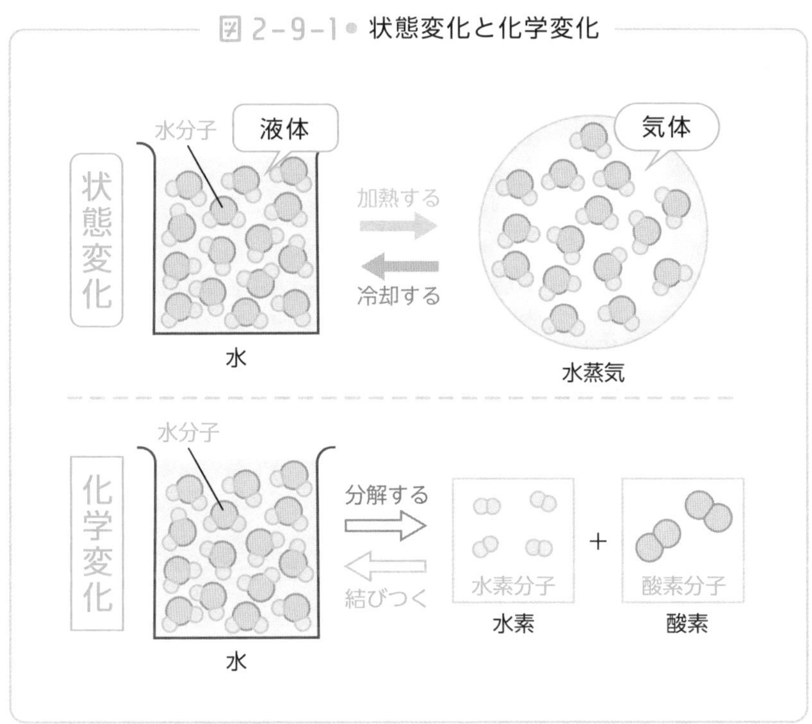

一方、**化学変化**の例としては**水の電気分解**が挙げられます。水に電流を流すと、水素と酸素に分解される反応が起こるのです。このときは**水分子そのものが変化し、水素分子と酸素分子に分かれています。**

化学変化のようすを化学式で見てみると、水(H_2O)→水素(H_2)＋酸素(O_2)のようになりますね。これが**状態変化と化学変化の違い**です。

化学変化は化学式を使い**化学反応式**として表すことができます。先ほどの水の電気分解を化学反応式で表すと図2-9-2のようになります。見覚えのある方も多いかもしれません。

図 2-9-2

$$\boxed{2}\,H_{②}O \rightarrow \boxed{2}\,H_{②} + O_{②}$$

化学反応式を理解するのに大切になるのが、2 種類の数字の理解です。化学反応式には、上の図のように○でかこった小さな数字と、□でかこった大きな数字があります。これらの数字の違いはどこにあるのでしょうか。

○でかこった小さな数字は、結びついている原子の個数を示しています。化学式の単元でも解説をしましたね。

図 2-9-3

水素分子(H_2)　酸素分子(O_2)　オゾン分子(O_3)　水分子(H_2O)

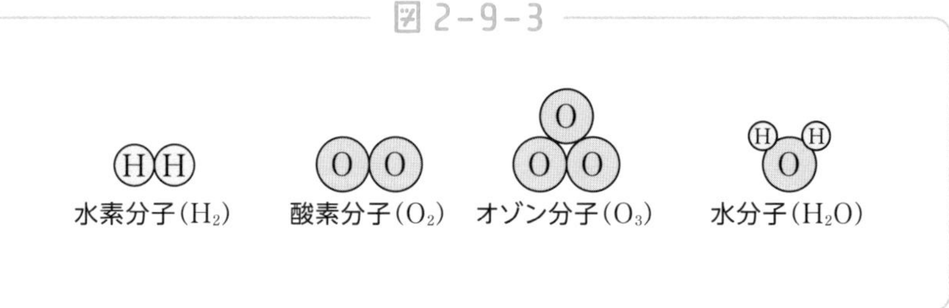

これらの例のように、右下の小さな数字の数だけ、原子が結びついているのです。このとき、**結びつく原子の種類や個数が異なると、全く別の物質になってしまう**ことを押さえてください。例えば酸素(O_2)とオゾン(O_3)は全く別の物質でしたね。

では図2-9-2の□でかこった大きな数字は何を意味するのでしょうか。この数字を「**係数**」といい、その**物質がいくつあるのか**

を示した数字です。物質の数によって下の図のように表します。

図 2-9-4

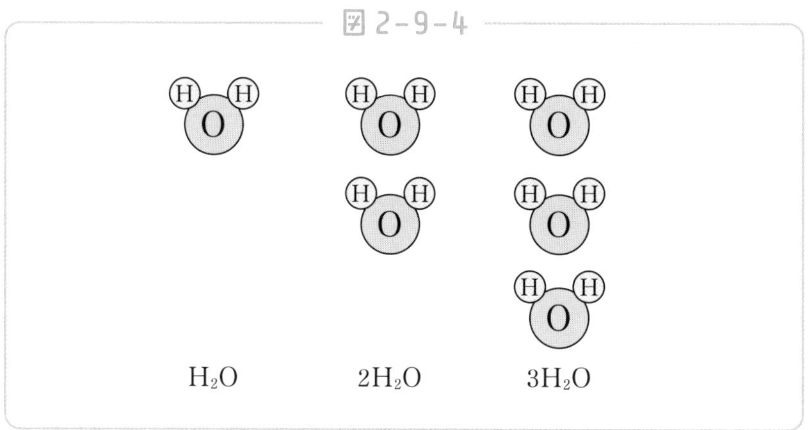

くり返しになりますが、化学反応式を書くときには、この**大きな数字と小さな数字の区別**が非常に大切になりますので、違いをしっかりと確認をしておいてください。では実際に化学反応式の書き方の手順を説明していきます。

例として先ほどの水の電気分解の化学反応式を書いてみましょう。手順は次の 3 つです。①化学反応式を日本語で書く、②日本語を化学式に変える、③化学変化の前後で原子の数をそろえる、となります。それでは、手順通りに進めてみましょう。

まずは①化学反応式を日本語で書いてみます。難しく考える必要はありません。「水が水素と酸素に分解される」という式を日本語で書くと、「水→水素＋酸素」となりますね。化学反応式では**＝ではなく→を使う**ので注意してください。

続いて手順②「日本語を化学式に変える」です。これも難しく考える必要はありません。「水」「水素」「酸素」という**日本語を化学式に変えます**。

このとき、前回で学習した化学式(元素記号ではないので注意)を**小さな数字含め書き換えます**。つまり化学反応式は、化学式をしっかりと暗記していないと書くことができないのです。

さて、日本語を化学式に書き換えると「$H_2O \rightarrow H_2 + O_2$」となります。ここまでくればあと一息です。

最後は③「化学変化の前後で原子の数をそろえる」です。②でできた化学反応式と、その原子の数を見てみましょう。

図 2-9-5

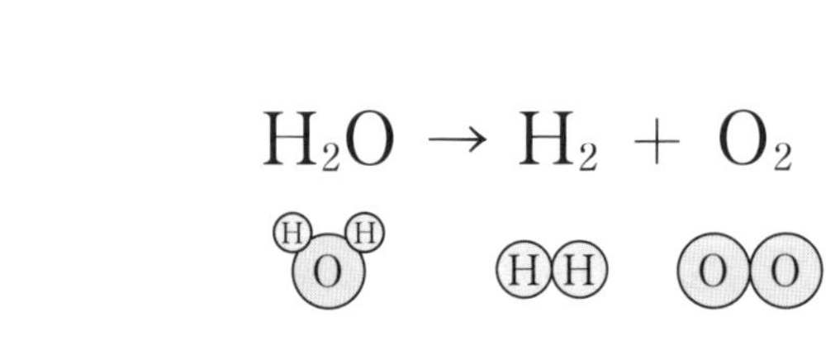

すると、反応前(矢印の左側)は「水素原子 2 個、酸素原子 1 個」ですが反応後(矢印の右側)は「水素原子 2 個、酸素原子 2 個」となっています。反応の前後で原子の数が異なっています。そのため、反応前後で原子の数をそろえる作業が必要になります。

ここで**よくある間違い**が$H_2O_2 \rightarrow H_2 + O_2$としてしまうケースです。「$H_2O_2$」は過酸化水素といい、水とは全く別の物質です。**化学式の数字を変えると、全く別の物質に変わってしまう**ことを思い出してください。

ではどのように原子の数をそろえればよいのでしょうか。ここで登場するのが**係数**です。係数とは、化学式の前につける大きな数字のことでした。係数を使えば**物質はそのままに原子の数を調整することができる**のです。図2−9−5では反応前の酸素の数が足りなかったので、反応前の水の前に係数の 2 をつけてみましょう。

図 2−9−6

$$2H_2O \rightarrow H_2 + O_2$$

すると図2−9−6のようになります。図2−9−6では反応前は「水素原子 4 個、酸素原子 2 個」となり、反応後は「水素原子 2 個、酸素原子 2 個」となりました。反応の前後で、**酸素の原子の数をそろえることに成功**しましたね。

ですが今度は、水素の数が合わなくなってしまいました。では今度は、反応後の水素の数をそろえましょう。図2−9−7のようにして、反応後の水素の数を増やします。

図 2-9-7

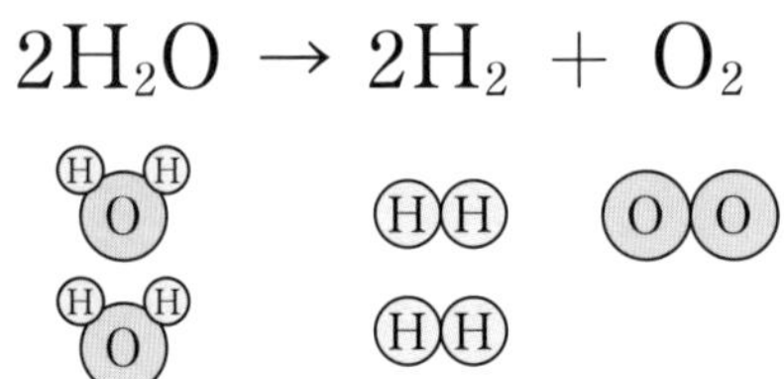

今度は反応前「水素原子 4 個、酸素原子 2 個」反応後「水素原子 4 個、酸素原子 2 個」となり、反応前後で原子の数がそろいました。

これで化学反応式が完成になります。「水が水素と酸素に分かれる化学反応式」は「$2H_2O \rightarrow 2H_2 + O_2$」となるのです。

これが化学反応式の書き方になります。化学反応式は中学生にとって大きな壁の一つではありますが、化学式を暗記し、化学反応式の手順を理解すれば誰でも簡単に書くことができるのです。

化学反応式がわかると、物質の変化がさらに具体的にわかるようになります。ぜひ身近にある化学変化の化学反応式を調べてみてください。

2年

酸素が結びつく変化・除かれる変化

——酸化と還元

化学変化は日常のさまざまな場所で見ることができます。今回は身近な化学変化の１つである、酸化・還元について解説をしていきます。

酸化とは、物質と酸素が結びつく化学変化のことです。酸化は多量の熱や光を出しながら激しく酸化する**燃焼**と、ゆっくりと酸化する**さび**に大別することができます。

まずは燃焼について見ていきましょう。代表的なものがマグネシウムの燃焼です。マグネシウムは銀白色をした金属です。

マグネシウムは火をつけると、空気中の酸素と結びつき、激しく燃焼します。

燃焼後は、白色の酸化マグネシウム(MgO)という物質に変化します。反応の際は、非常に高温となるので注意が必要です（動画参照)。

マグネシウムの燃焼の化学反応式は $2\,Mg + O_2 \rightarrow 2\,MgO$ となります。マグネシウムが空気中の酸素と結びついているので、酸化が起きていますね。加えて酸化の際に熱や光を出しているので、燃焼といえるのです。

酸化には燃焼だけでなく、**さび**もあります。さびは燃焼と異なり、穏やかに起こる酸化です。さびる際も、熱は発生するのですが、とても長い時間をかけて熱を発するので、体感することは難しくなっています。

さびの代表的な例は10円玉が青くなることなどが挙げられます。10円玉が青くなるのは緑青（ろくしょう）と呼ばれるさびが原因です。

また、カイロは鉄を急激にさびさせることにより、熱を発生させる道具です（燃焼とさびの中間ともいえます）。このように、酸化は身近にとてもよく見られる化学変化なのです。

酸化とは反対に、物質から酸素が奪われる化学変化を**還元**といいます。代表的な還元の化学変化は、酸化銅（CuO）と炭素（C）を混ぜたものを加熱する実験です。

この化学変化は $2CuO + C \rightarrow 2Cu + CO_2$ と表すことができます。**酸化銅が還元され、銅に変化**します。また、炭素は酸化銅から酸素を奪い二酸化炭素となります（炭素は酸化をしています。還元が起こる際は酸化も同時に起こっているのです）。二酸化炭素が発生したかどうかは、石灰水を使って確かめます。二酸化炭素が発生すると、石灰水は白

くにごります。動画を見ると、石灰水が白くにごることが確認できます。このような化学変化を還元といいます。

なぜこのような変化が起きるのでしょうか。それは、**炭素は銅よりも酸素と結びつきやすい**からです。そのため、酸化銅と炭素を混ぜて加熱すると、酸素は炭素と結びつき、二酸化炭素になってしまうのです。

人間で喩えると、酸素にとって銅は「イケメンでない・性格が悪い・お金がない」、炭素は「イケメン・性格が良い・お金持ち」という感じでしょうか。はじめはしぶしぶ銅とくっついていた酸素も、炭素が現れるとそちらとくっついてしまうのですね（イメージの話です）。

原子たちも、私たち以上に厳しい世界を生きているのかもしれません。

2年

化学変化の前後の質量と質量保存の法則

―― 化学変化と質量

化学変化が起きたとき、物質の質量(重さ)にはどのような変化があるのでしょうか。化学変化の前後で物質の質量を比べることにより、化学反応のようすがよりイメージしやすくなります。今回は化学変化と質量について考えていきましょう。

下の図を見てください。これはてんびんにスチールウールをつるしてつり合わせたものです（スチールウールとは鉄を毛のように細くしたものです)。

図 2-11-1

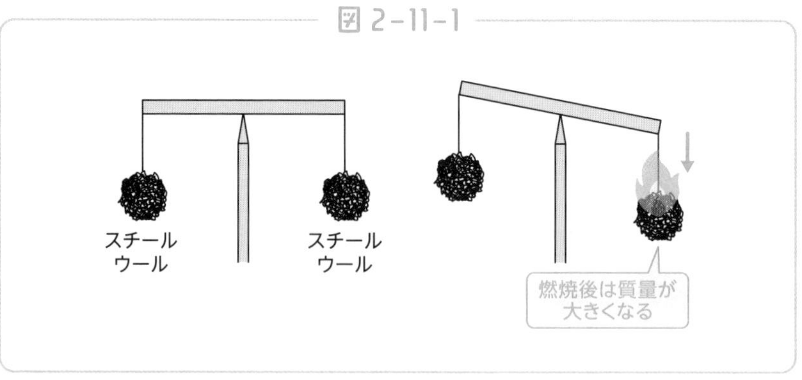

片方のスチールウールに火をつけると、てんびんは火のついたスチールウールのほうに大きく傾きます。つまり、**火をつけたほうが**

質量が大きくなったということですね。

今度は同様の実験をロウソクで行なってみましょう。すると今度は火をつけていないロウソクのほうに傾きました。つまりロウソクの場合は**火をつけると質量が小さくなる**ということですね。なぜこのような違いがあるのでしょうか。

図 2-11-2

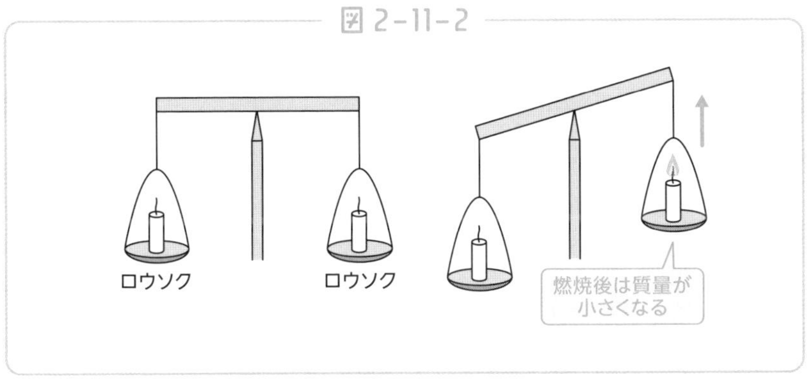

鉄(Fe)は燃焼すると酸素(O_2)と結びついて酸化鉄(Fe_3O_4)がつくられます。つまり鉄の場合は、燃えると酸素が結びついた分質量が大きくなるわけです。

図 2-11-3

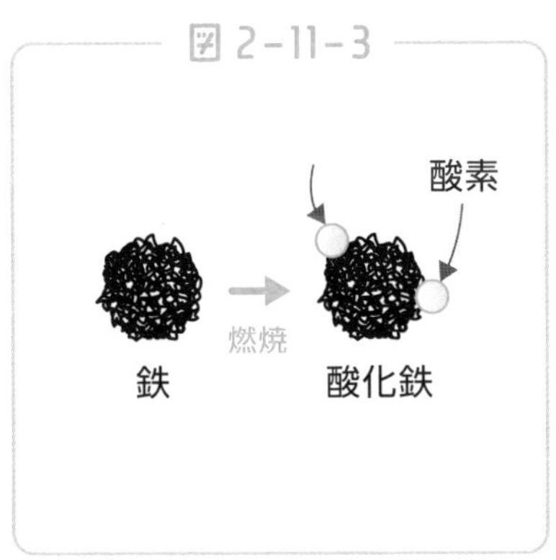

一方ロウソクは、パラフィンという炭素や水素などからなる成分でできています。ロウソクは燃焼すると、炭素(C)は酸素(O_2)と結びつき二酸化炭素(CO_2)に、水素(H_2)は酸素(O_2)と結びつき水(水蒸気)(H_2O)となり、**空気中に**

逃げていってしまいます。そのため、ロウソクは燃焼すると質量が小さくなるのです。

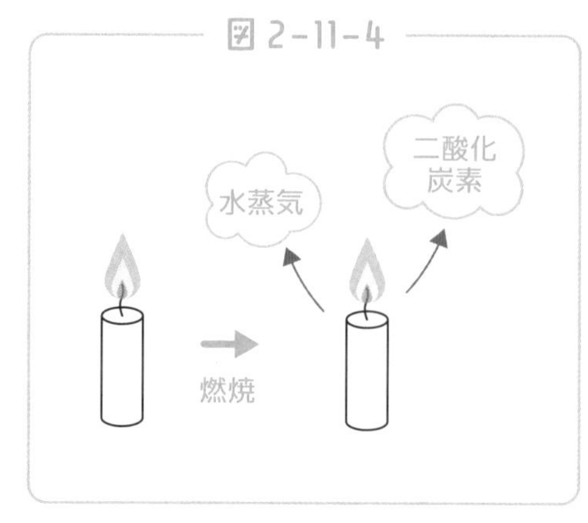

同じ燃焼でも、質量が大きくなるケースと、小さくなるケースがあるのです。これらは酸素が結びつくイメージと併せて理解することで、知識が定着しやすくなるでしょう。

さて、鉄やロウソクの燃焼の例からもわかる通り、物質は化学変化をすることで質量が変化して見えることがあります。しかしその一方で、みなさんは「質量保存の法則」という言葉を聞いたこともあるのではないでしょうか。

質量保存の法則とは「化学変化の前後で、変化に関係した物質の質量の和は変化しない」という法則です。スチールウールの燃焼の実験を、密閉した容器内で行なってみましょう。

てんびんで実験した際は、空気中の酸素が鉄にくっついたため、燃焼すると質量が大きくなりました。しかし密閉した容器内で燃焼させる場合は、もともと容器の中にあった酸素が鉄にくっついただけのため、質量は変化しないのです。これが質量保存の法則です。

ただし燃焼後、容器内の酸素は鉄とくっついてしまっているため、容器内は酸素が少なく気体がスカスカな（気圧が小さい）状態になっています。そのため、フタをとると、空気がフラスコ内に入り込み、質量は反応前よりも大きくなってしまいます。空気にも質量があるのです。

図 2-11-5

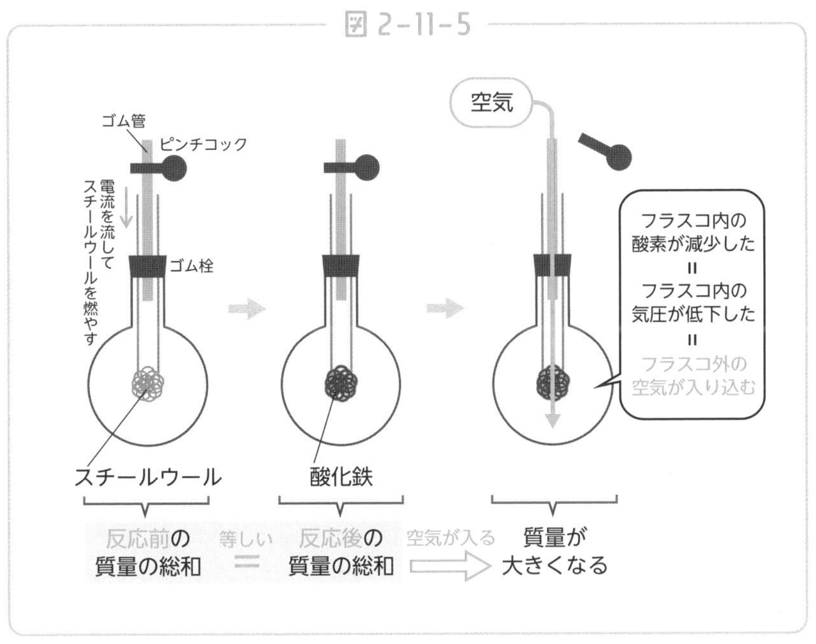

質量保存の法則はロウソクの例でも成り立ちます。密閉した容器内でロウソクに火をつけると、容器内で二酸化炭素と水蒸気が発生します。容器内は気体でパンパンになりますが、フタが閉まっているため二酸化炭素と水蒸気は外に逃げられず、質量は変化しません。しかしフタを開けると、発生した二酸化炭素と水蒸気が逃げてしまうため、全体の質量は小さくなってしまうのです。

図 2-11-6

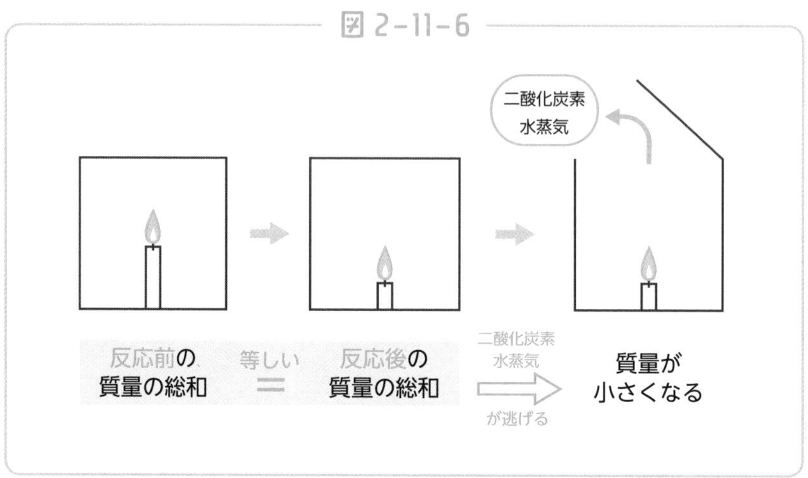

これが質量保存の法則です。化学変化は原子同士の結びつきが変化するだけで、密閉された容器内では原子の数の総量は変化しません。そのため、質量が変化しないのです。また、ヒトの目に見えない気体になっても、原子は変わらず存在しているということを理解しておきましょう。

3年

イオンとは？ 原子のつくりとイオンのでき方

―― イオンのでき方

日常生活でイオンという言葉を耳にする機会はずいぶんと増えたように感じます。しかしながら、イオンとは結局どのようなものなのか、しっかりと答えられる方は多くないのかもしれません。今回は中学で学習する、イオンの基本について解説をしていきます。

イオンとは**原子が電気を帯(お)びたもの**のことです（「帯びる」は「もつ」と理解してもらって構いません）。原子がプラスの電気を帯びたものを**陽イオン**、マイナスの電気を帯びたものを**陰イオン**といいます。

原子はなぜ、プラスやマイナスの電気を帯びるのでしょうか。このことを知るためには、**原子のつくり**を詳しく知る必要があります。

図2−12−1を見てください。これはヘリウム原子の構造を図にしたものです。図のように、原子は普通「陽子」「中性子」「電子」の3つからできています。

図 2-12-1

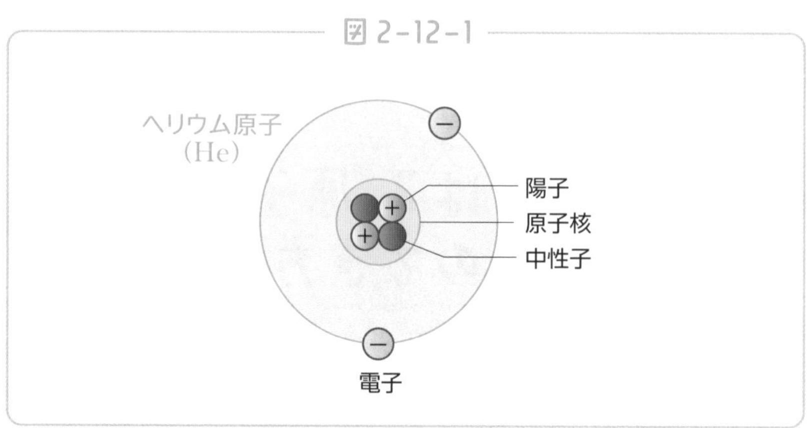

陽子は**プラスの電気をもった粒子**です。原子の種類は陽子の数によって決まります。周期表を見てください。

図 2-12-2 ● 周期表

	1	2	3	4	5	6	7	8	9	10	11	12	13	14	15	16	17	18
1	H																	He
2	Li	Be											B	C	N	O	F	Ne
3	Na	Mg											Al	Si	P	S	Cl	Ar
4	K	Ca	Sc	Ti	V	Cr	Mn	Fe	Co	Ni	Cu	Zn	Ga	Ge	As	Se	Br	Kr
5	Rb	Sr	Y	Zr	Nb	Mo	Tc	Ru	Rh	Pd	Ag	Cd	In	Sn	Sb	Te	I	Xe
6	Cs	Ba	ランタノイド	Hf	Ta	W	Re	Os	Ir	Pt	Au	Hg	Tl	Pb	Bi	Po	At	Rn
7	Fr	Ra	アクチノイド	Rf	Db	Sg	Bh	Hs	Mt	Ds	Rg	Cn	Nh	Fl	Mc	Lv	Ts	Og

ランタノイド	La	Ce	Pr	Nd	Pm	Sm	Eu	Gd	Tb	Dy	Ho	Er	Tm	Yb	Lu
アクチノイド	Ac	Th	Pa	U	Np	Pu	Am	Cm	Bk	Cf	Es	Fm	Md	No	Lr

原子番号 1 番の水素(H)は陽子の数が 1 つです。同様に 2 番のヘリウム(He)は陽子の数が 2 個。3 番のリチウム(Li)は陽子の数

が３個、という具合になっています。図2−12−1はヘリウム原子なので、陽子の数が２個ですね。

原子をつくるものの２つ目は**中性子**です。中性子は電気をもたない粒子です。陽子とともに原子の中心に存在します。陽子と中性子を合わせたものを**原子核**といいます。

最後は**電子**です。電子は**マイナスの電気をもった粒子**です。１個の原子がもつ電子の数は、陽子の数と等しくなります。

つまり原子全体では、電気はプラスマイナス０、電気的に中性となっているのです。ヘリウム原子は、陽子の数も電子の数も２個ずつですね。＋２−２＝０で、電気的に中性です。

原子が陽子・中性子・電子の３つからつくられていることはおわかりいただけたでしょうか。では、原子がイオンになるしくみを考えてみましょう。

原子のうち陽子と中性子は強い力で結びつき、原子核となっています。一方で電子は原子核のまわりに存在しています。そのため原子は電子を失ってしまったり、受け取ったりすることがあるのです。原子の種類によって、電子を失いやすい原子、受け取りやすい原子は決まっています。

電子を失いやすい代表的な原子である、ナトリウム原子を見てみましょう。

図 2-12-3

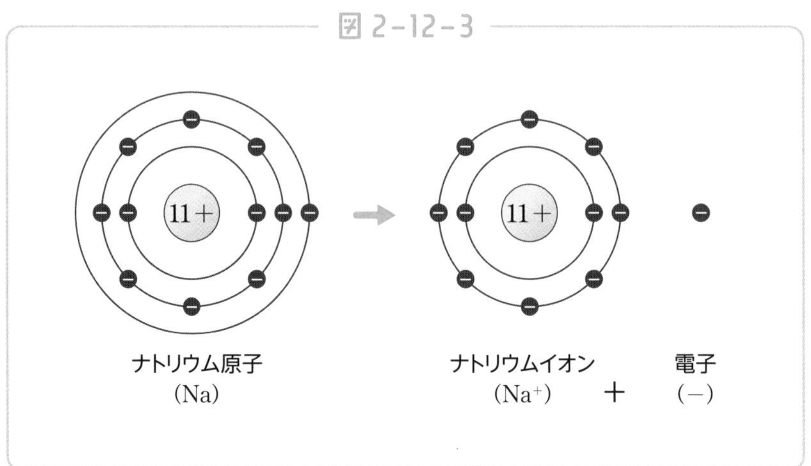

ナトリウム原子は原子番号が11番。陽子と電子の数は11個ずつです。前述した通り原子の段階ではプラスマイナス０（＋11−11＝0）で電気的に中性です。

しかしナトリウム原子が電子を１個失うと、陽子が11個、電子は10個となり、**プラスの電気のほうが１つ多くなります。**この結果、ナトリウムイオン（Na^{+}）ができるのです。陽イオンは、原子が電子を失うことでできるのです。

続いては電子を受け取る代表的な原子である、塩素原子を見てみましょう。

図 2-12-4

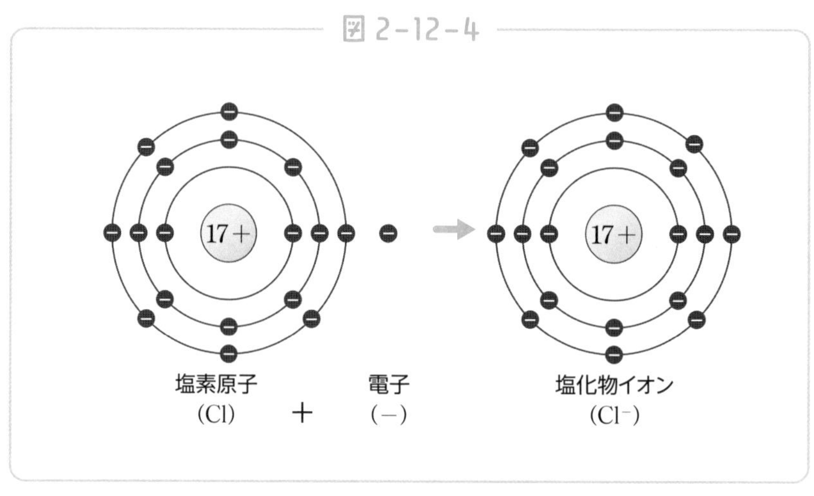

塩素原子の原子番号は17番。陽子と電子の数は17個ずつです。原子の段階ではプラスマイナス０（＋17－17＝０）で、電気的に中性です。

ところが塩素原子が電子を受け取ると、陽子が17個、電子は18個となり、**マイナスの電気が１つ多くなります。**このため塩化物イオン(Cl^-)となるのです（塩素のイオンを塩化物イオンといいます）。

ナトリウム原子と塩素原子の例からわかるように、電子を失った原子は陽イオンに、電子を受け取った原子は陰イオンになります。中学で学習する代表的なイオンを確認してみましょう。

図 2-12-5

水素イオン	ナトリウムイオン	銅イオン	銀イオン	バリウムイオン
H^{+}	Na^{+}	Cu^{2+}	Ag^{+}	Ba^{2+}
塩化物イオン	水酸化物イオン	硫酸イオン	硫化物イオン	硝酸イオン
Cl^{-}	OH^{-}	SO_4^{2-}	S^{2-}	NO_3^{-}

これらが代表的なイオンです。なお、電子を2個失うと、銅イオンやバリウムイオンのように「2＋」となり、電子を2個受け取ると、硫酸イオンや硫化物イオンのように「2－」となります。

これがイオンのでき方です。イオンというと、何か難しいものというように感じてしまうかもしれませんが、実際は原子が電気を帯びただけのものなのですね。

3年

イオン化傾向と電池のしくみ

―― 金属のイオンのなりやすさ

今回は金属のイオンへのなりやすさについて勉強をしていきましょう。一般に**金属は陽イオンになりやすい**のですが、金属によってイオンへのなりやすさは異なります。

金属のイオンへのなりやすさを**イオン化傾向**といい、代表的な金属をイオン化傾向の大きい順に並べたものをイオン化列といいます。以下がイオン化列です。

図 2-13-1

大きい イオンになりやすい! ⟵ イオン化傾向 ⟶ 小さい イオンになりにくい!

Li	K	Ca	Na	Mg	Al	Zn	Fe	Ni	Sn	Pb	(H)	Cu	Hg	Ag	Pt	Au
リチウム	カリウム	カルシウム	ナトリウム	マグネシウム	アルミニウム	亜鉛	鉄	ニッケル	スズ	鉛	水素	銅	水銀	銀	白金	金

このイオン化列からわかることは何でしょうか。塩化銅水溶液にアルミニウムを加える実験から考えてみましょう。

塩化銅水溶液の中には、銅イオン(Cu^{2+})と塩化物イオン(Cl^{-})が入っています（イオンは微粒子であるため、肉眼で見ることはできません）。この中にアルミニウム(Al)を加えてみましょう。銅とアルミニウムでは、イオン化傾向はアルミニウムのほうが大きくなっています。言い換えると、銅よりもアルミニウムのほうがイオンでいたいのです。

そのため銅イオン(Cu^{2+})がある塩化銅水溶液の中にアルミニウム(Al)を入れると、アルミニウムはアルミニウムイオン(Al^{3+})になり、銅イオンは銅(Cu)になって析出するという現象が起こります。

すなわちアルミニウムは電子を失いアルミニウムイオンになり、水溶液中の銅イオンが電子を受け取り銅として析出するというわけです（動画参照)。

動画を見るとわかるように、銅イオンは青色をしています。しかしアルミニウムを入れて時間が経つと銅イオンが少なくなるため、青色がうすくなります。

この実験からわかるように、**金属はイオンへのなりやすさが決まっている**のです。

このイオン化傾向を上手に利用した道具が**電池**です。ここでは最も基本的な電池であるボルタ電池を紹介します。

ボルタ電池に必要なものは、電気を通す水溶液（ここでは硫酸を使います）に亜鉛板と銅板です。たったこれだけで簡単な電池をつくることができるのです。

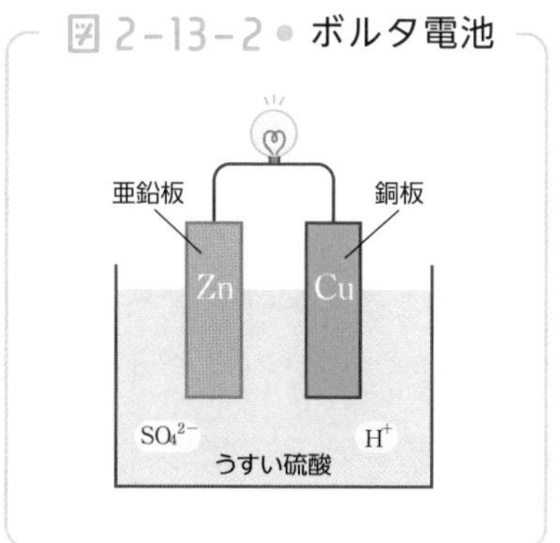

図2-13-2 ● ボルタ電池

硫酸の中には、水素イオン（H^+）と硫酸イオン（SO_4^{2-}）が含まれています。

硫酸に亜鉛板と銅板をつけ、電球をつけた導線でつないでみましょう。すると、電球が光ります。これだけで電池が完成しているわけです。なぜこのようなことが起こるのでしょうか。

亜鉛板はイオンになりやすい金属のため、亜鉛（Zn）から亜鉛イオン（Zn^{2+}）になります。

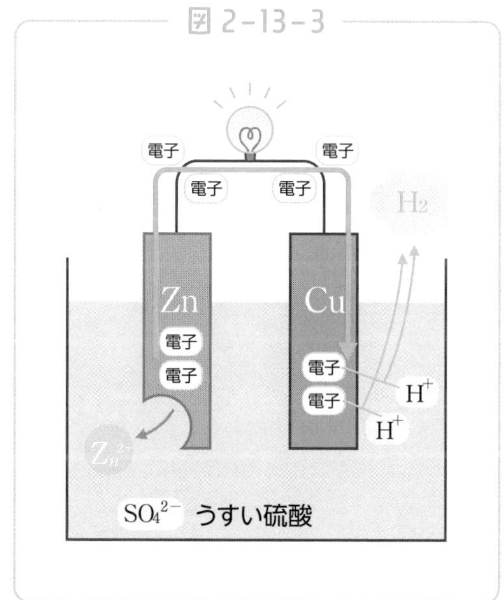

図2-13-3

このときに失った電子は導線を通り銅板へ移動します。p.306で詳しく解説をしますが、電流の正体とは、この電子です。つまり電子が移動することによって電流が流れるのです。

なお、銅板へと移動した電子はイオン化傾向が小さい硫酸の中の水素イオンが受け取ります。水素イオンは電子を受け取ると、水素原子(H)になり、もう1つの水素原子と結びついて水素分子(H_2)になります。このため、銅板のまわりからは水素が発生するのです。

電池とは金属のイオン化傾向の違いを上手に利用した道具なのです。

3年

酸性・アルカリ性の性質と正体

―― 酸性とアルカリ性

酸性・アルカリ性という用語は理科の学習だけでなく、日常生活でも一度は耳にしたことがあるでしょう。日用品の中にもこれらの言葉はよく見られますね。しかし酸性・アルカリ性とはどのような性質をもつものか、そして、酸性・アルカリ性の正体は何なのか、曖昧な方も多いでしょう。今回は酸性とアルカリ性について詳しく解説をしていきます。

酸性の性質で代表的なものは「なめると酸っぱい」ことです。まさに「酸っぱい性質」という名の通りですね。

酸味はもともと、未成熟な食べ物や腐った食べ物を認識するための味覚でした。それが長い期間を経て、食欲増進や代謝に関わる味として、好まれていくようになったと考えられています。

それ以外の酸性の性質としては「青色のリトマス紙を赤色に変える」「BTB溶液を黄色に変える」「鉄や亜鉛などの金属を加えると水素が発生する」などがあります。中学理科を代表するような用語が目白押しですね。

さて、酸性・アルカリ性を表す尺度として「pH（ピーエイチ）」というものがあります（pHの読み方は、以前は「ペーハー」が主流でしたが、現在は「ピーエイチ」と読むことがほとんどです。pHをどのように読むかで年代がバレますので注意してください）。

図 2-14-1

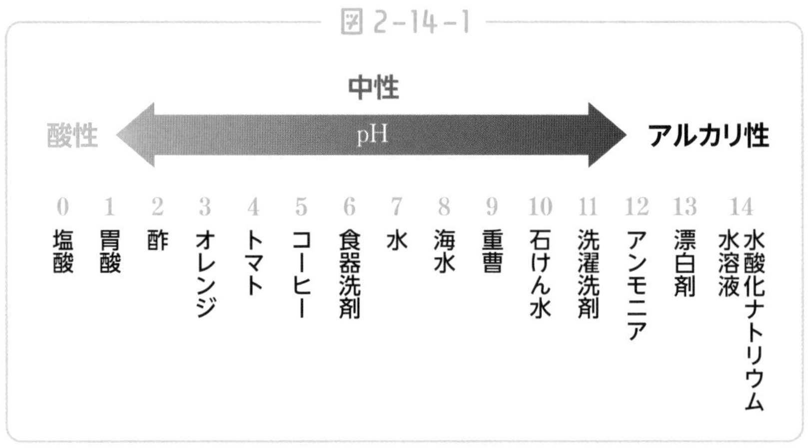

pH7は中性。値が小さいほど酸性が強く、大きいほどアルカリ性が強くなります。つまり酸性の特徴として「pHが7より小さくなる」ということもいえそうですね。

では、**アルカリ性**の性質はどのようなものがあるのでしょうか。「アルカリ」の語源はアラビア語の「灰」とされています。植物の灰を水に溶かすとアルカリ性を示し、これが洗濯などに利用されてきたのです。

アルカリ性の性質は「なめると苦い」「赤色のリトマス紙を青色に変える」「BTB溶液を青色に変える」などがあります。

アルカリ性は酸性と比べると、安全なイメージをもつ方も多いかもしれません。しかしアルカリ性は**タンパク質を溶かす非常に危険な溶液**です。

例えば強いアルカリ性を示す水酸化ナトリウム水溶液は、目に入れば失明する可能性もあります。アルカリ性を扱う実験を行なう際、ゴーグルをつけることは非常に大切です。

さて、酸性とアルカリ性の正体とは一体何なのでしょうか。ここである実験をしてみましょう。

うすい塩酸を用意します。塩酸は酸性の水溶液であり、塩酸には水素イオン(H^+)と塩化物イオン(Cl^-)が含まれています。つまり、これらのどちらかが酸性の正体と考えることができそうです。

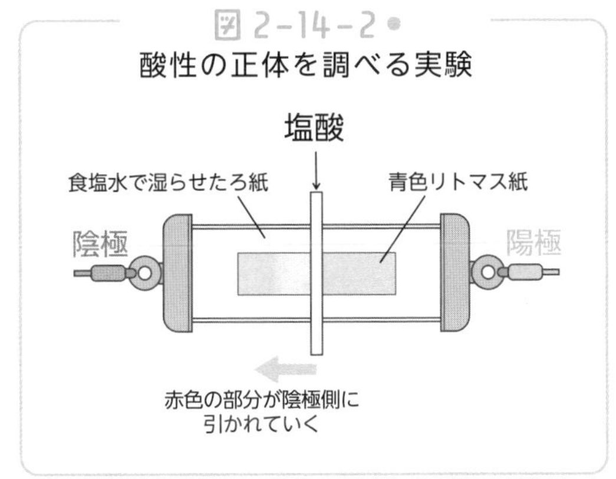

青色リトマス紙の中央に塩酸をつけてみましょう。青色リトマス紙は酸性で赤色になるため、中央が赤くなります。

このリトマス紙を電気を通しやすく、中性の水溶液である食塩水に浸した紙の上に置き、両側に電圧をかけます。

すると、酸性を示す赤色の部分が陰極(マイナス側)に引かれていくのです（図2−14−2）。マイナス側に引かれるということは、酸性の正体はプラスの電気をもっているはず。すなわち**酸性の正体はプラスの電気をもった水素イオン**(H^+)ということがわかるのです。

同様の実験をアルカリ性の水溶液である水酸化ナトリウム水溶液でも行なってみます。水酸化ナトリウム水溶液はナトリウムイオン(Na^+)と水酸化物イオン(OH^-)を含んでいます。つまりこのどちらかがアルカリ性の正体と考えられそうです。

図2−14−3 アルカリ性の正体を調べる実験

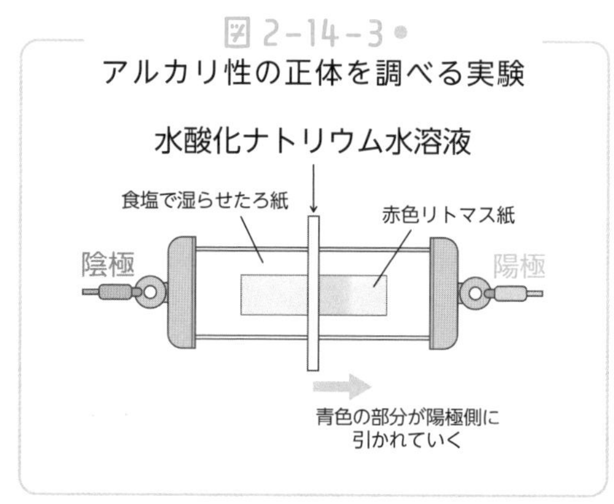

赤色リトマス紙の中央に水酸化ナトリウム水溶液をつけて青色にし、食塩水に浸した紙の上に置き電圧をかけます。すると今度は、青色の部分が陽極(プラス側)に引かれていきます。つまり**アルカリ性の正体は、マイナスの電気をもった水酸化物イオン(OH^-)**であるといえるのです。

次回は、酸性の正体である水素イオンと、アルカリ性の正体である水酸化物イオンが混ざるとどのようなことが起こるのか、考えていきましょう。

3年

中和と塩 ～イオンでわかる中和のしくみ～

―― 中和と塩

酸性の正体は水素イオン(H^+)であり、アルカリ性の正体は水酸化物イオン(OH^-)です。これらのイオンが混ざると、**中和**と呼ばれる現象が起こります。

中和は料理や掃除など、日常生活でもよく利用される反応です。中和とはどのような現象なのか、詳しく解説をしていきます。

中和とは**水素イオンと水酸化物イオンが合わさり、水(H_2O)ができる現象**のことです。式にすると$H^+ + OH^- \rightarrow H_2O$になります。これを図で表すと、下の図のようになりますね。

図 2-15-1

つまり中和が起きると、酸性とアルカリ性は、互いの性質が打ち消されるということです。

また、中和の際には水以外にも必ず塩（えん）と呼ばれる物質ができます（**塩（しお）ではなく塩（えん）**ですので注意してください）。塩（えん）とはどのようなものなのでしょうか。塩酸（HCl）と水酸化ナトリウム水溶液（NaOH）の中和を例に考えてみましょう。

塩酸の中には水素イオン（H^+）と塩化物イオン（Cl^-）が、水酸化ナトリウム水溶液の中にはナトリウムイオン（Na^+）と水酸化物イオン（OH^-）が含まれています。この2つの溶液を中和させると下の図のようになります。

図 2-15-2

		HCl	→	H^+	+	Cl^-
		NaOH	→	Na^+	+	OH^-
HCl	+	NaOH	→	H_2O	+	NaCl
（酸	+	アルカリ	→	水	+	塩（えん））

塩酸のH^+と、水酸化ナトリウム水溶液のOH^-が合わさり、水ができます。その一方で、水を蒸発させると、塩化ナトリウム（NaCl）という水とは別の物質も発生していることが確認できます。

この塩化ナトリウムのように、**中和反応では必ず水以外の物質が発生**します。これを塩というのです。

つくられる塩は、酸性とアルカリ性の、どのような溶液を混ぜるかによって変わります。例えば下の図のような硫酸(H_2SO_4)と水酸化バリウム($Ba(OH)_2$)の中和では、硫酸バリウム($BaSO_4$)が塩となります。

図2-15-3

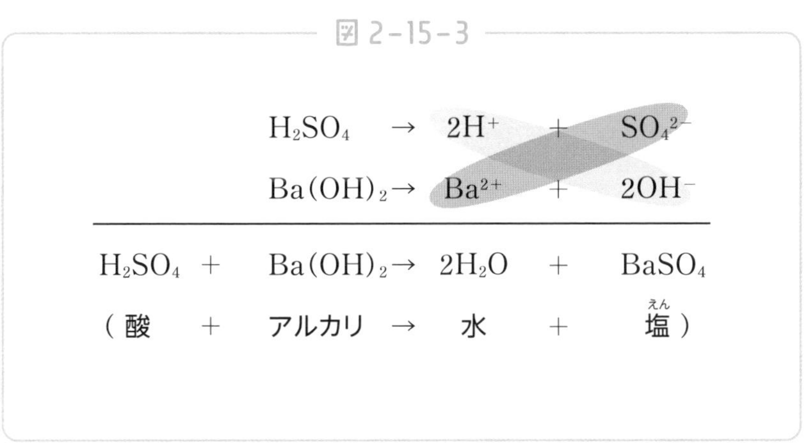

このように中和では必ず水ができますが、できる塩は酸性とアルカリ性の**どのような溶液を混ぜ合わせるかによって変わる**のです。

これが中和です。前述した通り、中和は身近なところでもたくさん利用されている反応です。例えばサラダのドレッシングには酸性の酢が入っています。これは、生野菜のアルカリ性による苦味を中和し緩和するはたらきがあるのです。

他にも、苦い胃薬はアルカリ性により胃酸を中和し、刺激を和らげます。トイレの嫌な臭いの原因であるアンモニアは、クエン酸で中和させて臭いを和らげるなども、代表的な例です。

大規模なものでは、酸性の温泉が流れ込んで魚がすめない川を、アルカリの石灰により中和するという例もあります。

酸性とアルカリ性が互いに打ち消し合う中和という反応は、身近ないたるところで利用されています。みなさんも、身近に潜む中和のはたらきをたくさん探してみてくださいね。

第3章

地　学

1年

岩石はどこから生まれた？火成岩の秘密

―― 火成岩のつくり

今回からは中学で学習する岩石について解説をしていきます。みなさんは「岩石がどのようにできるのか」を考えたことがあるでしょうか。

あたりを見渡せばそこら中にある岩石ですが、いつどのようにつくられたのかは、よくわからない方も多いでしょう。この機会に岩石への理解を深め、その魅力を知っていただければ幸いです。

岩石のでき方の違いによって、3 種類の岩石ができます。「火成岩（かせいがん）」「堆積岩（たいせきがん）」「変成岩（へんせいがん）」という 3 種類です。このうち日本の地表での岩石分布割合は火成岩が約38%、堆積岩が約58%となっており、この 2 種類で約96%を占めています。

そのような理由もあり、中学の理科では**火成岩**と**堆積岩**について詳しく学習をします。ここでは火成岩について詳しく学んでいきましょう。

火成岩とは<u>マグマ</u>が冷えて固まってできた岩石です。地球の地下は高温高圧であるため、岩石などが溶けたマグマという物質が存在します。

図 3-1-1

このマグマが冷えて固まると、火成岩という岩石になるのです。身近にある岩石が、元は地下深くでマグマの状態だったことを想像すると、少し感動を覚えますね。

さて、マグマが冷えて固まると火成岩になるのですが、**冷え固まる場所やスピードにより、火成岩は 2 種類に分けることができます。**

マグマが地表近くまで上昇してきたとしましょう。地表近くは地下深くに比べ、温度が非常に低くなるため、マグマは急に冷やされます。このように、地表や地表近くで急に冷えて固まった火成岩を、**火山岩**といいます。

一方、マグマが地下深くで、ゆっくりと冷えて固まった火成岩を**深成岩**といいます。ゆっくりと冷えて固まるの「ゆっくり」とは数十万〜数百万年という非常に長い時間のことです。

図 3-1-2

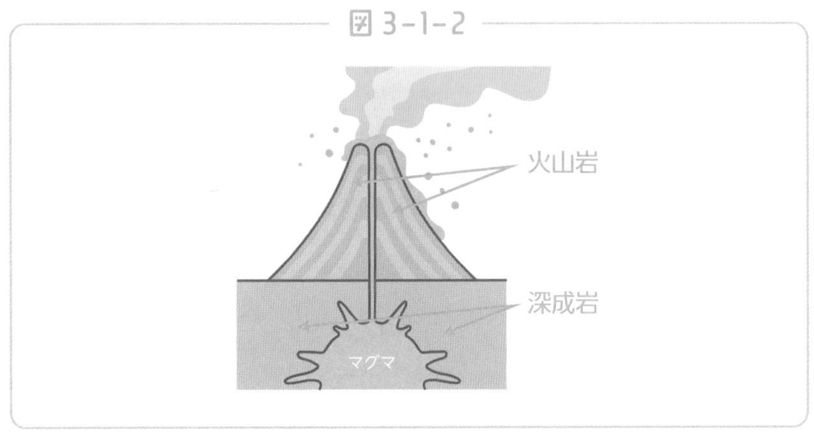

火山岩は「急に」冷えて固まるという表現をしましたが、ここでは数時間〜数万年という時間を指します。数万年でも「急に冷える」という表現を使うところが、私たち人類と地球の歴史の差を感じさせますね。

一度整理をしましょう。マグマが冷えて固まった岩石が、火成岩です。そして、火成岩の中でも、地表や地表近くで急に冷えて固まったものが火山岩。地下深くでゆっくりと冷えて固まったものが

図 3-1-3

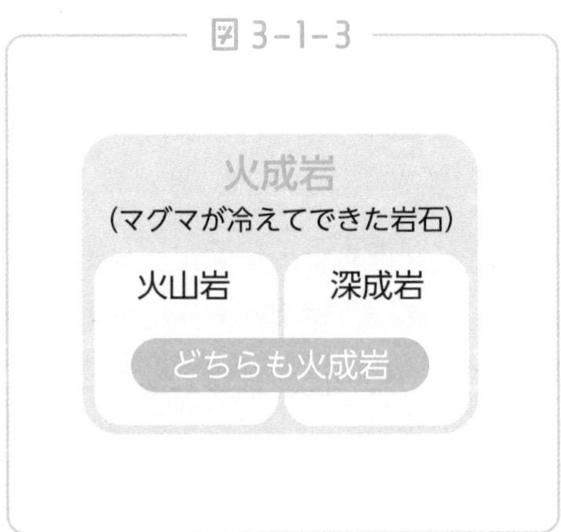

深成岩になります。**火山岩も、深成岩も、どちらも火成岩**であることがポイントです。関東生まれの方も、関西生まれの方も、どちらも日本人。それと同じようなイメージです。

最後に、火山岩と深成岩のつくりの違いを確認してみましょう。火山岩と深成岩は拡大して観察してみると、つくりが異なります。それぞれ図にしたものが下の図になります。

図 3-1-4

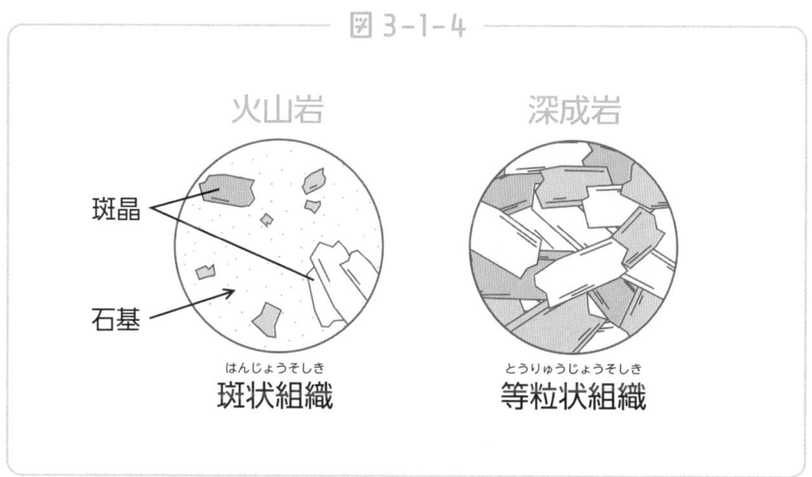

火山岩を拡大して見てみると、大きな結晶と観察できないほどの小さな結晶が混じり合っています。大きな結晶のことを斑晶(はんしょう)といい、小さな結晶を石基(せっき)といいます。

このようなつくりを**斑状組織**(はんじょうそしき)といいます。斑状とは斑(まだら)という意味であり、大小さまざまな結晶が混じり合っていることを意味します。火山岩は急に冷やされるため、大きく成長できない結晶が出てくるのです。

一方深成岩を観察してみると、すべてが大きい結晶になっています。このようなつくりを**等粒状組織**といいます。深成岩は地下深くでゆっくりと冷え固まるため、岩石内のすべての結晶が大きく成長します。粒の大きさがおおよそ等しくなるため「等粒状」と表現するのですね。

これが、中学で学習する一つ目の岩石「火成岩」です。次は、火成岩の中に含まれる結晶について解説をします。火成岩の中の結晶は、どのようなものからつくられているのでしょうか。

1年

これは宝石？ 中学理科で学ぶ鉱物

―― いろいろな鉱物

前回は火成岩について学習しました。火成岩とはマグマが冷えて固まってできた岩石であり、冷え固まる場所によって火山岩と深成岩の 2 つに分けることができましたね。

今回は**鉱物**について解説をしていきます。中学校で学習する鉱物には下の図のようなものがあります。

図3-2-1

前回火成岩の解説をした際に、火成岩の中にはさまざまな結晶が含まれているという話をしました。この結晶が鉱物です。**火成岩はこれらの鉱物が集まってできている**のです。

白や無色の鉱物を**無色鉱物**といい、色がついた鉱物を**有色鉱物**といいます。無色鉱物が多く含まれる岩石は白っぽい岩石になり、有色鉱物が多く含まれる岩石は黒っぽい岩石になります。

これらの鉱物は細かい結晶となり、岩石の中に含まれることも多いですが、図3-2-1のように鉱物のみで結晶が大きくなることもあります。

鉱物として代表的なものはセキエイ(石英)が挙げられます。セキエイとは水晶のことです（厳密には区別されることもあります)。水晶は宝石や電子機器などさまざまな用途に使われます。

セキエイ

セキエイは混じる成分により色が微妙に変化することも特徴で、紫水晶(アメジスト)などは美しく宝石としても人気があります。

カンラン岩

セキエイの他に、カンラン石も宝石として利用されます。カンラン石は緑色の鉱物であり、その中でも特に美しいものはペリドットといわれます。暗い場所でも明るい緑に輝くため、太陽にも喩えられる宝石です。

身近な岩石の中に、宝石に利用される鉱物が含まれているというのは、何とも夢がありますね。

鉱物の特徴を解説する際には**モース硬度**の話もよく出てきます。モース硬度とは、鉱物の**硬さを1～10までの数値**で表したものです（数値が大きいほど硬くなります）。

図 3-2-2

1	2	3	4	5	6	7	8	9	10
滑石	石膏（せっこう）	方解石	ホタル石	燐灰石	正長石	セキエイ	トパーズ	コランダム	ダイヤモンド

この数値は、**ひっかいたときの傷のつきにくさ**によって決まります。例えば、セキエイ（硬度7）とトパーズ（硬度8）をひっかいたときは、トパーズには傷がつかずセキエイには傷がつく、という具合です。

身近な物質の例で言うとヒトの爪が硬度2.5、10円玉が3.5、ガラスが5程度とされています。

「ダイヤモンドは最も硬い鉱物」という話を聞いたことがあるかもしれません。これはモース硬度が最大であるためです。傷が非常につきにくいことも、宝石としての価値を上げているのでしょう。

図3-2-3

ただし注意してほしいのは、モース硬度は「**ひっかいたときの硬さ**」を数値化したものであり、「叩いた衝撃」に対する数値ではありません。ダイヤモンドは、ハンマーなどで叩くと簡単に割れてしまいます。硬いという言葉にはさまざまな意味がありますので、誤った理解をしないように注意しましょう。

鉱物と聞くと難しそうなイメージがありますが、実は日常生活とも深く関わっているのです。

鉱物の破片が、岩石の中にたくさん詰まっていると考えると、岩石を見るのも少し楽しくなりますね。ぜひ一度、身近に落ちている岩石を手に取って観察してみてください。

1年

堆積岩とは？　長い年月を経てつくられた岩石

―― 堆積岩のでき方

中学校で学習する岩石には、火成岩と堆積岩の2種類がありました。そのうちの一つ、**火成岩はマグマが冷えて固まってできた岩石**のことでしたね。今回はもう一つの岩石、**堆積岩**(たいせきがん)について解説をしていきます。

堆積岩とは地表や海底に物質が積もり、それが長い年月をかけて押し固められてできた岩石です。堆積岩は**押し固められる物質に**

図3-3-1● 堆積岩の種類

堆積岩名	堆積物
泥岩	岩石のかけら (0.06mm以下)
砂岩	岩石のかけら (0.06 ～ 2mm)
れき岩	岩石のかけら (2mm以上)
凝灰岩	火山灰など
石灰岩	生物の死骸など (うすい塩酸をかけると二酸化炭素が発生)
チャート	生物の死骸など (うすい塩酸をかけても二酸化炭素は発生しない)

よってさまざまな種類があり、泥岩・砂岩・れき岩・凝灰岩・石灰岩・チャートなどに分けられます（図3-3-1）。また、積もった堆積岩の層は**地層**とも呼ばれます。

泥岩・砂岩・れき岩は、岩石のかけらが押し固められてできた岩石です。この3種は岩石の中の粒の大きさにより名前が分かれます。

泥岩は粒の大きさが0.06mm以下の岩石のかけらが固まったものです。泥は粒が非常に細かいため、触るとさらさらしたり、水分を含んでいるとぬめぬめしたりしますね。そのため、泥が固まった泥岩も柔らかな肌触りをしています。

泥岩

砂岩は粒の大きさが0.06～2mmの岩石のかけらが固まったものです。砂の粒は泥よりも大きいため、触るとジャリジャリした感触になります。砂が固まった砂岩も、泥岩より硬い感触になります。

砂岩

2mmよりも大きい粒が固められたものが**れき岩**です。「れき」とは小石のこと。小石が固められたものがれき岩なのです。

れき岩

泥・砂・れきが堆積し、押し固められ岩石になる過程を考えてみましょう。泥・砂・れきが堆積岩になるには①風化→②侵食→③運搬→④堆積という流れになることが一般的です。

山などにある大きな岩石は、長い時間を経て、ボロボロになっていきます。これを**風化**といいます。昼夜の温度変化がくり返されると岩石にヒビが入ります。そのヒビに雨水が入り込み、水が凍るとヒビは大きくなります。**水は凍ると体積が大きくなる**ためです。これは風化の一例ですが、このように岩石は次第に風化し、もろくなっていくのです。

風化した岩石は、流水や風で削られていきます。このような現象を**侵食**といいます。侵食が続くと、谷がつくられていきます。

風化・侵食で削られた岩石は流水により下流へ運搬され、やがて海や湖などに堆積していきます。

このとき、泥・砂・れきは細かいものほど岸辺から沖へと遠く運

図3-3-2

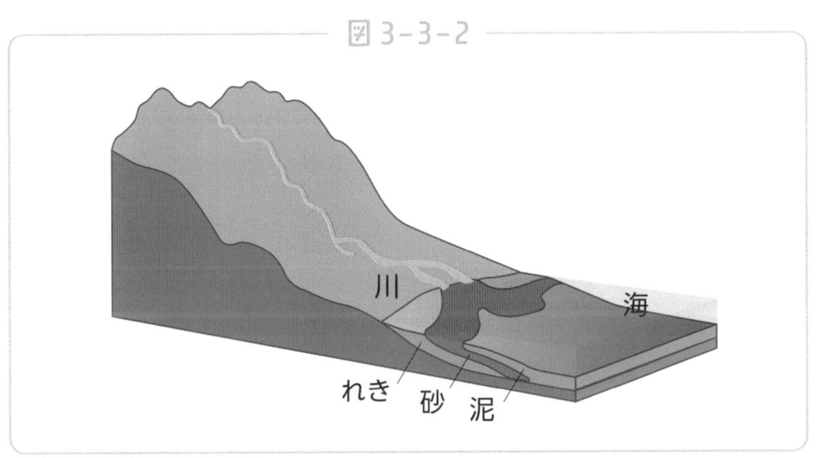

ばれ堆積していきます。

この堆積した泥・砂・れきが海水の重みや堆積物で押し固められると泥岩・砂岩・れき岩となるのです。

これら3種類の岩石が長い時間をかけて地層となって表れてくることがあります。そこから昔の地形の変化を知ることもできます。

凝灰岩は火山灰など、**火山からの噴出物**が押し固められてできた岩石です。凝灰岩も過去のようすを知る手がかりになります。火山灰の性質は、噴火した火山ごとに異なるからです。

遠く離れた場所で同じ性質の凝灰岩の層を発見することができれば、これらの層は同じ火山から噴出したものであり、同じ年代に積もったのではないかという予測を立てることができるのです。このように、凝灰岩の層は当時のようすを知るカギになるのです。

石灰岩や**チャート**は、生物の死骸が積もり押し固められることでできる岩石です。石灰岩はサンゴなどの死骸が固まったものです。主成分は炭酸カルシウムであり、**うすい塩酸をかけると二酸化炭素が発生**します。

石灰岩

チャートは二酸化ケイ素を主成分とする生物の死骸が押し固められた岩石です。二酸化ケイ素とは、鉱物の単元で学習したセキエイにも含まれる成分です。そのため、チャートは石灰岩よりも硬く、

うすい塩酸をかけても二酸化炭素は発生しません。

チャート

これらが代表的な堆積岩です。通常、堆積物が押し固められ堆積岩になるには、数千万年という時間がかかります。私たちがよく知る、石炭も堆積岩のなかまです。

岩石などは普段は気にもとめない方が多いでしょう。しかし岩石には、私たち人類よりもはるかに長い歴史があるのですね。

1年

化石から考える過去の地球

―― 示相化石と示準化石

火成岩・堆積岩という２種類の岩石のでき方を学習してきました。特に堆積岩は、地球の過去のようすを知る手がかりになる岩石でした。地球の過去のようすは岩石以外からも推測をすることができます。それが**化石**です。

図 3-4-1● 化石ができるまで

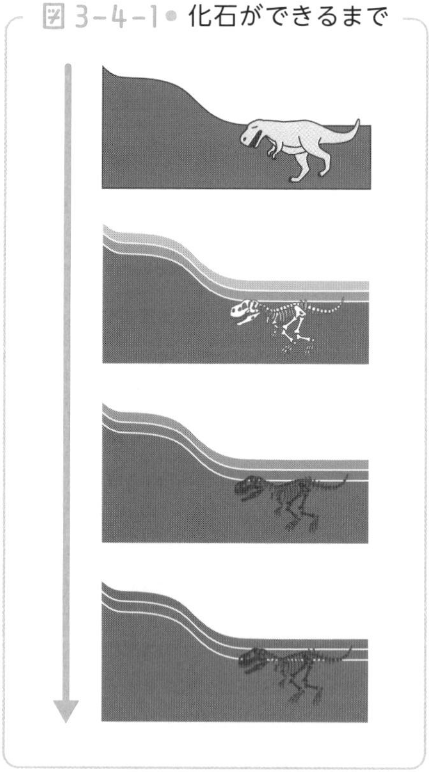

化石は堆積岩の中に含まれていることがあり、火成岩の中には含まれません。火成岩はマグマが冷えて固まってできた岩石ですので、その中に生物の化石が無いのは当然ですね。

化石ができるまでの一般的な流れを確認してみましょう。

生物の死骸が、海や川に

運ばれ、水底に沈みます。その後、体の柔らかい部分は腐ってなくなり、骨や貝殻の部分が残ります。

その上に泥や砂が積もっていきます。そして長い年月をかけ、骨や貝殻などにまわりのミネラル(鉱物)が染みこみ、生物の体と置きかわっていきます。

このようにして化石はつくられます。化石は「石に化けた」と書きます。**成分は骨ではなく、石に置きかわってしまっている**ことに注意しましょう。

しかしなぜ、化石から地球の過去を推測することができるのでしょうか。中学理科では過去を知る手がかりとなる化石を、**示相化石**(しそうかせき)と**示準化石**(しじゅんかせき)の 2 つのグループに分けて学習します。

示相化石とは**当時の環境**のようすを知る手がかりになる化石です。サンゴ・シジミ・ブナの葉などが代表的な示相化石です。

示相化石に適している生物は気温や水温、塩分、水深によって分布が限定される生物です。

例えばサンゴは温かく浅い海に生息しますね。つまりサンゴの化石が見つかった地層は当時、温かく浅い海だったと考えられるでしょう。

同様にシジミであれば湖や河口、ブナの葉であれば温帯のやや寒冷な場所など、当時の環境を知る手がかりとなるのです。

図 3-4-2 ● 示相化石

次に、示準化石は化石を含む**地層が堆積した年代**を知る手がかりになる化石のことです。

示準化石に適した生物は、生息期間が短く、しかし特定の時代に爆発的にふえ、広い地域に分布した生物です。代表的な生物と、その生物が繁栄した時代は以下のようになります。

図 3-4-3 ● 示準化石

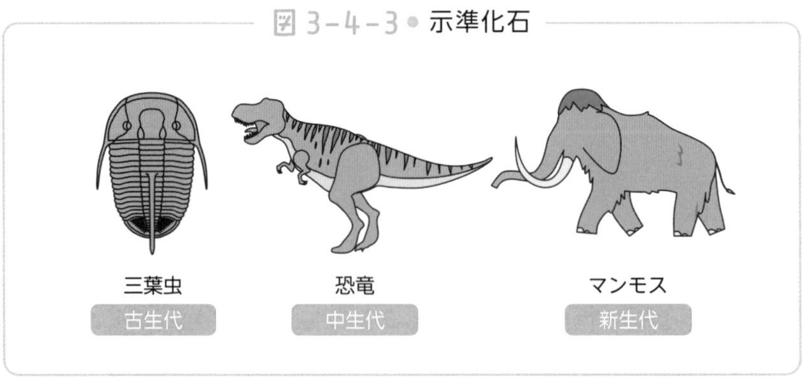

このように、化石からは当時の地球のようすを知るさまざまな情報が手に入るのです。何万年、何億年という昔のようすが推測できてしまうのは、本当に驚きですね。

1年

マグニチュードと震度の違い

―― 地震の揺れの大きさ

今回は**マグニチュードと震度の違い**について解説をしていきます。これらの言葉はニュースでもよく使用されますね。しかし言葉の意味や違いが曖昧な方も多いのではないでしょうか。一度言葉の意味を整理し、情報をさらに正確に入手できるようにしましょう。

まず**マグニチュード**について解説をしていきます。マグニチュードとは「地震の規模」を表す数値です。言い換えると「地震が起きた地点で、どれだけのエネルギーが発生したか」を表す数値になります。

マグニチュードは普通、**1つの地震につき1つの数値**しかありません。エネルギーが発生する地点は震源の1カ所のみだからです。

M（マグニチュード）1.0の地震で発生するエネルギーは約200万J（ジュール）です。これは自動車125台を1m持ち上げることができるエネルギーに匹敵します。

さらに驚きなのは、マグニチュードは数値が1.0大きくなると地震のエネルギーが約31.6倍、数値が2.0大きくなると1000倍になるということです。

つまり、マグニチュード8.0の地震は、マグニチュード6.0の地震千回分のエネルギーが発生しているということです。マグニチュードの数値は1.0大きくなるだけで、地震の被害は甚大なものになることを覚えておきましょう。

観測史上最大の数値は1960年のチリ地震のマグニチュード9.5です。記憶に新しい東北地方太平洋沖地震はM9.0で、観測史上4番目の大きさとされています。

続いては**震度**について考えていきましょう。震度の特徴は「観測地点」での揺れの大きさを表すということです。つまり震度は、1回の地震でも観測地点の分だけ数値があるのです。

下の図を見てください。マグニチュードは（左）1つの地震で1つのみですが、震度（右）は観測箇所の分だけ存在します。

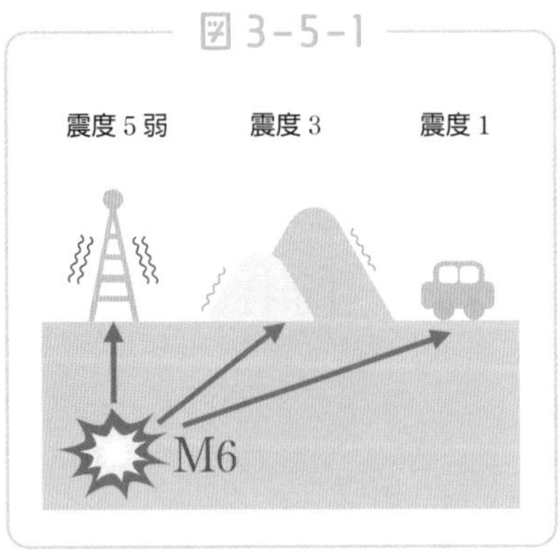

普通同じマグニチュードでも、震源からの距離が遠くなるほど、震度は小さくなります。震源が深くなる場合も同様です。

震度は0、1、2、3、4、5弱、5強、6弱、6強、7の**10段階**があります。実は、1996年まで震度は0 ～ 7の8段階だったのですが「当時の震度5と6は、揺れの大きさの幅が大きい」ということで、震度階級が改定され、今の10段階になったのです。

マグニチュードも震度も、数値が大きいほど大きな地震という点は共通しています。ですがその数値のもつ意味には違いがあります。言葉の意味を理解し、正しいイメージをもって情報を入手できるようにしましょう。

1年

大地が動く？プレートテクトニクスとは

―― プレートテクトニクス

ハワイは年々日本に近づいている。こんな話を耳にしたことがある方もいるかもしれません。これは事実であり、ハワイは毎年約6cmずつ日本に近づいています。なぜこのようなことが起こるのでしょうか。今回は大地が動く秘密と、大地の移動が明らかになるまでの過程を紹介します。

「大地が動く」この考えを根拠をもって提唱したのは地球物理学者の**ウェゲナー**です。ウェゲナーは世界地図を見て「**南アメリカとアフリカの海岸線の形が似ている**」ことに気がつきます。

図3-6-1

ウェゲナーはこの海岸線が元はくっついており、大陸が移動することで現在の形になったという**大陸移動説**を考え、1912年の地質学会で発表しました。

ウェゲナーは地形だけでなく生物の化石や岩石、地層など大陸移動説の根拠となる情報をたくさん集めました。そして現在の大陸が元は大きな1つであったと説明し、その大陸を「**パンゲア**」と名づけました。

図3-6-2 ● パンゲア

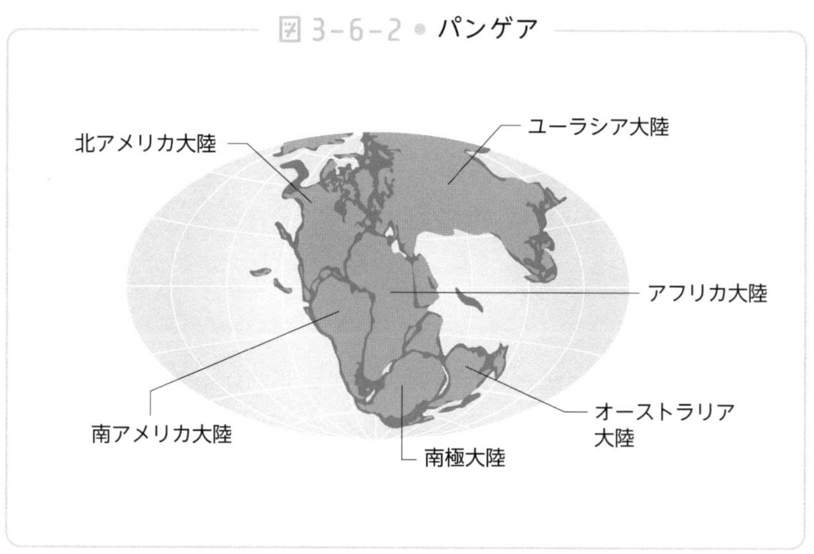

しかしウェゲナーの大陸移動説には反論が殺到します。当時は「大陸は不動のもの」というのが常識だったからです。加えてウェゲナーの大陸移動説は「大陸が移動する力はどこからきているのか?」という点が説明できていなかったのです。

その後も大陸移動説が広く受け入れられることはありませんでした。1930年、ウェゲナーはグリーンランド探査中に遭難し、亡くなってしまいます。大陸移動説の証拠の調査中のことでした。

ウェゲナーの死後およそ30年が経ったころ、大陸の移動の原動力となる説が浮上します。それが**プレートテクトニクス**理論です。

「プレート」とは地球の表面を覆う厚さ100kmほどの岩盤のことです。地殻と、マントルの上部がプレートになります。

図 3-6-3

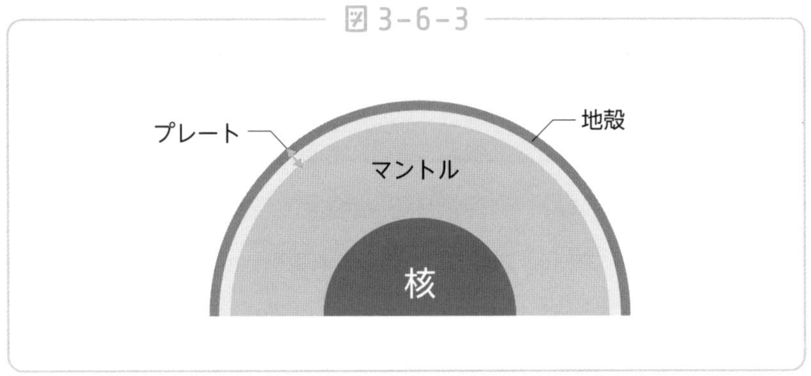

マントルは岩石ですが、マントルの成分が地球中心部の熱で温められて上昇し、地表近くで冷えて下降するため、長い時間で見れば対流運動をするのです。

図 3-6-4 ● 世界のプレート

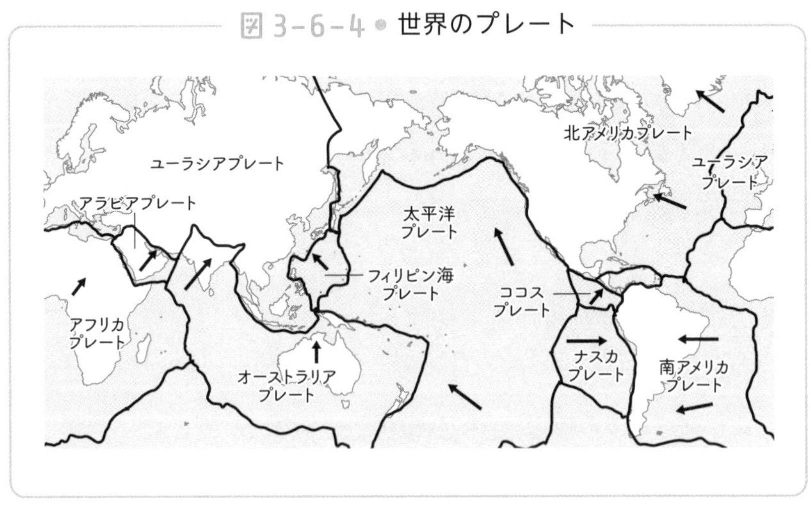

これにより、プレートもマントルに引きずられるように移動することがわかりました。つまり、**プレートの上にある大陸も同時に移動していた**ということです。

批判にさらされながらも大地の移動を信じ、研究を続けたウェゲナーの功績は30年以上の時をこえ認められるようになったのです。

今日もどこかで世界の常識を覆す研究が行なわれています。その研究をウェゲナーも天国から見守ってくれていることでしょう。

2年

「快晴と晴れ」「あられとひょう」天気の違い

――天気の種類と天気記号

中学理科で学習する単元の中で、日常との結びつきが深いものに**天気**があります。毎日の天気や気温の変化は、ほとんどの方が欠かさずにチェックするのではないでしょうか。今回からはその天気について掘り下げて考えてみましょう。

以下は、中学校で学習する主な天気と天気記号です。

図 3-7-1

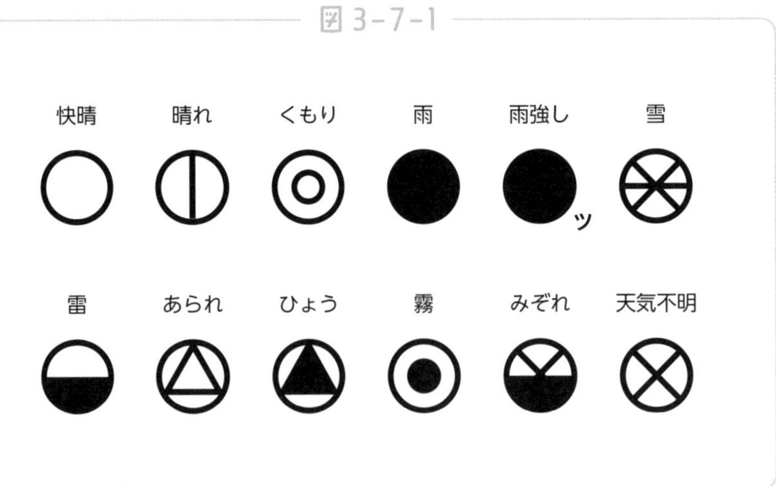

名前を聞いたことがある天気がほとんどではないでしょうか。しかし、「快晴」「晴れ」「くもり」の違いや、「雪」「あられ」「ひょう」

などの違いは曖昧な方も多いのではないでしょうか。ここで詳しく確認していきましょう。

「快晴」「晴れ」「くもり」の違いは、**空全体を10としたときに雲が空を占める割合**で決まります。

快晴:（0 ～ 1） 晴れ:（2 ～ 8） くもり:（9 ～ 10）
となります。

図 3-7-2

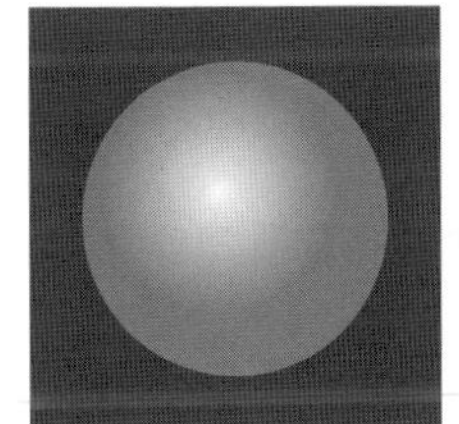
雲量：0 天気：快晴

雲量：3 天気：晴れ

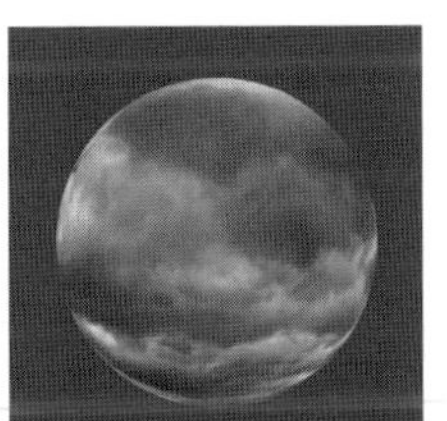
雲量：9 天気：くもり

つまり**雲の割合が 8 割であれば、その日の天気は「晴れ」**になるのです。晴れの範囲は意外と広いことがわかりますね。

「雪」「あられ」「ひょう」の違いについても解説しておきます。「雪」は空から降ってくる氷の結晶を指します。ふわっとした雪が降った際には、黒い服に雪をつけてみてください。肉眼でも結晶が観察できます。雪の結晶の形はさまざまですが、六角形であるこ

とが特徴で、五角形や八角形のものはありません。

雪に対して「あられ」と「ひょう」はどちらも氷の粒が降る天気です。氷の粒の直径が5mm未満のときはあられといい、直径5mm以上のときはひょうになります。

あられには「雪あられ」と「氷あられ」があります。区別が難しいのですが、冬に雪と一緒に降ることが多いです。「雪やこんこあられやこんこ」の歌にあったり、俳句においてもあられは冬の季語となったりしています。

一方ひょうは、直径5mm以上の氷の粒が降る天気です。積乱雲という縦長の雲の中で成長します。ときには数cmの大きさに成長し、農作物や車などに大きな被害を与えることがあります。初夏から夏にかけて多く、ひょうは夏の季語になります。

天気に関する用語は、日頃何気なく使用しますが、しっかりとした定義があるのですね。

2年

16方位の覚え方 ～法則を理解すればもう迷わない～

—— 風向と16方位

気象の要素は天気だけではなく、気温・湿度・気圧・風向（ふうこう）・風力などさまざまな要素が含まれます。

図3-8-1● 16方位

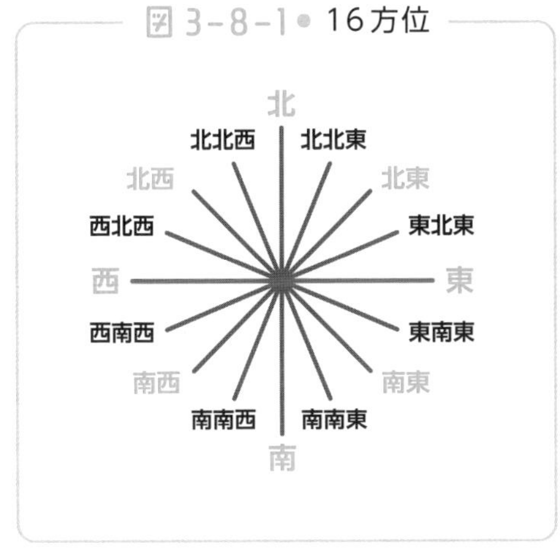

その中で混乱しやすいものが風向です。風向は16方位で表しますが、これを覚えることが難しいのです。

ですが16方位の覚え方にはしっかりとした決まりがあり、ポイントを押さえれば理解することは容易です。ここでは、16方位の決まりを一から説明します。

① 4方位は東と西の間違いに注意

図3-8-2は4方位を表した図です。中学生に多いのは「東」と「西」を反対にしてしまう間違いです。

この解決策はたくさんありますが、最も効果的な覚え方を紹介します。「北」という漢字にはカタカナの「ヒ」が含まれます。その「ヒ」があるほうが「東」と覚えることです。方位がなかなか覚えられない中学生には、この覚え方をすすめてみてください。

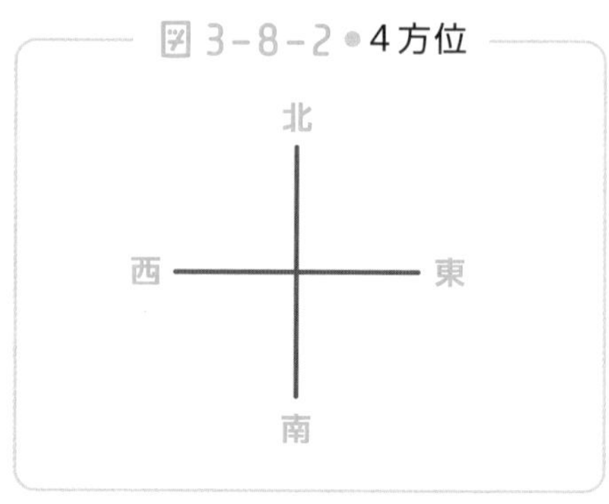

図 3-8-2 ● 4方位

② 8方位は「北」と「南」を「東」と「西」の先に書く

続いては8方位を書いてみましょう。8方位のポイントはただ一つで、8方位は「北」と「南」を「東」と「西」の先に書くということです。右の図は8方位を表した図です。図をよくみると、「北西」「南東」など、「北」と「南」が「西」と「東」の前についていることがわかるでしょう。このポイントを押さえれば、8方位はすぐにわかるようになります。特に「北東」は「東北」と間違えやすいので注意しましょう。

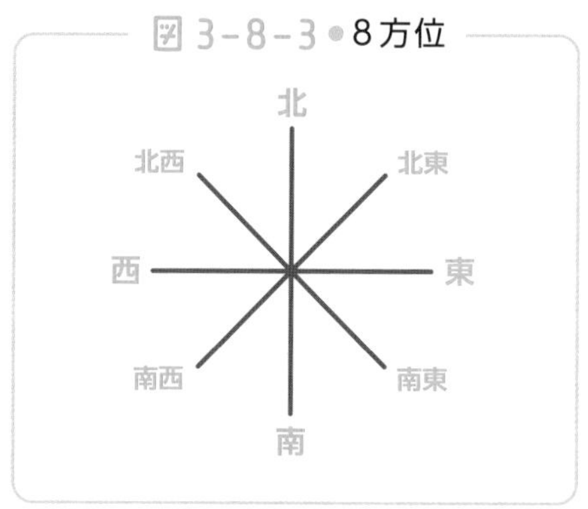

図 3-8-3 ● 8方位

③ 16方位は8方位に東西南北の接頭語をつける

最後は16方位の書き方です。16方位のポイントは8方位に東西南北の接頭語をつける、ということです。

右の図を見てください。**「北北東」とは「北東」の北側**ですね。つまり「北東」の頭に「北」をつけ「北北東」となるわけです。

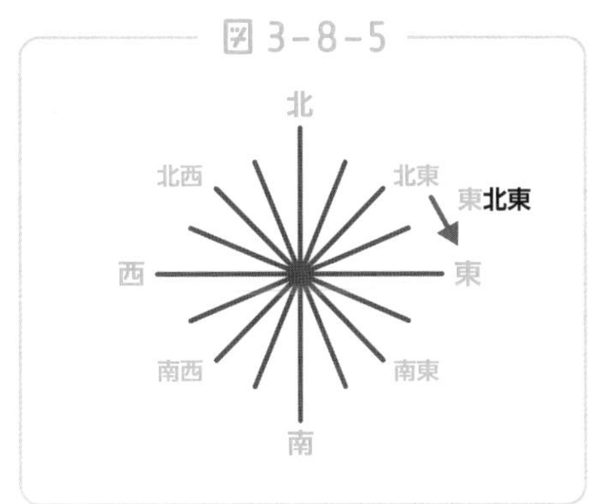

同様に、「東北東」は「北東」の東側ですので、「北東」の頭に「東」をつけ「東北東」となります（図3-8-5）。

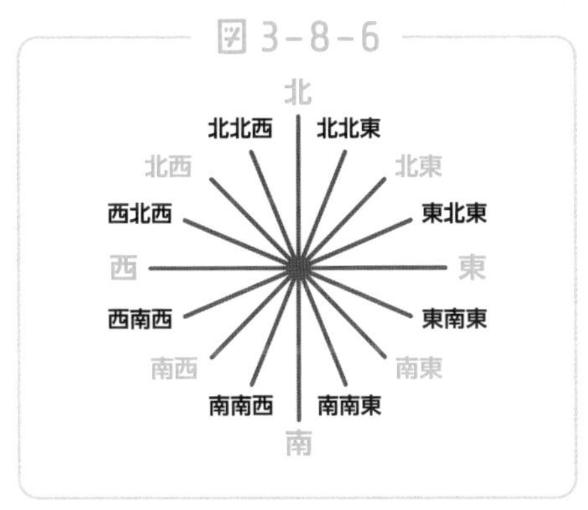

このポイントを押さえれば、16方位を簡単に理解することができます。16方位は理科や社会だけでなく、日常生活でも大いに役立つ知識です。近年では節分に恵方巻きを食べるなど、ますます身近になってきています。方位の決まりを押さえておくと、必ず役に立

つ場面があるでしょう。

続いて、16方位を利用した天気・風向・風力の表し方を紹介します。右の図は、「北の風・風力３・くもり」ということを示しています。

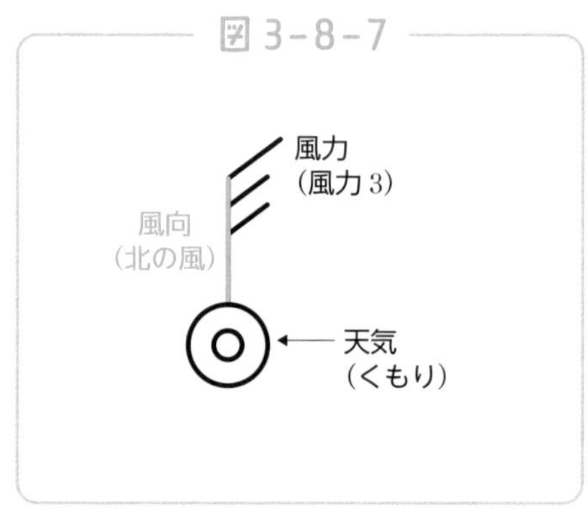

風向とは「風が吹いてくる向き」のことです。「北の風」は、北から吹いてくる風。「南の風」は、南から吹いてくる風です（北風は冷たく、南風は暖かいイメージがありますね）。なお、天気予報で耳にする「北よりの風」とは、およそ北側(北西〜北東の間)から吹く風を意味します。

風力ははねの数で表します。はねの数が多いほど風力は強くなり、図３−８−８の表のように表します。

前回の天気に続き、このような知識を押さえることで、天気予報からさらに多くの情報を得ることができるでしょう。

日常会話ではほぼ使用しませんが、日本には32方位を表す言葉もあります。16方位が簡単だという方は、ぜひ32方位も調べてみてください。

図 3-8-8

風力階級表			
風力	記号	説明	相当風速（m/s）
0		けむりがまっすぐ上がる。	0.3未満
1		けむりがなびくので、風のあるのがわかる。	0.3以上 1.6未満
2		顔に風を感じる。木の葉が動く。	1.6以上 3.4未満
3		軽い旗が開く。細い小枝が絶えず動く。	3.4以上 5.5未満
4		砂ぼこりが立ち、紙片が舞い上がる。	5.5以上 8.0未満
5		葉のある低木がゆれはじめる。 池に波が立つ。	8.0以上 10.8未満
6		大枝が動き、電線が鳴る。かさをさしにくい。	10.8以上 13.9未満
7		木全体がゆれる。風に向かっては歩きにくい。	13.9以上 17.2未満
8		小枝が折れる。風に向かっては歩けない。	17.2以上 20.8未満
9		かわらがはがれたり、煙突が倒れたりする。	20.8以上 24.5未満
10		木が根こそぎになり、人家の損害が大きい。	24.5以上 28.5未満
11		広い範囲に損害が生じる。めったに起こらない。	28.5以上 32.7未満
12		大損害が生じる。めったに起こらない。	32.7以上

2年

露点とは？ 夏のコップに水滴がつく理由

―― 露点と飽和水蒸気量

今回からは気象に関するより身近な現象を解説していきます。まず天気の変化と密接に関わる「露点（ろてん）」についての説明をしていきます。

露点とは**大気中の水蒸気が冷やされて、水滴になる温度**のことをいいます。これは状態変化の単元で学習した液体→気体に変化するときの温度「沸点」とは別物なので注意してください。

夏の日に、冷たいコップのまわりが水滴で濡（ぬ）れているのを見たことがあるでしょう。これは冷たいコップでまわりの空気が冷やされ、露点に達したために起こる現象です。同様に、冬に窓が濡れていたり、葉に露（つゆ）がついていたりするのも露点が関係しています。

なぜ露点に達すると、コップや窓、葉に水滴がつくのでしょうか。

露点を理解するために、まず**水と水蒸気の区別**を明確にできるようにしましょう。「そんなの簡単」と思われる方も多いかもしれません。しかしこの区別を間違える方が意外と多いのです。

例として「①霧」「②湯気」「③雲」これらが水と水蒸気のどちらなのかを考えてみてください。このように聞かれると、自信をもって回答できない方もいるのではないでしょうか。

答えとしては霧、湯気、雲、これらはすべて水になります。水と水蒸気を見分けるポイントは明確で「**目に見えるかどうか**」です。目に見えれば水であり、見えなければ水蒸気になります。特に**水蒸気は目に見えない**というのは非常に大切なポイントですので、しっかりと押さえておきましょう。

露点を理解するためにはもう一つ大切なポイントがあります。それは、私たちの身の回りにある空気には水蒸気が含まれていますが、**空気が含むことができる水蒸気の量には限界がある**ということです。

イメージとしては、水に食塩を溶かすことと似ています。水に溶けることができる食塩の量には限界があり、限界の量を超えて溶かすことはできません。

同様に、空気中に含むことができる水蒸気の量にも限界があるのです。空気 $1\,m^3$ 中に含むことができる最大の水蒸気量を**飽和水蒸気量**といいます。

飽和水蒸気量を表すグラフは下の図のようになります。飽和水蒸気量は気温によって異なり、気温が高いほど飽和水蒸気量も大きくなります。

図 3-9-1

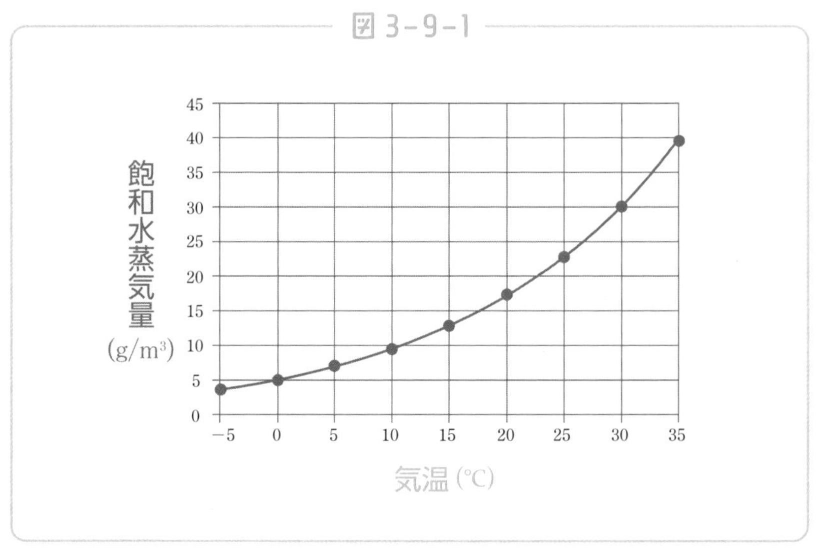

例えば、気温30℃では1 m^3あたり約30gの水が水蒸気になることができます（これを30g/m^3と表します）。一方気温 5℃では、約 7 gの水しか水蒸気になることができないのです。

前置きが長くなりましたが、ここから露点とコップに水滴が発生するしくみを詳しく解説していきます。

コップに水滴がつきやすい季節は圧倒的に夏です。日本の夏は南から水蒸気を多く含んだ空気が流れ込みます。また、気温が高いと飽和水蒸気量が大きくなるため、日本の夏の空気は非常に多くの水蒸気を含んでいるのです。

図 3-9-2

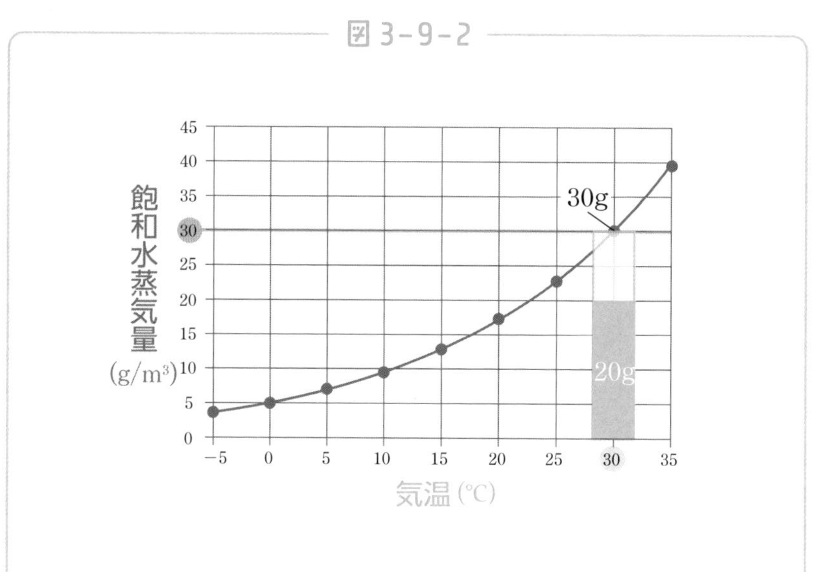

上の図を見てください。気温30℃のときは30g/m³までの水を水蒸気として含むことができました。ですがこれは最大値であるため、ここでは20gまで含んでいるとしましょう。

この空気中に冷たいコップを置いたとします。コップの温度を仮に5℃としましょう。すると、コップの表面にある空気も5℃まで冷やされるはずですね。

図 3-9-3

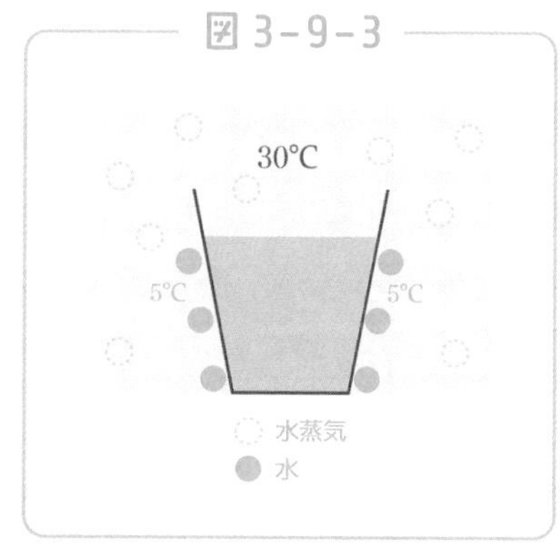

ここで図3-9-4のグラフを見てみましょう。

20g/m³の水蒸気を含んでいた30℃の空気が5℃まで冷やされるとどうなるでしょうか。

図3-9-4

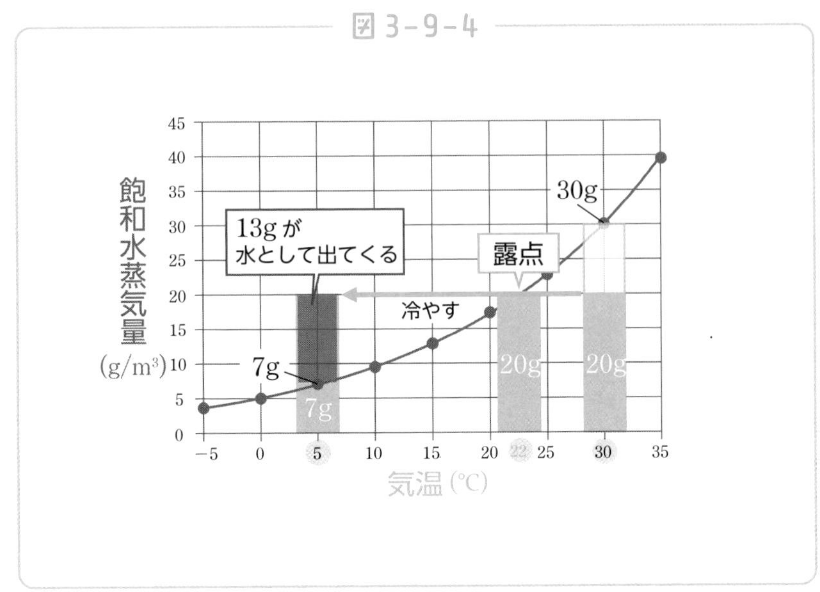

気温5℃の空気は水蒸気を7 g/m^{3}までしか含むことができません。つまり、空気中に入っていられなくなった水蒸気が水として出てきてしまうのです。元は20gの水が水蒸気として入っていましたから、13gが水として出てくる計算になります。

このとき、コップの表面にある空気が約22℃まで冷やされると、**空気中の水蒸気が水滴として発生**し始めます。この温度が露点です。露点とは、大気中の水蒸気が冷やされて、水になる温度のことでしたね。

露点が何℃かは決まっていません。図3-9-4の例では、露点は約22℃でしたが、仮に図3-9-5のように1 m^{3}の空気に含まれる水蒸気が15gだった場合は、露点は約17℃になります。

図 3-9-5

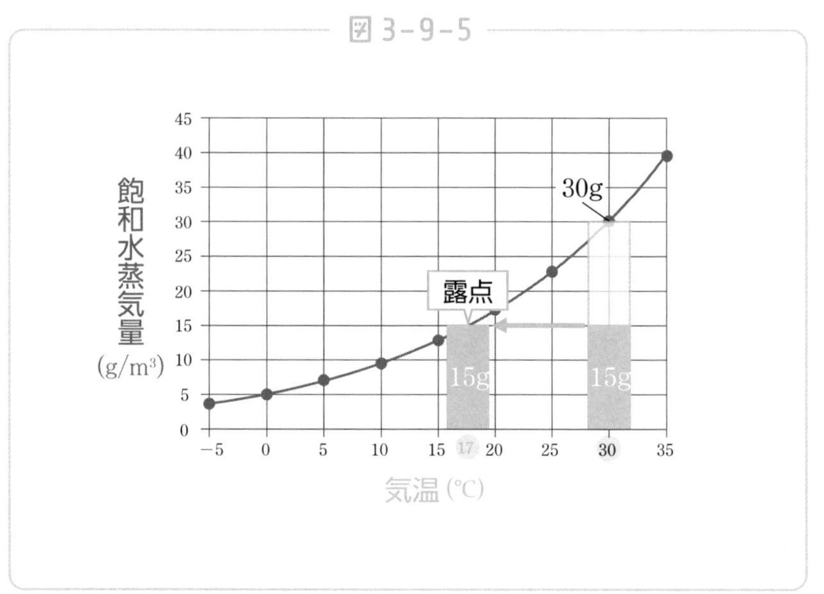

このように温度変化が原因で、水と水蒸気は頻繁に変化をくり返しているのです。露点が理解できるようになると、窓が濡れている、葉が濡れている、霧が出ている、おふろが湯気でいっぱいになる、など日常のさまざまな現象が理解できるようになります。少し難しい概念ですが、ぜひ何度も読み返して理解を深めてみてください。

2年

雲のでき方 ～雲の下側が平らになる理由～

―― 水蒸気と雲

前回は露点についての学習をしました。今回は露点と雲のでき方について詳しく解説をしていきます。

まず前提として押さえていただきたいのは、「雲は水蒸気ではなく水(もしくは氷)である」ということです。前回の解説を読んでいただければ、なぜ雲が水蒸気ではないのか明確に答えることができるでしょう。理由はもちろん、雲が目に見えるからです。水蒸気は目で見ることができませんでしたね。

ではどのような過程で水蒸気が上空へと運ばれ、水や氷になるのでしょうか。

図 3-10-1

太陽光で暖められた地表近くの空気は上昇を始めます。空気は暖まると膨張し、密度が小さくなるためです。

密度の小さいものが上

昇するのは、密度の単元で学習しましたね。

さて、空気は上昇していくと温度が下がっていきます。これは標高が高いところほど気温が低いことからも想像できるでしょう。なぜ空気は上昇すると温度が下がるのでしょうか。この理由も密度の変化が関係しています。上空は空気がうすいため、気圧が低くなっています。まわりからの圧力が小さいため、空気はさらに膨張するのです。地表のときと異なるのは、まわりから**熱をもらうことなく膨張**することです（これを**断熱膨張**といいます)。空気はまわりから熱をもらうことなく膨張すると温度が下がるのです。

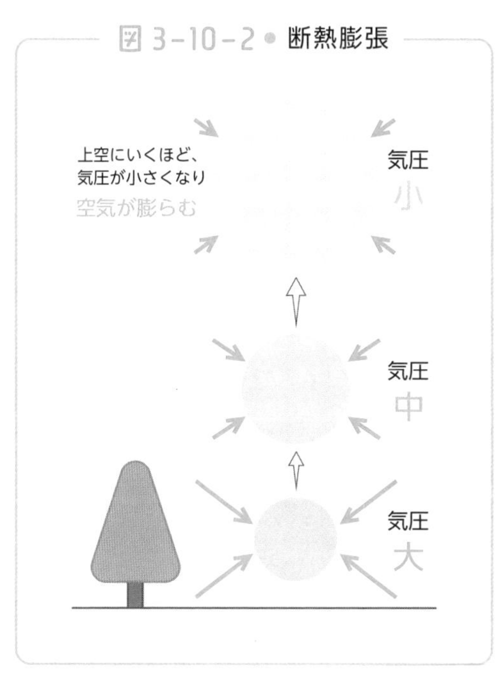

これは簡単な実験で確認することができます。ペットボトルの中に少量の水分を入れ、手で潰したり、力を抜いて戻したりします。するとペットボトルが戻るときに空気が膨張し、雲ができることを確認できます（反対に潰すときは温度が上がり、雲が消えます)。

やがて、上空へ向かい温度が下がり続けた空気は露点に達します。その結果水蒸気が水へと変化し、雲ができるわけです。

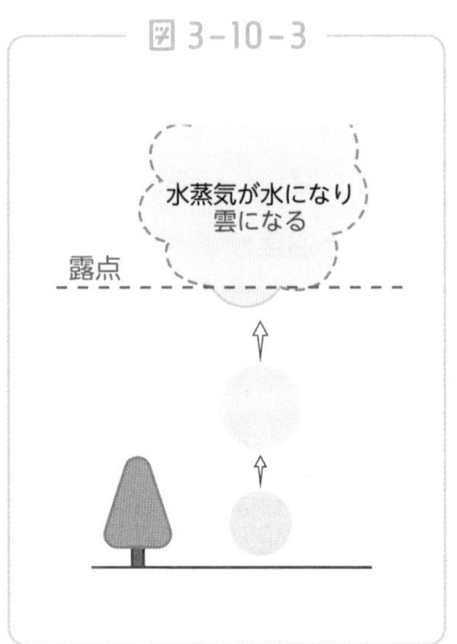

夏などに大きく成長した雲を観察してみてください。**雲の下の部分が平ら**になっていることがよくわかるはずです。この部分が露点に達し雲ができ始める高さなのです。

地面が温まり、空気が上昇すると断熱膨張により気温が下がり、雲が発生します。また、これ以外にも、山の斜面を空気が昇ることや(下図)、この後に学習する低気圧、前線の影響でも雲は発生しやすくなります。

雲のでき方を理解することで、日々の生活で空を見ることがより一層楽しくなるはずです。

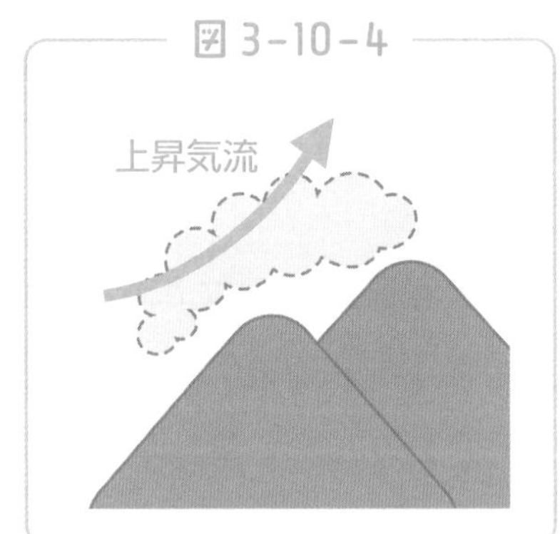

2年

湿度100%とは何？空気中に含まれる水蒸気

―― 湿度の求め方

前回は雲のでき方について学習をしてきました。空気が上空へと昇ると気温が下がり、露点に達すると雲ができましたね。

さて、空気中の水蒸気量に関連してもう一つ大切な用語を理解しておきましょう。それが「**湿度**」です。日常的によく聞く用語で、何となくイメージをもつことができる方も多いでしょう。

一方で「湿度とはどのようなものか」という問いには正確に答えられない方もいるでしょう。湿度を学ぶことができれば、空気中の水蒸気のイメージをよりしっかりとつかむことができます。

まずはじめに湿度の求め方の公式を確認しましょう。湿度は次の公式で求めることができます。

$$\textbf{湿度（\%）} = \frac{\text{空気 } 1\,\mathrm{m}^3 \text{中に含まれる水蒸気量（g/m}^3\text{）}}{\text{その温度での飽和水蒸気量（g/m}^3\text{）}} \times 100$$

この式だけでは少しイメージがつかみにくいと思いますので、より具体的に解説をしていきます。

露点の単元で学習をした、飽和水蒸気量のグラフを見てみましょう。このグラフで表される曲線が、それぞれの気温で含むことができる水蒸気の最大量でした。

図 3-11-1

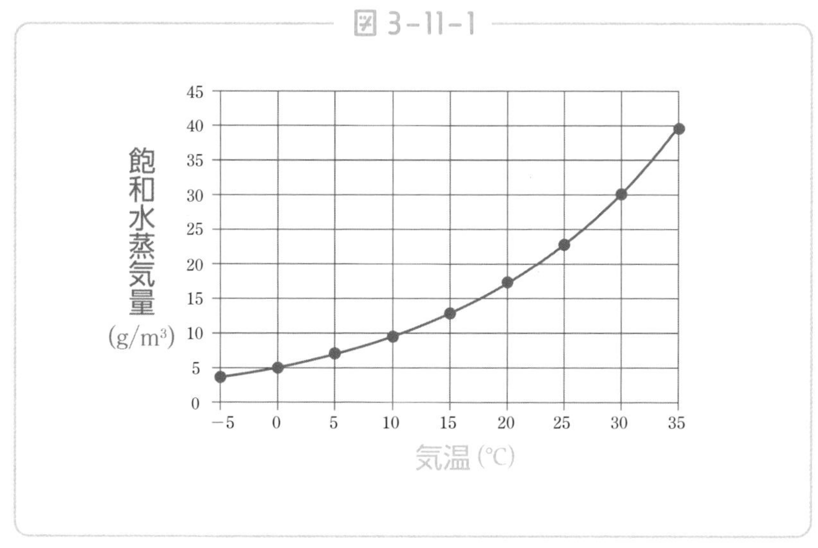

例えば気温が35℃のときは、水蒸気を最大で約40g/m³含むこ

図 3-11-2

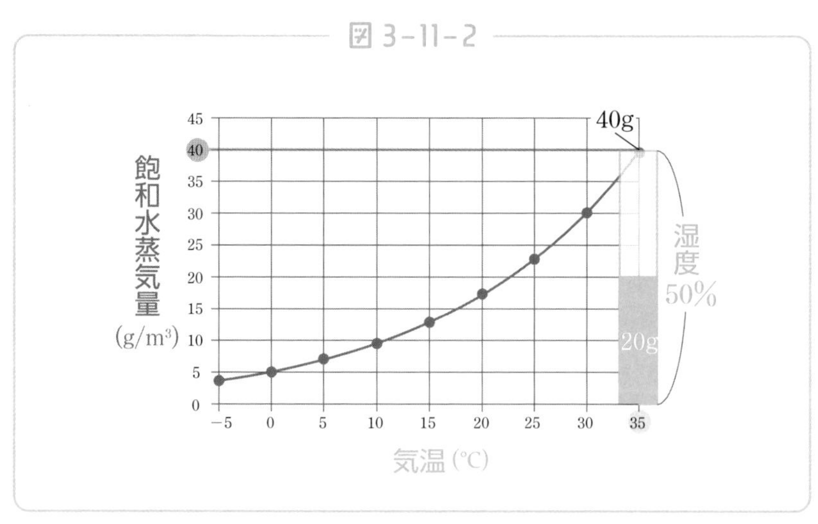

とができます。このとき水蒸気を$20g/m^3$含んでいるとすると、湿度は$20/40 \times 100$となり、湿度は50%となるわけです。もちろん35℃で水蒸気を$40g/m^3$含んでいると湿度は100%となりますね。

湿度の面白いところは、空気中に含まれる水蒸気の量は同じでも、**気温が変化すると湿度も変化する**ことです。気温35℃、湿度50%の状態から気温が22℃へと下がったとしましょう。すると、含まれる水蒸気の量は同じでも、湿度は100%になるのです（図3-11-3）。

図3-11-3

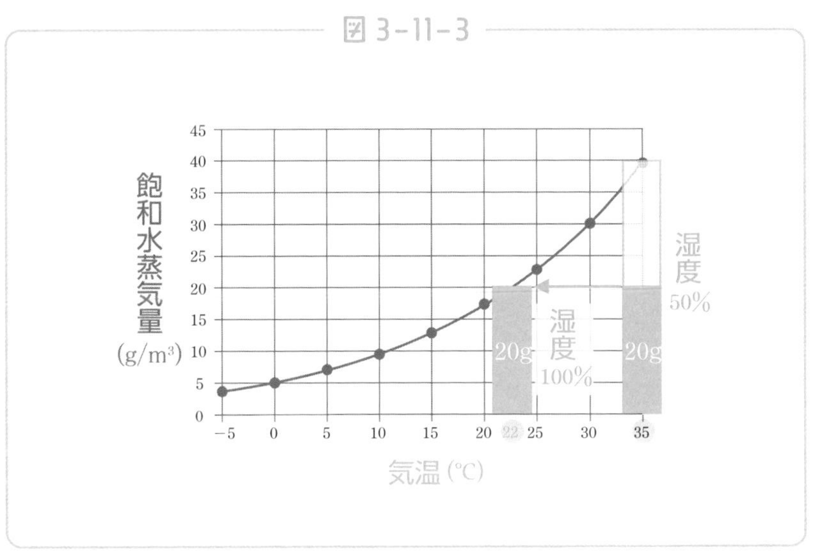

このことからわかるように、気温35℃の湿度50%と気温22℃の湿度100%は、**含まれる水蒸気量としては同じ**なのですね。日本の夏は気温が高く水蒸気を多く含むことができるので、非常にジメジメしやすいのです。そして露点の単元で学習したように、約22℃より気温が下がると、水蒸気は水滴として出てくることになります。

ここまで数回にわたり、目では見ることができない水蒸気の変化を解説してきました。例えばお風呂でシャワーを使い続けると、すぐに湿度100%になり水蒸気になれない水の粒が浮かび、霧のようになるでしょう。身近にある水と水蒸気の変化を、たくさん発見してみてください。

2年

低気圧と高気圧…。って何のこと？

―― 等圧線と低気圧・高気圧

今回は「低気圧」と「高気圧」について解説をしていきます。これらの言葉は、天気予報を見ても毎日耳にする言葉かもしれません。低気圧と高気圧は天気の変化に大きな影響を与えます。それぞれの特徴をここでしっかりと押さえるようにしましょう。

そもそも気圧とはどのようなものでしょうか。気圧とは**大気による圧力**のことです。大気にも質量があり、地表には1 m^2あたりおよそ10tもの重さがかかっているのです。これが気圧です。

しかし言葉で説明されても、なかなか実感はもてないかもしれません。10tといわれても、私たちの体はもちろん、ペットボトルでさえ潰れることがないのですから。

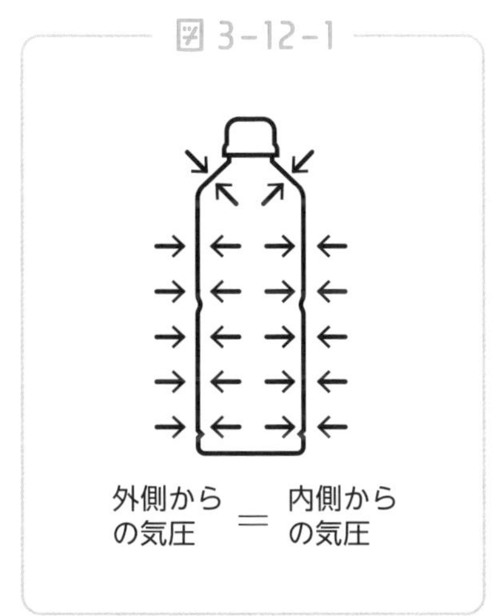

なぜ気圧がかかっても空のペットボトルなどは潰れること

がないのでしょうか。ポイントは、気圧は上から下という方向だけでなく、あらゆる方向にかかるということです。

つまりペットボトルの中にも空気があり、その空気による圧力があるので、ペットボトルは潰れないのです（図3−12−1）。もし、空気を抜く道具を利用して、ペットボトル内の空気を抜いていけば、ペットボトルは潰れていきます。空気を抜くとペットボトル内の気圧が小さくなるためです（図3−12−2）。

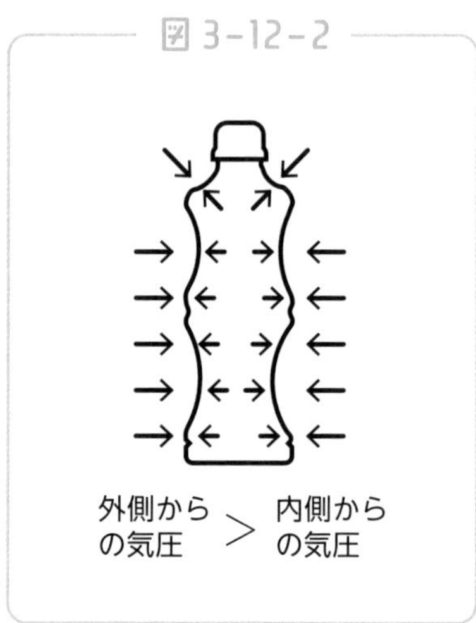

私たちの体が潰れない理由も同じです。私たちの体は空気や液体で満ちているため、気圧と同じ力で押し返しているため潰れることがないのです。

空気の重さによる圧力を気圧といいますが、**水による圧力は水圧**といいます。深海魚は大きな水圧でも潰れることはありません。これは深海魚はヒトと違い、からだに空気が無く、水で満ちているためです。大きな水圧がかかっても、水は潰れないのです。

では続いて**気圧と気象との関係**について具体的に解説をしていきます。気圧は空気の重さによる圧力なので、標高が高いところほど気圧は低くなります。高いところでは上空にある空気の量が少なくなるためです。

海面と同じ高さ(標高 0 m)の気圧の平均は、約1013hPa(ヘクトパスカル)です。この大きさを**1気圧**ともいいます。

図 3-12-3

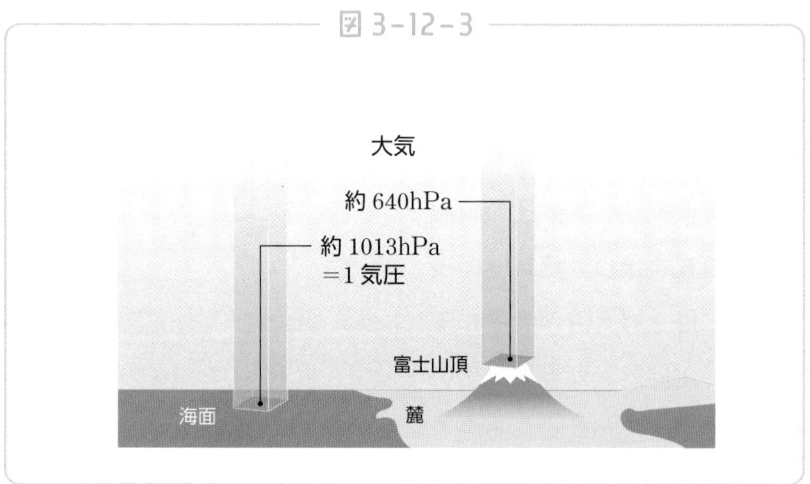

海面と同じ高さの気圧は**平均すると約1013hPa**となりますが、場所ごとに気圧の大きさは変化します。暖かい空気と冷たい空気では密度に差があったり、空気の上昇や下降によっても気圧が変化したりするためです。

図 3-12-4 ● 等圧線

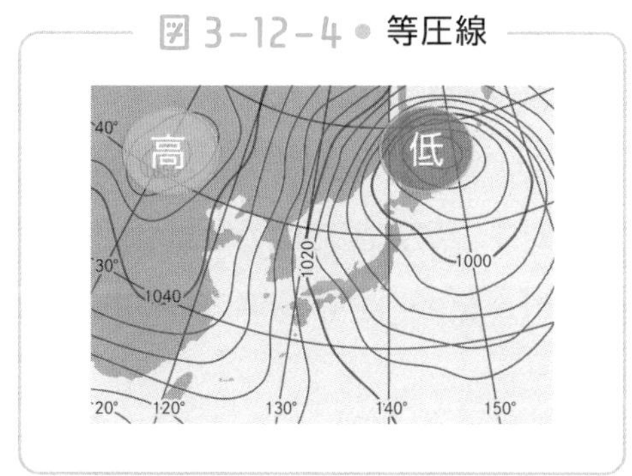

気圧が等しいところを結んだ曲線を**等圧線**といいます。このとき、気圧を測定した場所の高さの違いによって生じる気圧の差をなくすために、同

じ高さの気圧になおす計算を行ないます。これを海面更正といい、10m高くなるにつれ1.2hPaずつ加えます。

等圧線を結んだとき、等圧線が丸く閉じていて、まわりよりも気圧が低いところを**低気圧**、まわりよりも気圧が高いところを**高気圧**といいます。「気圧が○○以下の場合は低気圧」というわけではなく、**まわりよりも低ければそれは低気圧**となるので注意しましょう。

図 3-12-5 ● 低気圧

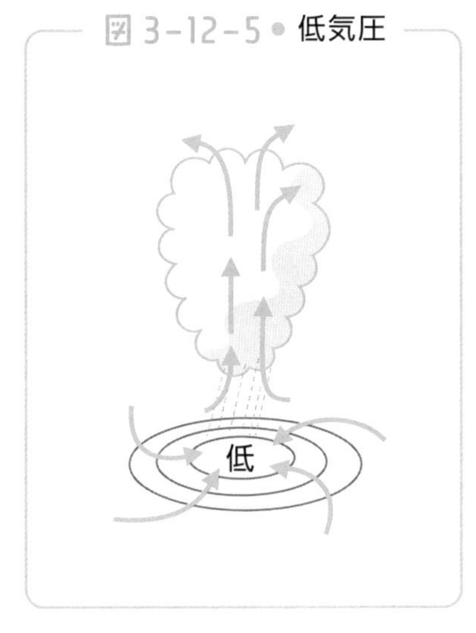

最後に低気圧と高気圧の特徴を確認しましょう。低気圧の中心付近には上昇気流が発生しています。上昇気流が発生しているために、気圧が低くなるのです。

そして、雲のでき方の単元で学習したように、上昇気流が発生すると断熱膨張が起き、上空で気温が下がるため、雲が発生しやすくなります。**低気圧の接近＝天気が悪くなる**、と覚えてしまってもよいでしょう。

反対に、高気圧では下降気流が発生します。低気圧の反対で、下降気流が発生している場所では雲ができにくく、天気が良くなります。

このように、気圧の変化は天気の変化に大きな影響を与えます。

気圧に関する理解を深めておけば、天気図や天気予報から、より多くの情報を受け取ることが可能になるでしょう。

図 3-12-6 ● 高気圧

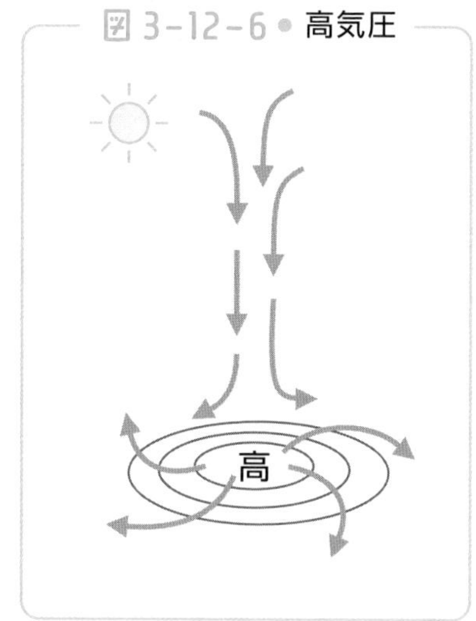

2年

前線とは何？ でき方と特徴

―― いろいろな前線

天気予報を見ていると、**前線**という言葉が頻繁に出てきます。よく耳にする用語ですが、前線とは何なのか、曖昧な理解になっている方も多いでしょう。気圧の変化と同様、前線も天気の変化に大きな影響を与えます。今回は、前線ができるしくみやそれぞれの前線の特徴を詳しく解説していきます。

まずは前線ができるしくみを考えていきましょう。大気は**ある性質をもった空気のかたまり**になることがあります。これを**気団**といいます。気団の中でも暖かい空気のかたまりを**暖気**（だんき）、冷たい空気のかたまりを**寒気**（かんき）といいます。暖気や寒気のでき方はさまざまですが、一般には日本の南側に暖気ができやすく、北側には寒気ができやすいと覚えておきましょう。

図 3-13-1

さて、暖気と寒気はぶつかり合うことがあります。このとき暖気と寒気は簡単には混ざり合わず、間に境界面ができます。

この境界面を前線面といい、前線面と地表が交わる線を前線といいます。上空から見ると、図3-13-1のようになり、地表から見ると図3-13-2のようになります。前線を理解する上で、この2つの視野で考えることは非常に大切ですので、しっかりと確認してください。

図3-13-2

暖
寒
前線面
前線
南
北

続いて、**前線の種類**について確認していきましょう。前線には、①温暖前線、②寒冷前線、③停滞前線、④閉塞（へいそく）前線の4つの種類があります。これら4つの前線は、どれも暖気と寒気がぶつかってできる前線です。それぞれの特徴を解説していきます。

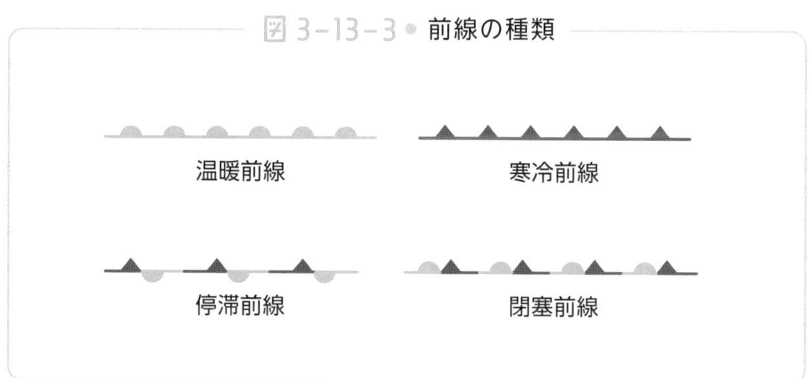

図3-13-3 ● 前線の種類

温暖前線とは、暖気と寒気がぶつかったとき、**暖気が寒気を押しながら進む**際にできる前線です。

地表からの目線で温暖前線を見ると、図3-13-4のようになります。温暖前線では、暖気が寒気の上にはい上がって進みます。暖かい空気は冷たい空気よりも軽い（密度が小さい）ため、このような進み方になるのです。暖気と寒気の境目が前線面であり、前線面と地表が交わる線が温暖前線です。

図3-13-4 ● 温暖前線

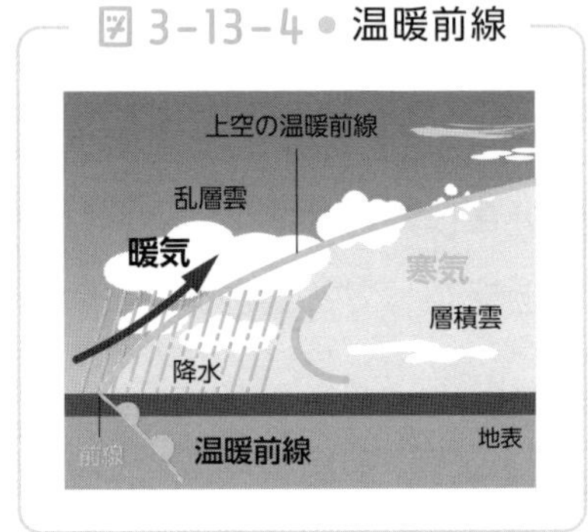

温暖前線では、暖気がはい上がりながら上昇します。空気が上昇すると、雲ができやすかったことを覚えているでしょうか。温暖前線では、図3-13-4のように横長の雲（乱層雲）ができやすくなります。

そのため、弱い雨が広い範囲に長時間降りやすくなります。さらに、温暖前線が通過すると、寒気の中から暖気の中へ入るため、気温が上がります。これらが温暖前線の特徴です。

図3-13-5 ● 寒冷前線

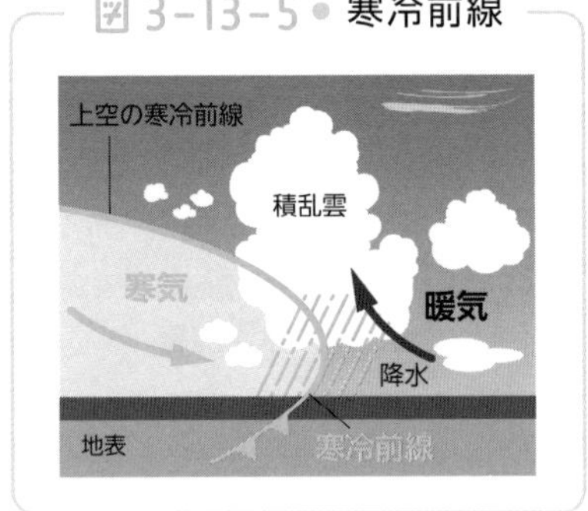

続いては寒冷前線を見てみましょう。寒冷前線は、**寒気が暖気を押しながら進む前線**です。寒気は暖気よりも重いため、暖気を持ち上げるようにして進みます。寒冷前線では図3-13-5のように、暖気が急激に押し上げられるため、縦長の雲（積乱雲）ができやすくなります。そのため強い雨が狭い範囲に短時間降りやすくなります。さらに、寒冷前線

が通過すると、暖気の中から寒気の中に入るため気温が下がります。これが寒冷前線の特徴です。

停滞前線は、暖気と寒気の勢力が同じくらいで、長時間動かない前線です。停滞前線が発生すると、同じ場所に長時間雨が降り続きやすくなります。最も有名な停滞前線は6月ころに発生する、通称**梅雨前線**（ばいうぜんせん）です。梅雨前線は長期間にわたり日本に影響を与えますが、数日で消滅する停滞前線も多くあります。

ここで、日本付近で発生する典型的な前線の発生から消滅までの流れを見ていきましょう。

図3-13-6を見てください。日本付近では、通常北側に冷たい空気のかたまり、南側に暖かい空気のかたまりができやすくなります。南側が赤道に近いためです。そして、寒気と暖気がぶつかり、停滞前線が発生します。このとき地球の自転の影響で、風がななめにぶつかることがポイントです。

すると次第に図3-13-7のようにうずが発生します。これが低気圧が発生するしくみです

図3-13-6

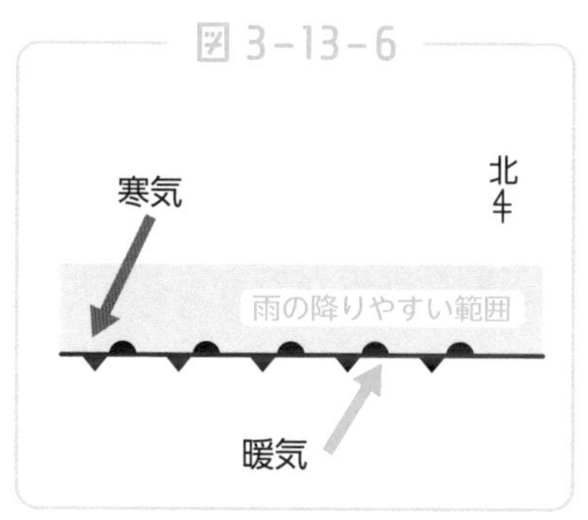

図3-13-7

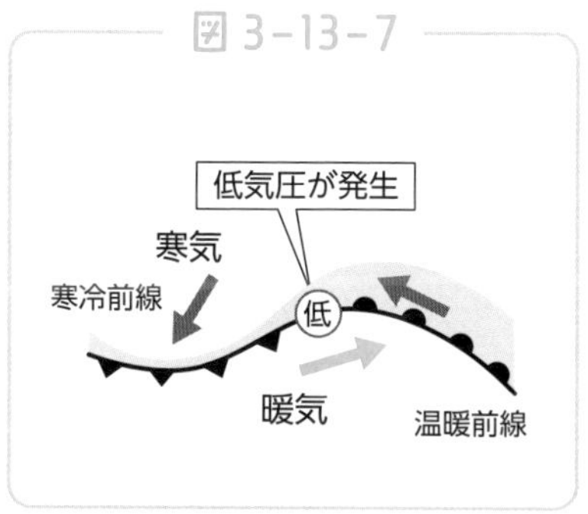

(台風のように、前線をともなわない低気圧もあります)。このとき、停滞前線は寒冷前線と温暖前線に変化します。この図の西側は寒気が暖気を押しているため寒冷前線、東側は暖気が寒気を押しているため温暖前線です。日本付近では、前線の位置関係は普通このようになります。

図3-13-8

低気圧が発生
寒気
低
寒気
暖気

図3-13-8、図3-13-9を見てください。寒冷前線が温暖前線に近づき、最後には追いつきます。寒冷前線のほうが進むスピードが速いためです。重い空気が軽い空気を押すほうが、速く進むことができるのですね。

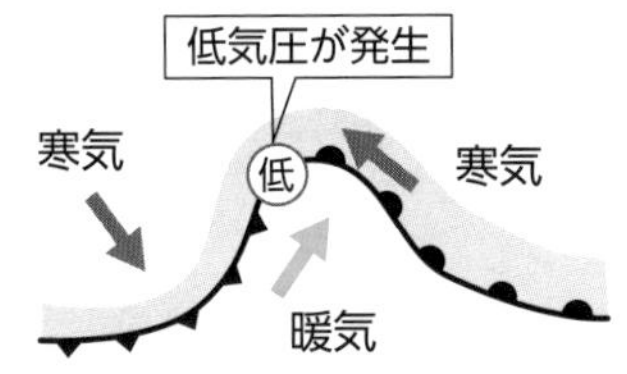

図3-13-9

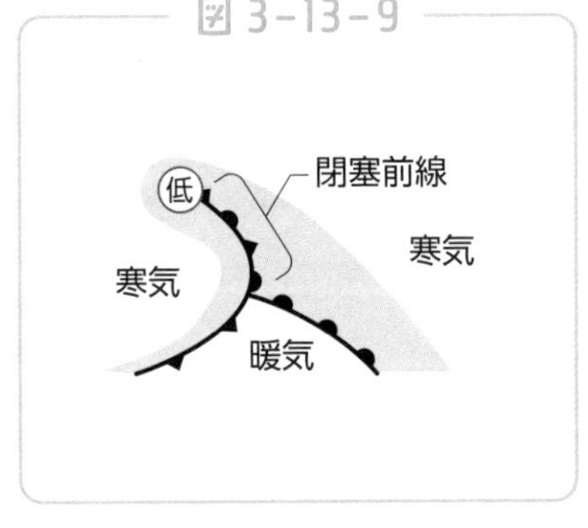

寒冷前線が温暖前線に追いついた前線を、閉塞前線といいます。閉塞前線ができると、地表付近は寒気に覆われ、低気圧は消滅します。図3-13-6～図3-13-9までの流れをまとめると、図3-13-10のようになります。前線をともなう低気圧はこのように移動していくのです。

さまざまな前線を紹介してきました。日常生活では、前線が発生すると天気が悪くなる、ということだけでも覚えておくと役に立つでしょう。

図 3-13-10

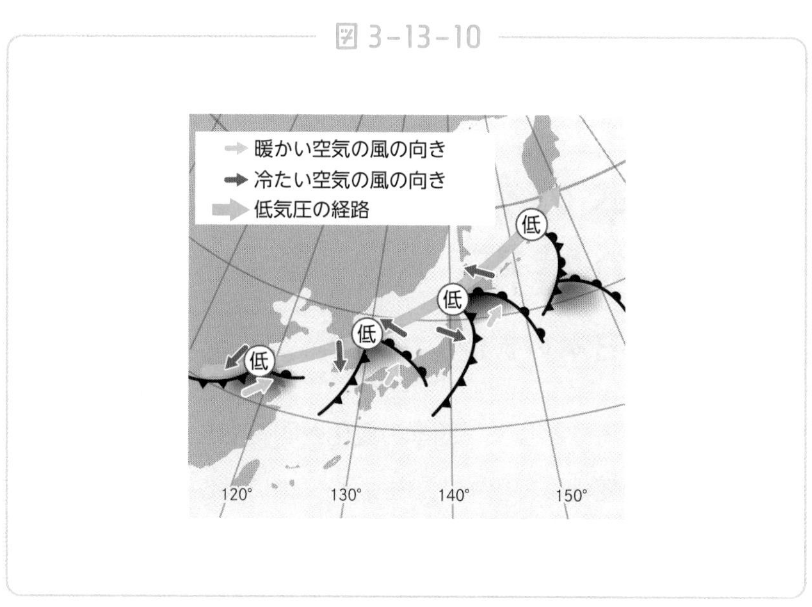

今後はぜひ、天気図や前線の動きにも興味をもってみてください。長い雨があがった後に気温が上がっているなど、前線の影響を実感をもって理解することができるでしょう。

2年

日本の季節の変化とその特徴

―― 日本のまわりの気団

日本の気候の特徴として、**四季の変化が明確**であることが挙げられます。四季の変化は、日本人の生活や文化に大きな影響を与えてきました。四季による気象の変化は、気温以外にもさまざまな影響を及ぼします。気象の学習の最後は、日本の四季について解説をしていきます。

まず、日本の季節の変化に大きな影響を与える4つの気団を確認しましょう。下の図を見てください。これらが日本付近で発達する主な気団です。

図 3-14-1

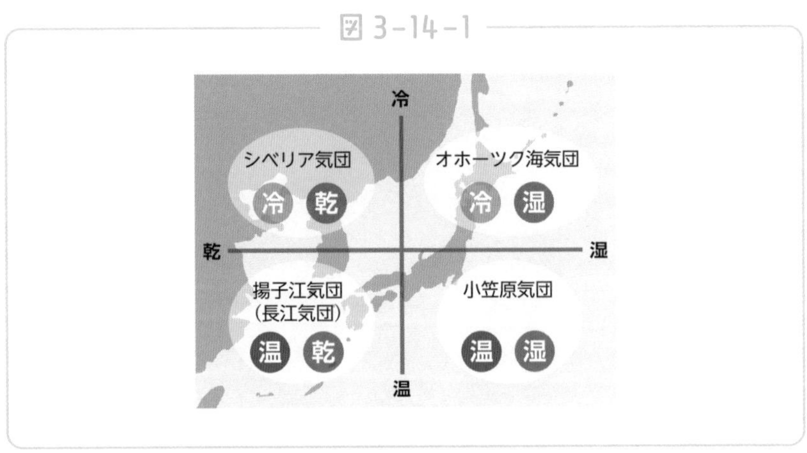

それぞれの気団は、気温や湿度が異なる性質をもっています。日本の北側は冷たい空気のかたまりができやすく、南側は暖かい空気のかたまりができやすくなります。そのため、シベリア気団とオホーツク海気団は冷たい空気、揚子江気団と小笠原気団は暖かい空気のかたまりになります。

また、日本の西側はユーラシア大陸があるため乾燥した空気のかたまりができやすく、東側は太平洋が広がり湿った空気のかたまりができやすくなります。そのため、シベリア気団と揚子江気団は乾燥した空気、オホーツク海気団と小笠原気団は湿った空気のかたまりになります。このように、日本付近には、多様な性質をもった気団があるのです。それでは日本の四季と気団の関係を見ていきましょう。

日本の冬には、発達したシベリア気団によりつくられる、シベリア高気圧が大きな影響を与えます。このため日本の冬は西側に高気圧、東側に低気圧が現れ**西高東低**の気圧配置となることが多いです。

図 3-14-2 ● 冬の天気図

シベリア高気圧により、冷たく乾燥した風が季節風として日本に

吹き寄せます。このとき乾燥した空気は、日本海を通る間に多くの水蒸気を含むようになります。水蒸気を含んだ空気が日本の山脈にぶつかり上昇すると、雲が発達し日本海側に多くの雪を降らせます(下図)。

図 3-14-3

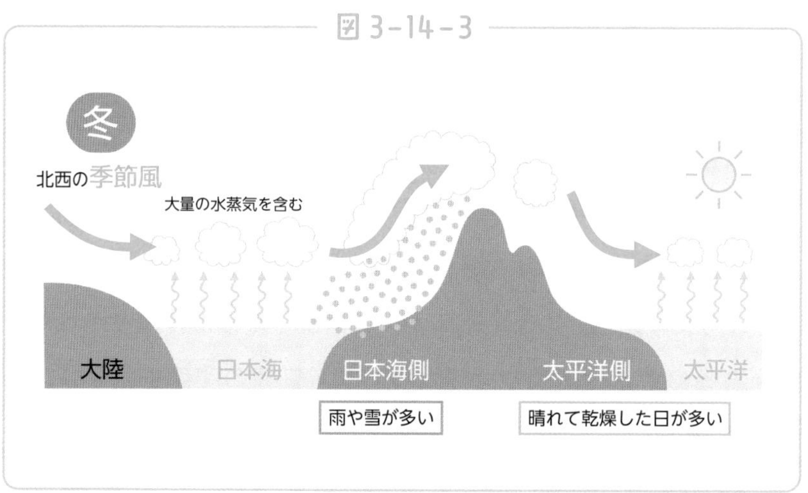

雪を降らせて水蒸気が少なくなった空気は、冷たく乾燥した風になり、太平洋側に吹き下ります。このため太平洋側の冬は、晴れて乾燥した日が続きやすくなるのです。

春になると次第に大陸が温まり始め、シベリア高気圧の勢力が弱まります。代わって揚子江気団の勢力が強くなり、そこから分離した高気圧(移動性高気圧と呼ばれます)が 4 日ほどの周期で訪れます。高気圧の間には低気圧が発生することが多く、晴れと雨が周期的にくり返されながら、暖かくなっていきます。春のこのような天気は三寒四温(寒い日が 3 日・暖かい日が 4 日周期でくり返されること)と表現されることもあります。

5月ころになると、オホーツク海気団と小笠原気団の勢力が強くなります。すると、2つの気団（高気圧）の間に停滞前線が発生します。これが**梅雨（ばいう）前線**であり、この前線により日本は梅雨（つゆ）の時期に入ります。

図3-14-4 ● 春の天気図

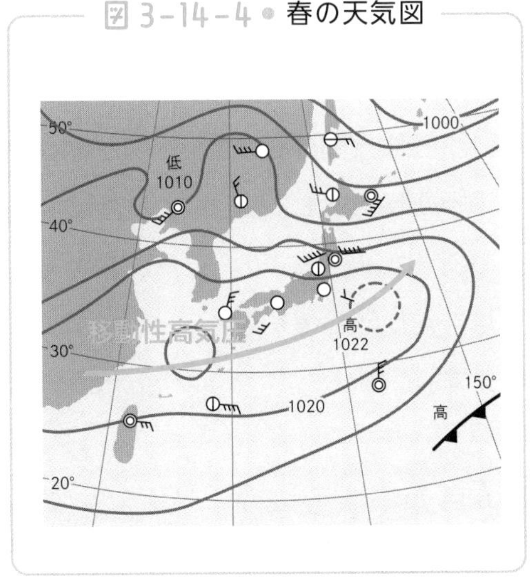

図3-14-5 ● 梅雨の天気図

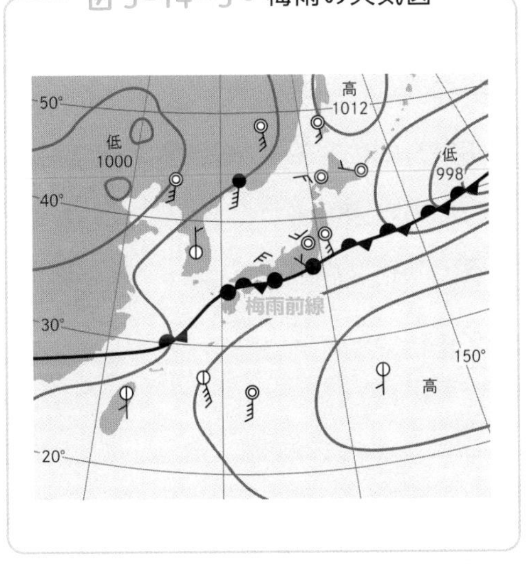

夏に近づくにつれ、小笠原気団の勢力が強くなり、梅雨前線は北上していきます。前線が津軽海峡付近まで押し上げられると、オホーツク海気団の勢力が弱まり、前線も消滅します。このような理由により、北海道には梅雨がないのです。

梅雨前線が消滅すると、小笠原気団（高気圧）が日本列島を覆い、夏が始まります。日本列島の南側に小笠原気団が張り出す**南高北**

低の気圧配置は、日本の夏の典型的なものです。小笠原気団は暖かく湿った性質をもつ空気であるため、日本の夏は非常に蒸し暑くなります。

図 3-14-6 ● 夏の天気図

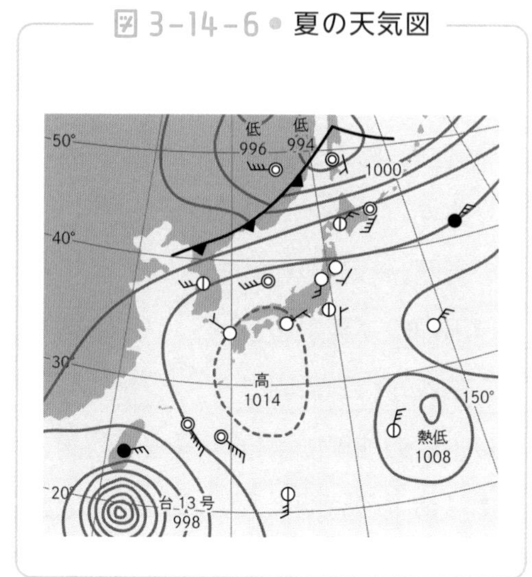

8月から9月にかけては、台風が日本列島を直撃することがあります。台風は、小笠原気団(高気圧)のふちを北東方向に進みます。そのため右図のように、台風の進路は小笠原気団の勢力に合わせて変化します。

図 3-14-7

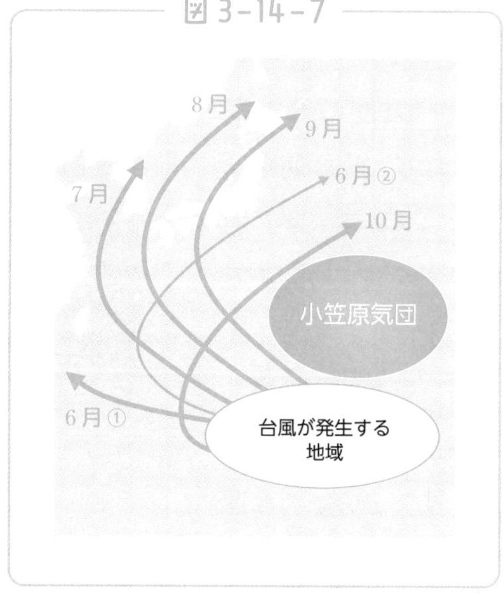

秋になると再びオホーツク海気団が勢力をもり返し、小笠原気団との境界に停滞前線を形成します。この時期の停滞前線を秋雨前線といいます。秋雨前線は、梅雨前線と比べると活発さはありません。

秋雨の時期が終わると、春と同様、移動性高気圧と低気圧が交互に日本列島を通過し、天気が周期的に変化します。その後、シベリア気団が発達を始め、季節は冬へと移っていくのです。

これが、日本付近の**1年間の季節の移り変わり**です。日本ではそれぞれの季節に特徴的な天気がありますが、それには理由があることがわかっていただけたかと思います。

個人的には、梅雨が終わり小笠原気団に包まれたときの蒸し暑さや、反対に小笠原気団の勢力が弱まり秋の空気に包まれたとき、気団の影響を強く感じます。

みなさんもぜひ季節の変化を気団の影響と結びつけながら感じてみてください。日本の四季の特徴を、よりはっきりと感じることができるはずです。

3年

太陽の特徴 ～ケタ違いのエネルギーを知る～

―― 太陽のようす

今回からは**天体に関する解説**をしていきます。**天体**とは、宇宙空間に存在する物体のことです。太陽・月・惑星などが代表的なものです。今回は身近な天体の１つである太陽について見ていきましょう。

太陽は地球から最も近い**恒星**（こうせい）です。恒星とは**みずから輝く天体**のことで、夜空に輝く星の多くは恒星です。一方、月や金星、火星などは太陽の光を反射して輝いているため恒星ではありません。

太陽はどのようにして輝いているのでしょうか。太陽は水素の核融合反応によって爆発を続けています。これは光や熱を出しながら、酸素が他の物質と結びつく**燃焼とは全く異なる**ものです。そのため太陽は、酸素が無い宇宙でも爆発を続けられるのです。水素の核融合反応が起こると、ヘリウムができます。現在の太陽は90％ほどが水素からできており、ヘリウムは10％ほどを占めています。

太陽ができたのは地球と同じ約46億年前です。太陽の寿命は100億年といわれているので、今後50億年ほどは存在するでしょう。

太陽の直径は地球の約109倍もあります。仮に地球の直径を1mとすると、太陽は東京ドームほどの大きさになります。質量にいたっては、地球の約33万倍もあります。

図 3-15-1

太陽は地球から見えるイメージ以上に巨大なのです。

太陽はその大きさだけでなく、発するエネルギーもケタ違いの大きさです。

地球に降り注ぐ1秒あたりの太陽エネルギーは、約 2×10^{14}kWです。もしも地球上に降り注ぐ太陽エネルギーをすべて変換・利用することができれば、1時間程度で世界中で使う約1年分のエネルギーをまかなうことができるのです。とてつもないエネルギーですね。

さて、太陽を観察すると「黒点」と呼ばれる周りよりも温度が低い部分があります（肉眼では観察しないでください）。

図 3-15-2

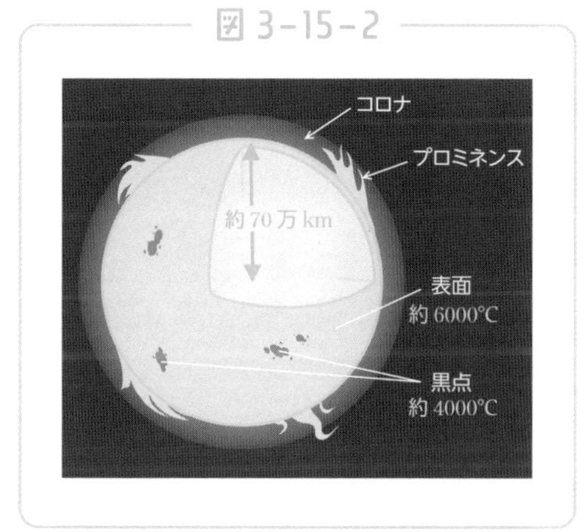

太陽の黒点の温度は約4000℃と、表面温度の

約6000℃と比べて低い温度になっています。

黒点を観察すると、太陽の東から西へ移動していることが確認できます。このことから**太陽も地球と同様に自転している**ことがわかりますね（自転とは、コマのように回転する運動です）。

図 3-15-3

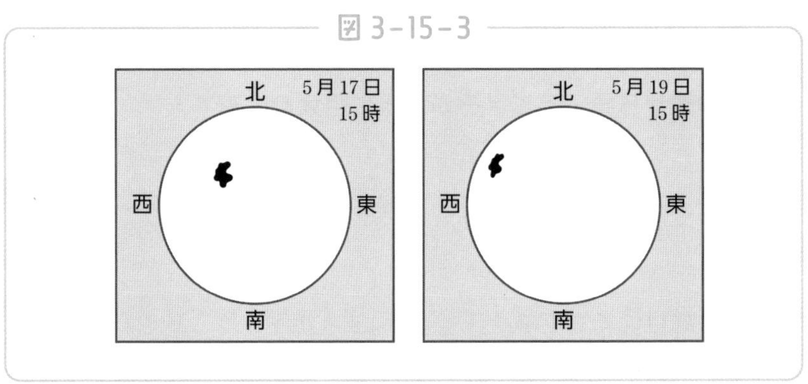

また、黒点が周辺部（端のほう）にくると細長くなることから、太陽が球形であることもわかります。

太陽は地球にとって最も重要ともいえる天体です。次回は、太陽を中心とした天体の集まり「太陽系」について考えていきましょう。みなさんが耳にしたことのある天体がたくさん出てきます。

3年

太陽系とは？ 8つの惑星の特徴

―― 太陽系の惑星の特徴

太陽の学習に引き続き、今回は太陽系について解説をしていきます。太陽系とは、**太陽を中心に運行している天体の集まり**です。

図 3-16-1

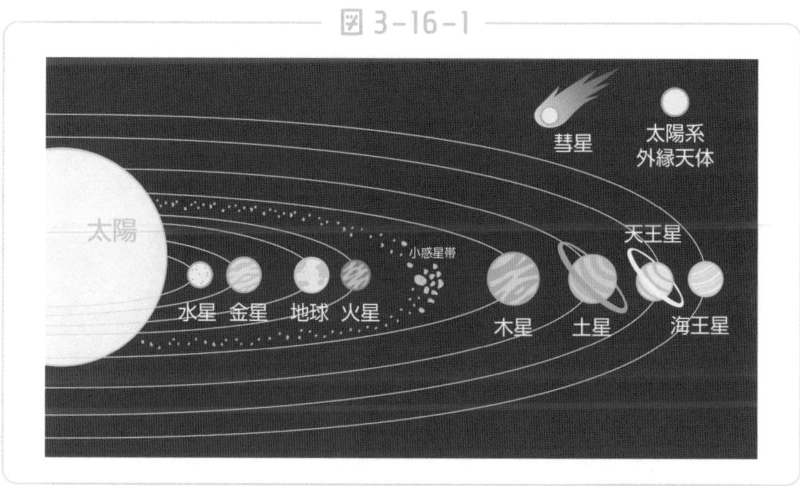

太陽系の天体として代表的なものには惑星・衛星・彗星（すいせい）などが挙げられます。まずは惑星について紹介していきます。

惑星とは「①太陽のまわりを公転する」「②十分な質量をもつ」「③その軌道周辺で群をぬいて大きく、同じような大きさの天体が存在しない」という3つの条件を満たす天体のことです。

太陽系の惑星は、太陽から近い順に水星・金星・地球・火星・木星・土星・天王星・海王星の 8 つです。以前は冥王星を含む 9 つが惑星とされていましたが、2006年に惑星の定義が明確になり、条件③を満たさない冥王星は除外されました。

冥王星の除外には、科学の進歩が関係しています。新たな天体がたくさん発見されるようになり、冥王星を惑星に含めようとすると、他にも惑星の条件に合う天体が多数見つかる可能性があったためです。

惑星は大きく**地球型惑星**と**木星型惑星**の 2 つに分類することができます。水星・金星・地球・火星の 4 つが地球型惑星。木星・土星・天王星・海王星の 4 つが木星型惑星です。

図 3-16-2

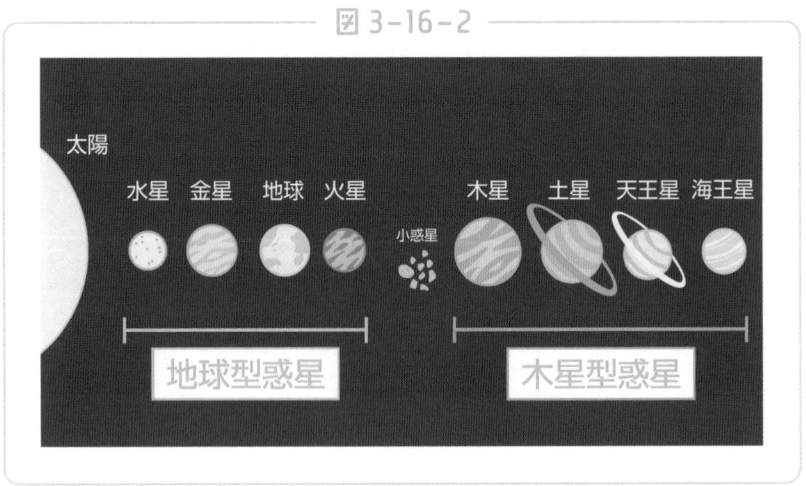

地球型惑星の特徴は小型で主に岩石からなり、密度が大きいことです。一方で木星型惑星の特徴は、大型で主に気体からなり、密度が小さいことです。それぞれの惑星の特徴を見ていきましょう。

水星は、**8つの惑星の中で最小**です。そのため重力が小さく、大気を引きつけることができず、大気がありません。また、太陽に最も近い惑星であるため、地球の約7倍の太陽エネルギーを受け取ります。これらの特徴から、昼の表面温度は約400℃、夜は－160℃という環境です。

水星

金星

金星は、大きさや密度などが地球とよく似た惑星です。しかし大気の約97%が二酸化炭素で、その温室効果から表面温度は約460℃にもなります。

火星

火星は地球の外側を公転しています。直径は地球の半分くらいの大きさで水星に次いで2番目に小さな惑星です。地球よりも太陽から遠いため、平均温度は－40℃くらいと考えられています。表面は赤褐色の岩石や砂で覆われていますが、数十億年前の火星表面には**豊富な水が存在していた**と考えられています。

木星

木星は**太陽系最大の惑星**で、直径は地球の約11倍もあります。ですが前述した通り木星型惑星は大部分が気体でできているため、表面に立つことはできません。また、木星にも土星のように小さな輪があります。

土星は太陽系で2番目に大きな惑星です。土星といえば、**大きな輪**が特徴的です。この輪は、大部分が氷の塊からできています。その厚さは数十mと非常にうすいですが、1周の長さは約70万kmにもなります。地球1周が約4万kmですから、輪がいかに巨大であるかがわかりますね。

土星

天王星は木星・土星に次いで3番目に大きい惑星です。他の惑星と異なる特徴は、**横倒しになって太陽のまわりを公転**していることです。これは、太陽系ができたころ、別の天体が天王星に衝突したためと考えられています。

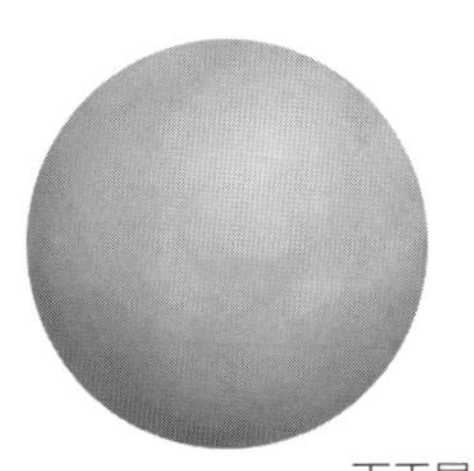
天王星

最後は海王星です。青色の非常に美しい見た目をしています。この青い色は、表層を分厚く覆う大気中のメタン(CH_4)が赤色を吸収し、青色を散乱・発色するためです。

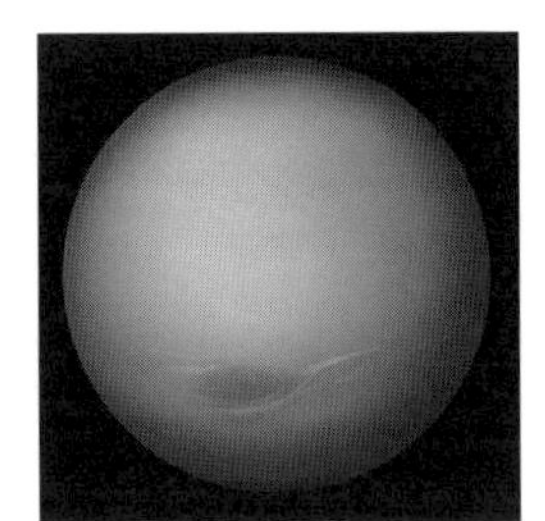
海王星

さらに、海王星の内部では**ダイヤモンドの雨**が降り注いでいるともいわれています。このように聞くと、夢のような星に思えますが、大気の下層部の圧力は地球の大気の10万倍、かつ時速2200kmの暴風が吹くと考えられ、非常に恐ろしい環境の星でもあるのです。

これらの惑星の特徴をまとめると、以下の表のようになります。

図3-16-3

惑星名	水星	金星	地球	火星	木星	土星	天王星	海王星
太陽からの距離（億km）	0.58	1.08	1.5	2.28	7.78	14.29	28.75	45.04
半径（km）	2440	6052	6378	3397	71492	60268	25559	24764
質量（地球＝1）	0.06	0.82	1	0.11	317.83	95.16	14.54	17.15
（g/cm^3）	5.43	5.24	5.51	3.93	1.33	0.69	1.27	1.64

この表からも、それぞれの惑星の特徴や、地球型惑星・木星型惑星の特徴が見てとれるでしょう。

最後に「惑星」という**名前の由来**について説明をします。惑星は地球から見ると、他の恒星とは異なる不規則な動きをします。

図3-16-4

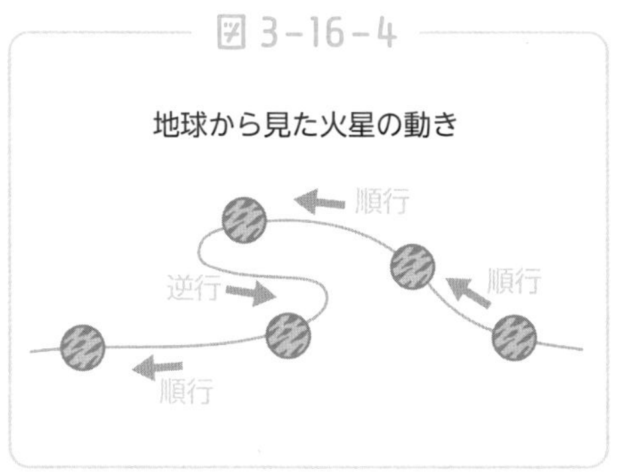

このため「惑う星」と書いて惑星という名前になったのです。古代の人は、惑星をとても不思議に思ったことでしょう。

3-17

3年

1日の星の動き ～地球の自転と日周運動～

―― 星の日周運動

今回は地球の自転と星の動きについて考えていきましょう。地球はコマのように、地軸を中心に24時間で約１回転しています。この運動を**自転**といいます。

図 3-17-1

自転の向きは西側から東側です。太陽は毎日東の空から昇り、西の空へと沈んでいくように見えます。しかし実際は、私たちが立っている**地面が西から東へと回転している**のです。

図 3-17-2

そして自転は、夜空に輝く星の動きとも深く関係しています。星は地球の自転の影響により、約24時間で１回転しているように見えます。これを星の**日周運動**といいます。星も太陽と同じように、

実際に移動しているわけではなく、地球の自転の影響により「移動しているように見える」という点に注意しましょう。

星の動き方は方角ごとに異なります。具体的にはそれぞれの方角で、星は以下のように動いて見えます（北半球では）。

図 3-17-3

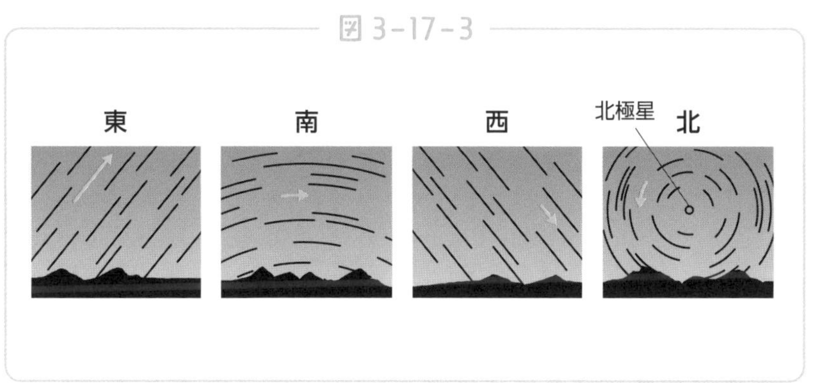

東、南、西は星が時計回りに動いて見え、北のみ反時計回りに星が移動して見えます。

なぜ方角ごとに星が上の図のように動いて見えるかは、図からは少しイメージがしにくいかもしれません。

右のQRコードから星の動きを実際に見てみるとわかりやすいでしょう。なお、この星の動きは「星座表」というアプリを利用して確認しています。

現在は星の動きや星座を簡単に知ることができるスマホアプリがたくさんありますので、ぜひ活用してみてください。

また、星は**1時間で約15°**移動して見えます。これは地球が24時間で約360°回転するためです。360÷24＝15というわけですね。

右の図を見てください。これは日本から見た北の空の図で、北極星と北斗七星が観察できます。北の空の星は北極星を中心に反時計回りに回転します。

図 3-17-4

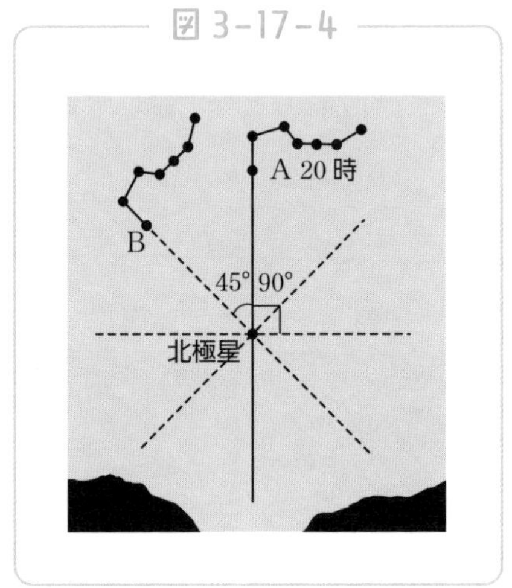

1時間で約15°回転するので、Bの位置にくるのは3時間後の23時になるわけです。

現在はスマホアプリやYouTubeなどで、星の観察をしたり解説を聞いたりすることが手軽にできるようになりました。ぜひ星がきれいに観察できる場所を調べ、足を運んでみてください。

3年

あなたは半年後どこに住んでいる？地球の公転と年周運動

―― 星の年周運動

「あなたは半年後、どこに住んでいますか?」このように質問をされたら、どのように答えますか。

この質問への回答を宇宙規模で考えると「太陽の裏側。距離にして約3億km離れたところ」となります。

今がお昼で晴れていれば、太陽が見えるでしょう。あの太陽の裏側まで、私たちは半年間かけて**地球に乗って移動**するのです。実際に想像してみると、宇宙の壮大さを実感できるはずです。

図3-18-1

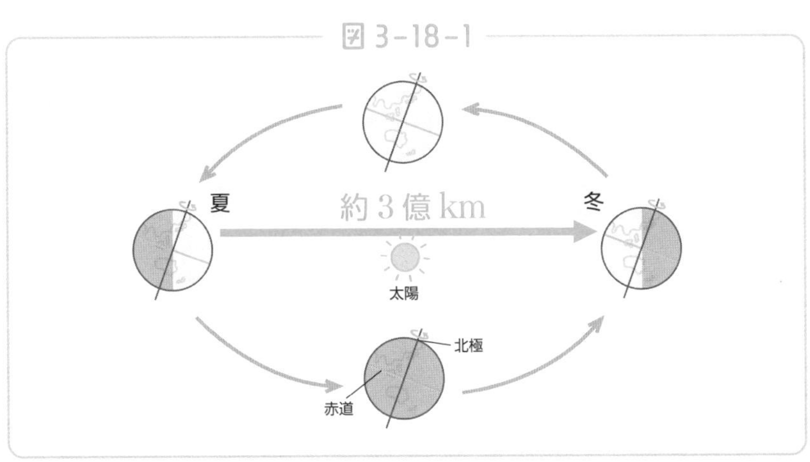

地球は約１年で太陽のまわりを１回転します。このような地球の運動を**公転**といいます。地球が公転をすることで、季節ごとに見える星座が変化します。これを「星の年周運動」といいます。

下の図を見てください。これはオリオン座を１カ月ごとに同じ時刻に観測したときの、オリオン座の見え方のようすです。

図 3-18-2

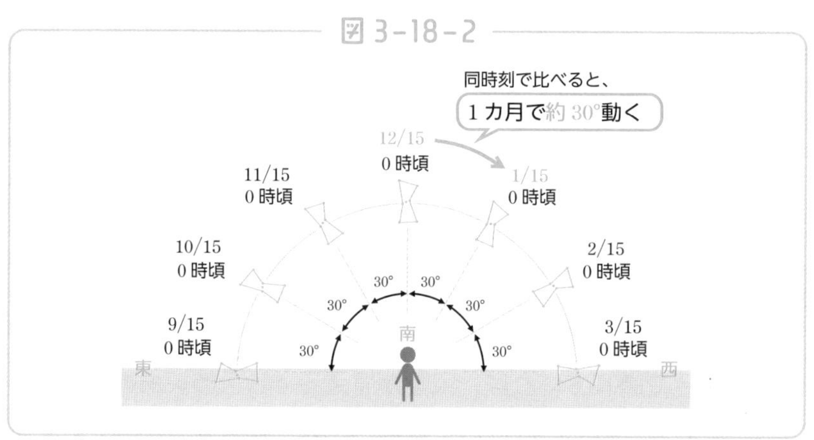

毎月約30°、オリオン座が東から西へ移動していることがわかります。なぜ地球が公転すると、１カ月で約30°（３カ月で約90°）星座が移動して見えるのでしょうか。

図 3-18-3

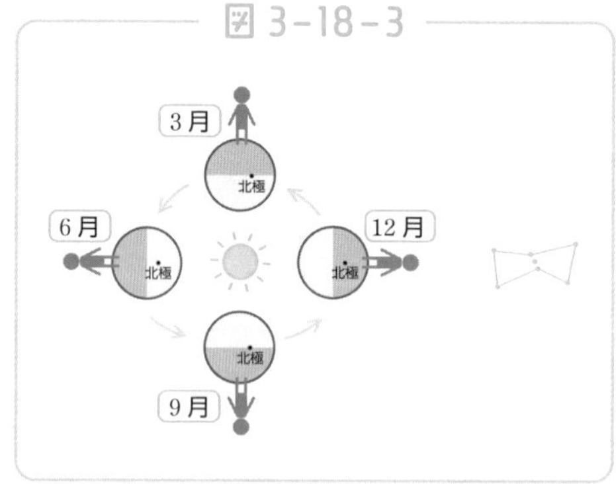

右の図を見てください。季節ごと（３カ月ごと）の地球・太陽・オリオン座の位置関係を表した図です。太陽と星（オリオン座）は動かないと考えて

ください。地球は太陽のまわりを1年かけて公転しています。地球が公転することにより、まわりの星が動いて見えるのですね。

それぞれの季節で、人が真夜中の位置に立っていることに注目しましょう。**真夜中とは、太陽の反対側**に位置する場所です。

また、真夜中に立っている場所からの方角も考えておきましょう。方角を決めるときの大原則は北極側が北ということです。

右の図を見てみると、北極側を北とし、北の反対側が南となります。すると、12月では南を見たときの上空にオリオン座が見えることがわかるでしょう。

図 3-18-4

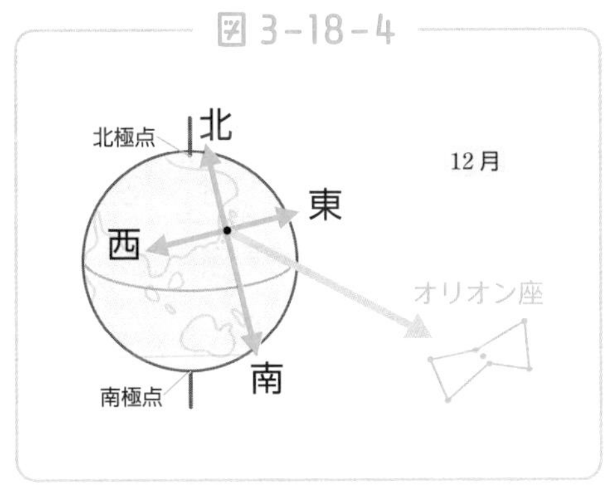

右の図は、12月、3月、6月、9月それぞれの真夜中での方角を表したものです。「北極側が北」という原則を忘れずに、方角を考えてみましょう。すると、

図 3-18-5

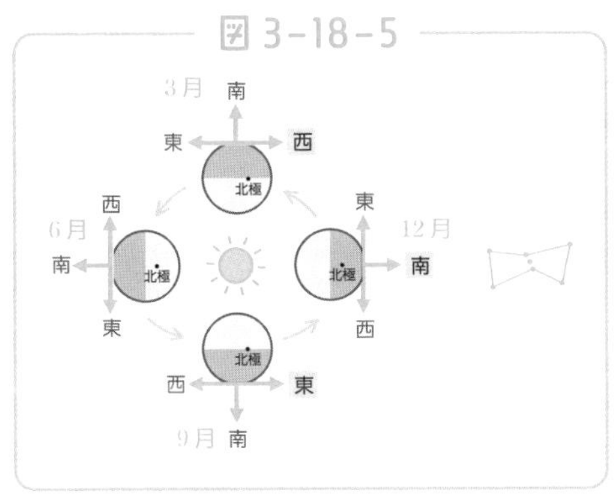

・9月の真夜中にはオリオン座が東に
・12月の真夜中にはオリオン座が南に
・3月の真夜中にはオリオン座が西に

見えることがわかります。6月は太陽の向こう側にあるので見えません。3カ月で見える角度が約90°変わっていますね。これは、1カ月あたりでは角度が約30°変わっていると言い換えることもできます。

ここでもう一度、図3-18-6で確認してみましょう。この図は地球から見た視点ですが、やはり「9月は東の空」「12月は南の空」「3月は西の空」にオリオン座が見えています。3カ月で90°ですので、1カ月で約30°星座が見える方角が変化することになります。

図 3-18-6

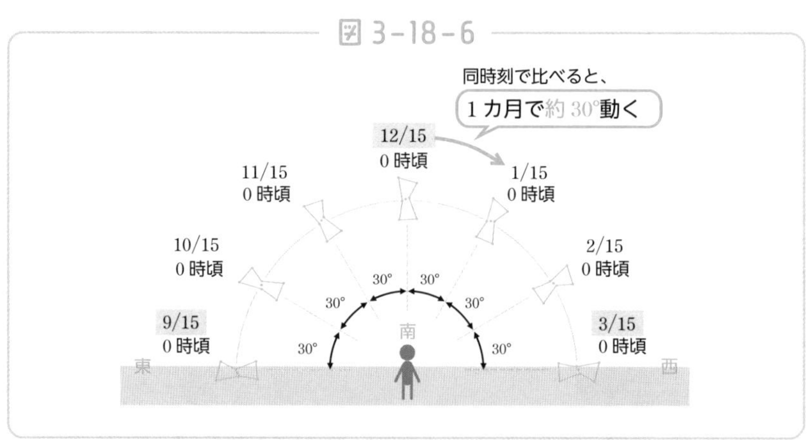

これが星の**年周運動**です。1カ月で約30°星座が動いて見えますので、1年では約360°動き、また同じ星座を見ることができるのです。

日々の生活で、太陽や星を見るときは、地球が宇宙規模でどのように動いているのかも想像しながら見るようにしましょう。何気ない毎日が、少し楽しくなるはずです。

3年

月の不思議
～最も身近な天体の不思議～

—— 月の満ち欠け

太陽と並び私たちにとって身近な天体の１つに月があります。地球から見た月は非常に美しく幻想的です。また、日々形を変えるその姿は、時を超えて多くの人々に愛されてきました。今回はこのような多くの魅力をもつ月について解説をしていきます。

まず月が太陽系のどのあたりに存在するのかを確認しておきましょう。月は下の図のように**地球のまわりを公転**しています。

図 3-19-1

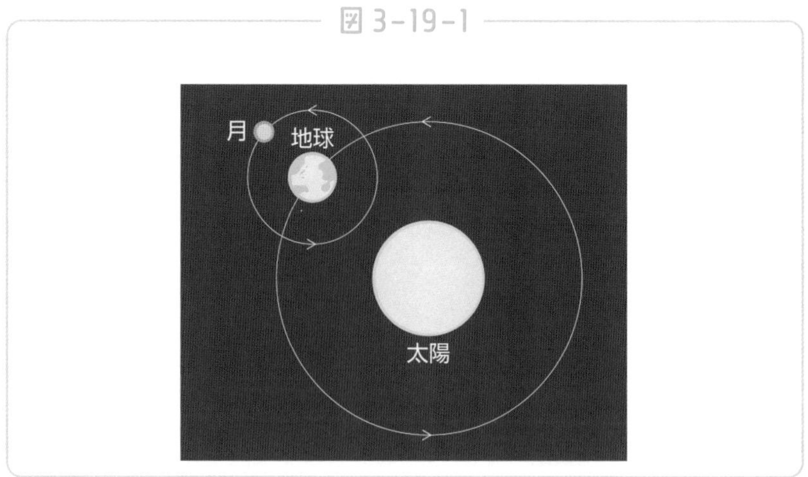

月のように惑星のまわりを公転する天体を**衛星**（えいせい）といいます。月は

地球のただ１つの衛星です。なお、木星や土星には50個以上の衛星があります。地球の衛星は月ただ１つですが、人間がつくった人工衛星が、地球のまわりには多数存在していますね。

月の起源は諸説ありますが、現在最も有力とされているのは「ジャイアント・インパクト説」です。これは45億年ほど前、原始地球に火星と同程度の大きさの天体が衝突し、そのとき飛散した物質が集まり、現在の月になったという説です。つまり月は地球の兄弟と呼べる存在なのです。

さて、地球から月を観察したときの大きな魅力の一つが満ち欠けです。なぜ月は満ち欠けをするのでしょうか。その秘密を解説していきます。

月が満ち欠けをする理由の一つは「月は太陽の光を反射して輝いているため」です。太陽のようにみずから輝く天体は、どの方向から見ても丸く輝いています。しかし**月は太陽の光を反射して光っているため**、満ち欠けが起こるのです。

例として、右の図の時刻は「朝」「昼」「夕方」「夜」のどれかを考えてみてください。

答えは夕方になります。

図 3-19-2

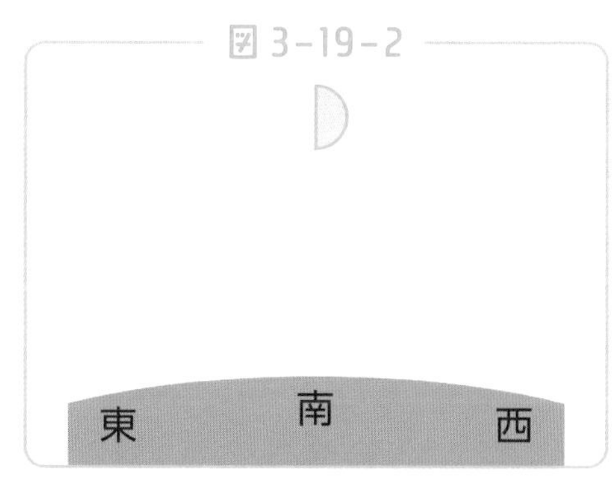

月の右側が光っているので、太陽は右側、すなわち西側にあることになります。太陽が西にある時刻は夕方ですね。

このように「月はいつも太陽のある方向が光っている」と意識すると、月を見ることがより楽しくなるでしょう。

さて、月の満ち欠けのようすを詳しく考えていきましょう。下の図を見てください。これは地球・月・太陽のそれぞれの位置関係を表した図です。

図 3-19-3

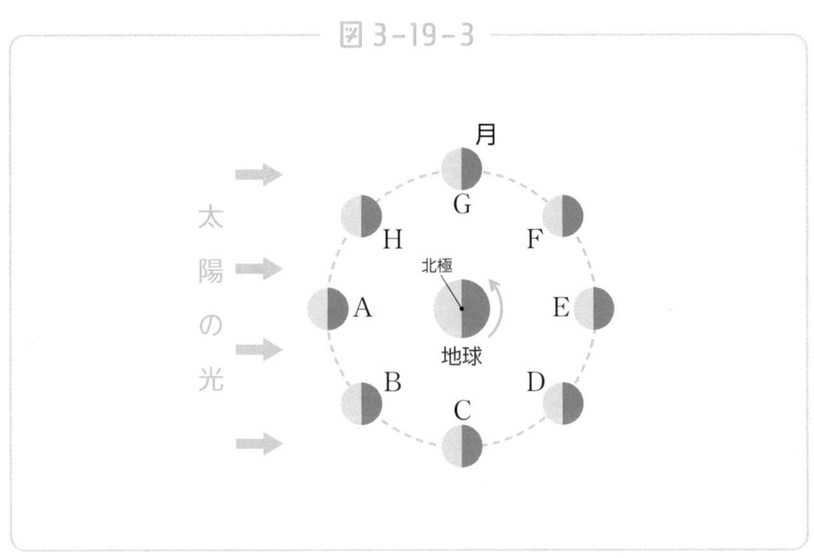

まずは月がEの位置にあるときの地球からの見え方を確認してみましょう。

図 3-19-4

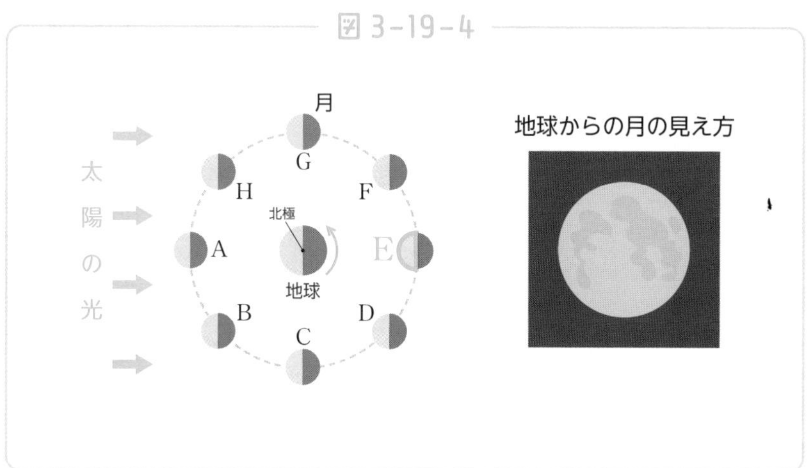

Eの位置にあるとき、地球から見える月は枠でかこった部分です。つまり、月全体が光って見えますね（図3–19–4)。

この状態が満月です。すなわち月がEの位置にあるとき、地球からは**満月**に見えるわけです。

月がGの位置にあるときは地球から見ると左側半分が光って見えます。これを下弦（かげん）の月といいます（図3–19–5)。

図 3-19-5

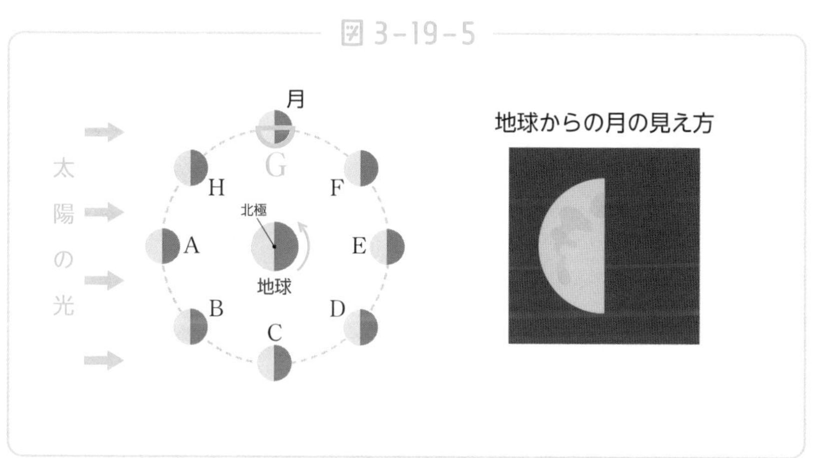

月がAの位置にあるときは地球から見ると光っている部分を見ることができません。この状態の月は**新月**と呼ばれます（図3-19-6）。

図3-19-6

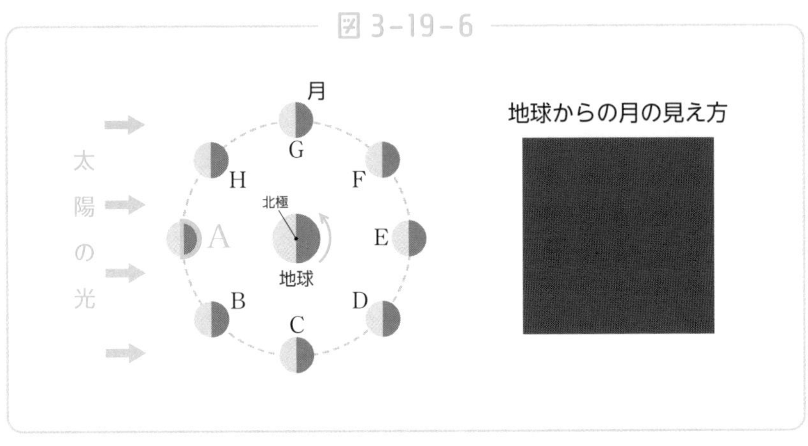

最後にBの位置の月を見てみましょう（図3-19-7）。この位置に月があるときは、月の右側の一部が光って見えます。特に新月から3日ほど経ったときに見られる、右側が細く光った月は三日月と呼ばれますね。

図3-19-7

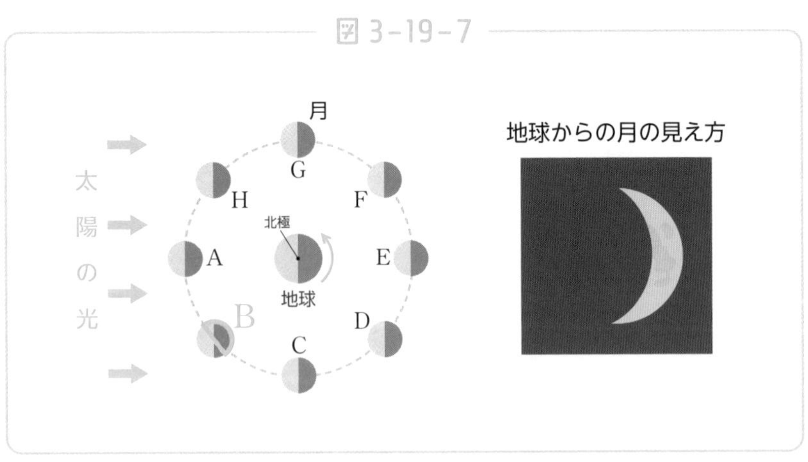

左側が細く光った月は三日月ではなく二十六夜月などと呼ばれるので間違いに注意しましょう。このように、月は約 1 カ月で地球を 1 周しながら、その姿を変えていくのです。

ぜひ今夜は、太陽と月の位置関係を思い出しながら月を見てみましょう。宇宙の中に立つ私たちが実感できるでしょう。

3年

日食と月食
～太陽と月の関わり～

—— 日食と月食のしくみ

月と太陽の共演により、私たちは月の満ち欠けという幻想的な姿を日々観察することができます。しかし月と太陽が織りなす現象は満ち欠けだけではありません。今回紹介する「日食」「月食」もその一つになります。日食や月食はどのようなしくみで起こる現象なのでしょうか。詳しく解説をしていきます。

日食とは、月によって太陽の全体、または一部が隠される現象のことです。日本で日食が起こる際はニュースにもなりますので、名前を聞いたことがある方は多いでしょう。

日食は大きく分けて「**皆既日食**（かいきにっしょく）」「**金環日食**（きんかん）」「**部分日食**」の3つがあります。

皆既日食と金環日食はどちらも、太陽と月がピッタリと重なったときに起こる現象です。では**この2つが起こるときの違い**は何でしょうか。

基本的に太陽と月は、地球から見るとほぼ同じ大きさに見えます。

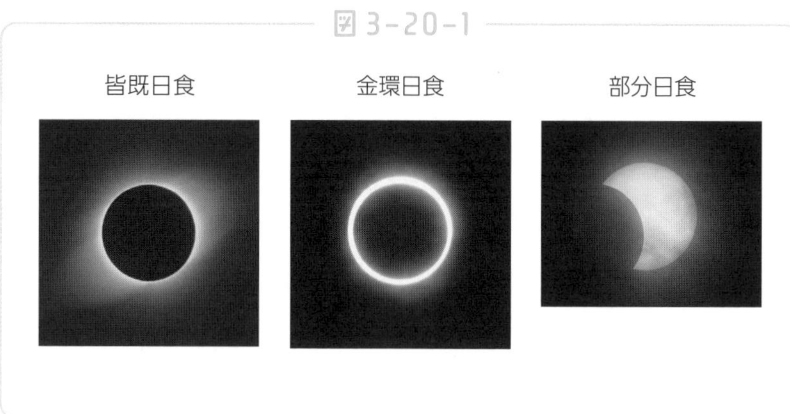

太陽は月の約400倍大きいのですが、約400倍遠い距離にあるためです。

ですが厳密にいうと、右の図のように月と地球との距離はかなり変化します。もちろん月は地球に近いときのほうが大きく見えます。

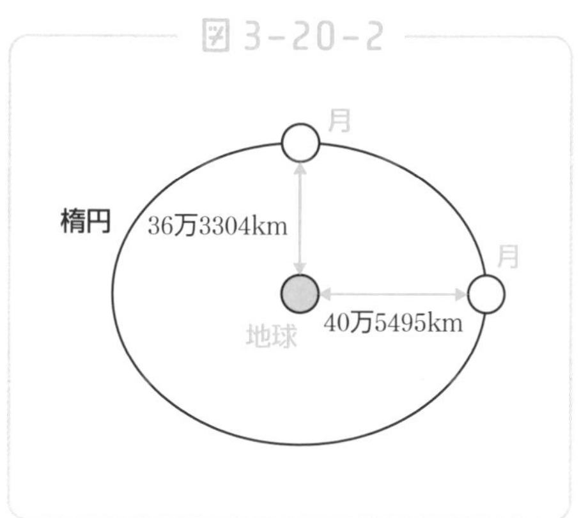

月が大きく見えるときと小さく見えるときでは、約14%大きさに違いがあります。最近では、月が大きく見えるときの満月はスーパームーンと呼ばれ話題になりますね。

このように地球から見た月の大きさは変化が大きいため、日食が起きた際に月が太陽よりも大きく見えれば皆既日食、太陽のほうが大きく見えれば金環日食となるのです。

近年と今後の皆既・金環日食は表の通りです。非常に珍しい現象なのでぜひ観察をしてみてください。

図 3-20-3

年月日	皆既／金環	おおよその見られる場所
2009年7月22日	皆既	トカラ列島 奄美諸島の一部 硫黄島
2012年5月21日	金環	奄美諸島 九州南部 四国・ 本州太平洋沿岸
2030年6月1日	金環	北海道ほぼ全域
2035年9月2日	皆既	北陸～関東北部
2041年10月25日	金環	北陸～東海
2042年4月20日	皆既	鳥島
2063年8月24日	皆既	北海道南部 青森県
2070年4月11日	皆既	沖縄近海～小笠原諸島近海

部分日食は、太陽の一部が月に隠され、太陽が欠けて見える現象です。皆既日食や金環日食が起きる際にはその周囲の場所で部分日食を見ることができます。

それでは日食が起きるしくみを考えてみましょう。

日食は右の図のように太陽・月・地球が一直線に並んだときに起こります。

図 3-20-4

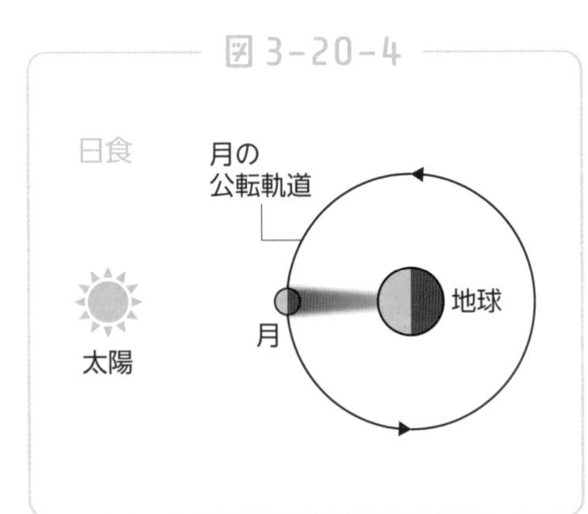

この図を見ると、月は約１カ月で地球を１周するので、毎月日食が起こりそうにも見えます。しかし実際は地球の公転軌道に対して月の公転軌道が約5°傾いているため、太陽・月・地球が一直線上に並ぶことはめったにないのです（図3-20-5）。

図 3-20-5

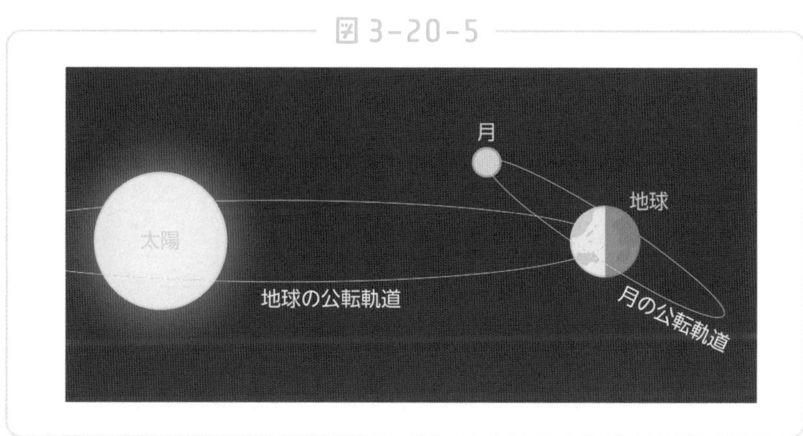

月食は地球の影に月が入る現象です。月全体が隠される場合を皆既月食、月の一部分が隠される場合を部分月食と呼びます。月食は太陽・地球・月と一直線に並んだときに起こります。

図 3-20-6

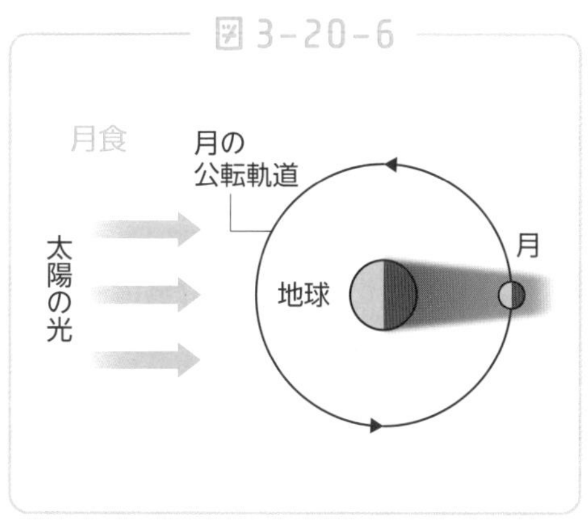

皆既月食が起こると地球の影に月が入るため、月が見えなくなるように感じます。ですが実際は月が**赤色に光って見えます**。

太陽の光が地球の大気を通過するとき、青い光は空気の粒によって散乱してしまいます。しかし赤い光は空気の粒の影響を受けにくく、光を弱めながらも通り抜けることができるためです。

皆既月食

図 3-20-7

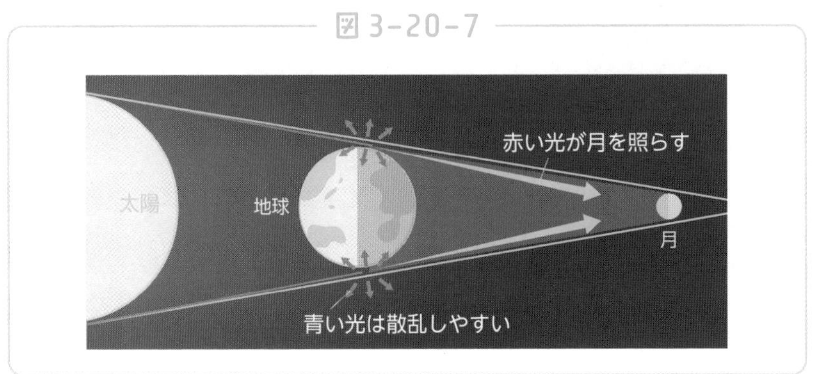

さらに地球の大気を通過した赤い光は大気でわずかに屈折するので、地球を回り込んで月を照らします。このため、皆既月食が起こると月が赤く見えるのです。

地球上で起こる日食と月食の回数は、日食のほうが多いのですが、日食は一部の地域でしか見ることができません。一方月食が起こると、月が見えればどの地域に住んでいても見ることができますので、同じ場所に住み続ける場合は月食のほうが観察できる機会は多いでしょう。

日食や月食が起こるのは貴重な機会になります。ぜひ観察ができる場所へと足を運んでみてください。

金星が見えるのは朝か夕方だけ？ その理由とは

── 金星の見え方

夕方に一際(ひときわ)輝く一番星を見つけた経験は、誰にでもあるものでしょう。この一番星の正体は、多くの場合が**金星**です。実は金星は、朝や夕方に見ることはできても、**夜中には見ることができません。**

なぜこのようなことが起きるのでしょうか。今回は身近な惑星の1つである金星について、その見え方の不思議を考えていきましょう。

図 3-21-1

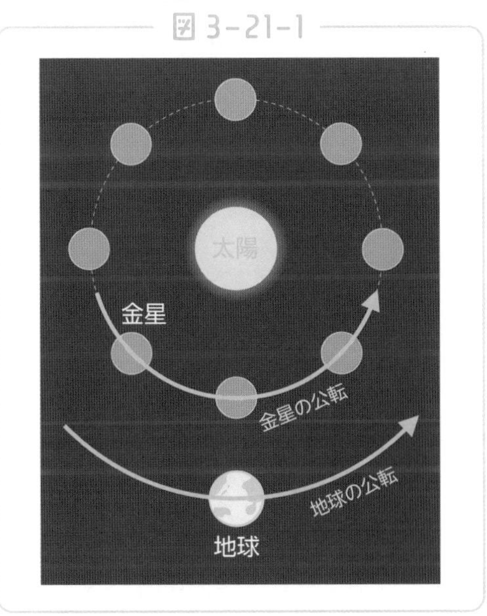

金星は地球よりも内側を公転しています。

そのため、地球との位置関係は右の図のようになります。

このとき真夜中・明け方・夕方それぞれの時間における金星と私たちの位置関係を見てみましょう。

図 3-21-2

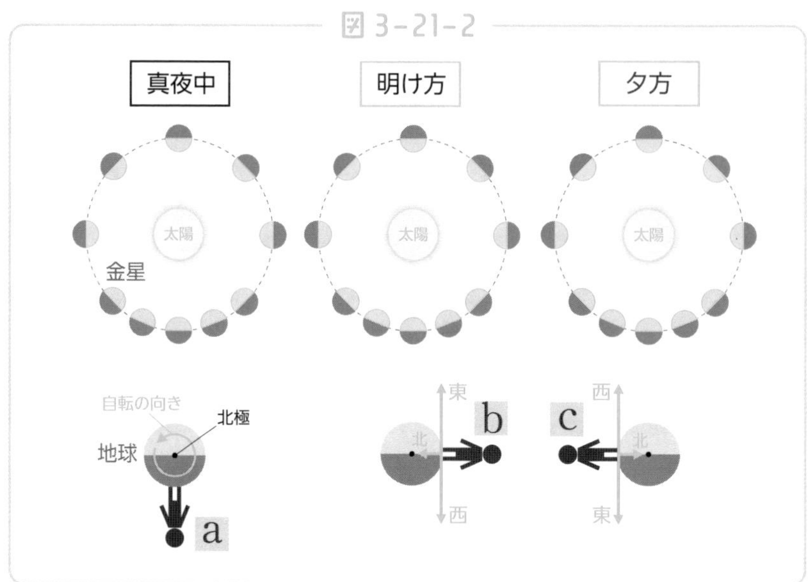

図 3-21-3

上の図の位置aを見てください。これは私たちが真夜中にいる状態を表しています。**真夜中は太陽の反対側に位置するところ**ですね。真夜中には地球から金星を見ることができません。これは金星が地球よりも内側を公転しているためです。右の図の火星のように、地球の外側を公転する惑星は真夜中に見ることができるのですが、内側を公転する金星を真夜中に見ることはできないのですね。

続いて図3-21-2の明け方(b)のときを考えてみましょう。明け方とは、夜から昼へと変わる場所ですね。地球を北極側から見た場合、反時計回りに自転しているので、bの位置が夜から昼へと変わる場所。つまり明け方になります。

bの位置にいるとき、**北極のある方向が北**ですので、金星は東の空に見えることになります。

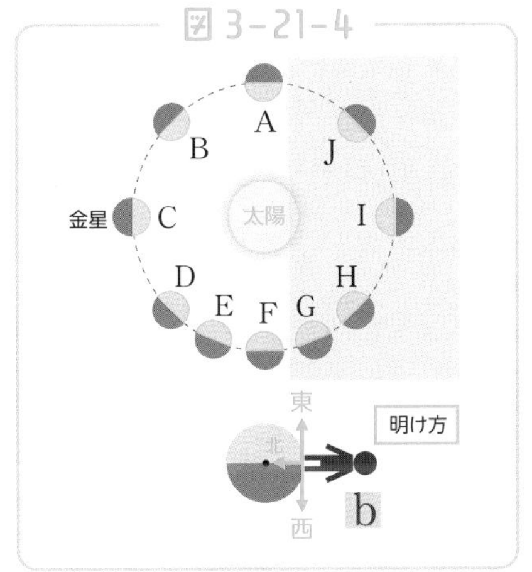

明け方の東の空に金星が見えるのは、図3-21-4のG～Jの位置に金星があるときだけです。これ以外の位置にあるときは、明け方の東の空であっても金星は見ることができません。

B～Eの位置に金星があるときは、金星が地平線の下にあるため見ることができないということです。

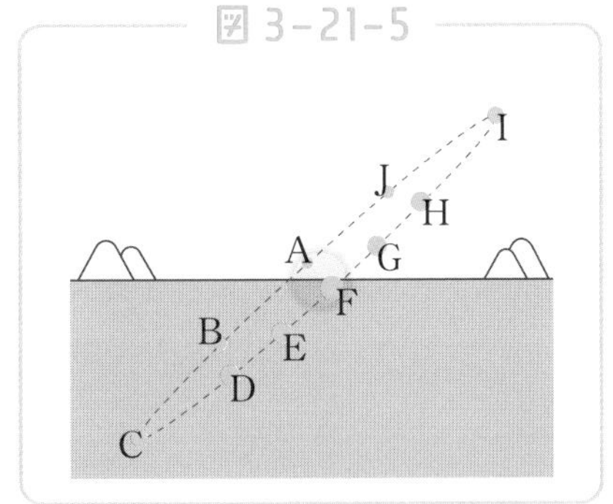

また、Aの位置にあるときは、太陽の裏側のため見ることができず、Fの位置にあるときは太陽に照らされている部分が見えないため観察できないのです。

図3-21-2の夕方(c)のときはどうでしょうか。金星が夕方に見えるときは、必ず西の空に見ることができます。

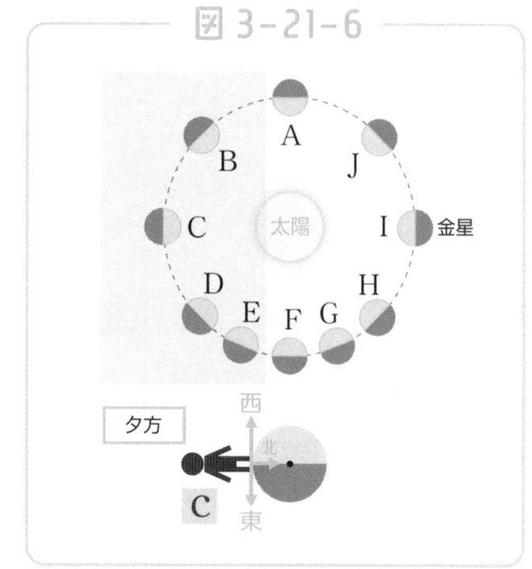

金星が西の空に見えるときは、B～Eの位置にあるときのみです。それ以外の位置にあるときは、夕方の西の空であっても金星は見ることができないので気をつけてください。

金星が東の空に見える期間と、西の空に見える期間は、約9～10カ月ごとにくり返されます。

最後に、金星がそれぞれの位置にあるときの地球からの見え方を確認しましょう（図3-21-7・8）。

金星は月と同様に、太陽から光を受けている部分が輝いて見えます。そのため、B～E、G～Jの位置にあるとき、地球から見た金星はそれぞれ枠内のような見え方になります。

図 3-21-7

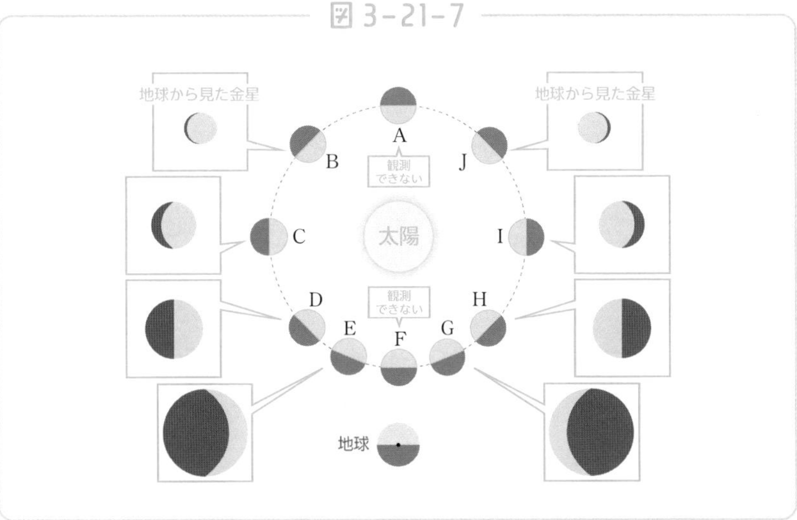

地球から見た金星
A
B
J
観測できない
太陽
C
I
D
H
E
F
G
地球

図のDとHの位置にあるとき、地球からはちょうど半分が照らされて見えます。またAとFの位置にあるときは、地球からは見ることができませんでしたね。

図 3-21-8

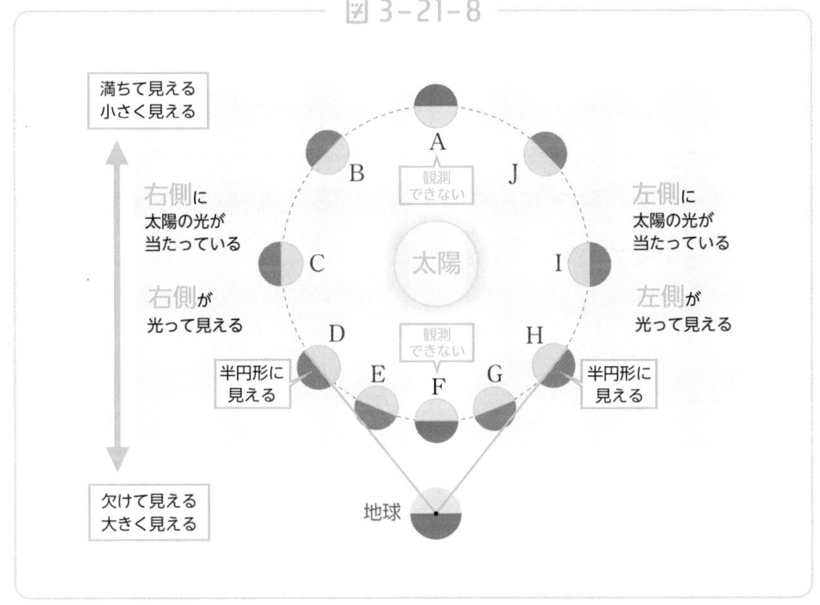

このように、**金星は月と同じように満ち欠けしている姿を見ることができます**（肉眼では満ち欠けを見るのは難しいのですが）。月と大きく異なるのは、金星は地球との距離が大きく変化することです。月は地球のまわりを公転しているため、地球との距離は他の惑星に比べてほとんど変化しませんでした。

金星は地球との距離が大きく変化するため、満ち欠けをすると同時に大きさが変化して見えます。図3-21-7から、地球に近い時のほうが、金星の全体の大きさが大きく見えることがわかりますね。

この発見をしたのはガリレオ・ガリレイです。彼は自作の望遠鏡で金星の観察を行ない、満ち欠けや大きさの変化を確認しました。当時は天動説という「地球を中心に天体が動いている」という考え方を信じる人が多かったのですが、ガリレイの発見は「太陽を中心に天体が動いている」という地動説を有力にする証拠となりました。

金星は昔から今現在に至るまで、私たちにさまざまなメッセージを与えてくれる天体です。夕方に金星が見える時期は、ぜひ一番星を探してみてください。

物　理

1年

光の不思議 ~ものが見えるしくみとは?~

―― 光と物体の見え方

今回からは「光」について学習をしていきます。ヒトが五感から得る情報のうち、視覚が占める割合はかなり大きく、私たちの生活と光は、切っても切れない関係となっています。今回は私たちが感じとる光について、詳しく解説をしていきます。

そもそも光とは何なのでしょうか。光とは電磁波の一種です。電磁波には電波・赤外線・可視光線・紫外線・X線などがあります。

図 4-1-1

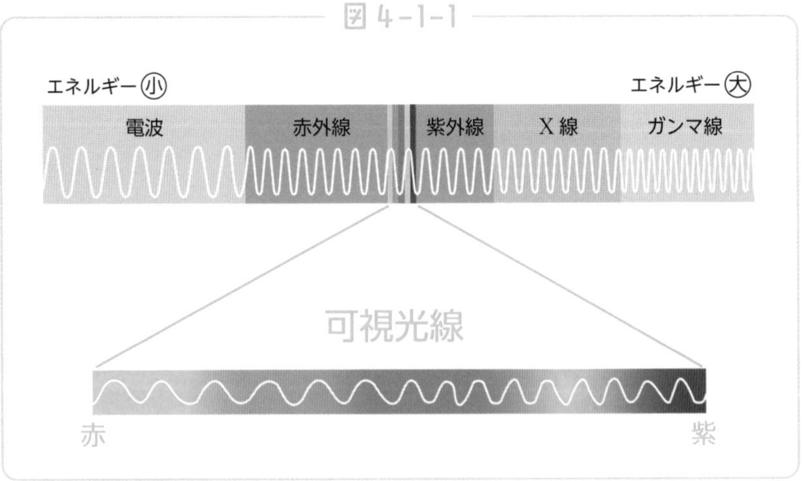

これら電磁波は、波長(山と山の間の距離のこと)の違いによりそ

れぞれ区別されます。図の右側ほど波長が短く、エネルギーが大きくなります。

そして、電磁波の中で人間が目で感知できる領域を**可視光線**といいます。人間が感知できる、最も波長が長い(エネルギーが小さい)電磁波は赤色です。赤色より波長が長くなってしまうと、人間には感知できなくなってしまいます。これを赤外線といいます。名前の通り、**赤色の外側の線**ということですね。

反対に、人間が感知できる最も波長が短い(エネルギーが大きい)電磁波は紫色です。紫色より波長が短くなってしまうと、この場合も人間には感知できません。これを紫外線といいます。紫外線はエネルギーが大きいため、浴びすぎには注意が必要になります。このように光とは、電磁波の中で人間が感知できる領域を指すのです。

続いては、私たちが光を感知するしくみを整理していきましょう。

光の感知のしかた(見え方)には 2 種類があります。①光源が出した光が直接目に入り感知する、②光源が出した光が物体に当たってはね返り、その光を感知する、の 2 種類です。

まずは①光源が出した光を直接感知する場合を考えてみましょう。**光源**とはみずから光を出す物体のことです。太陽・電球・テレビ・スマホなどが代表的例です。光源が出した光を感知する場合、見た物体が直接光を出しているので、真っ暗な状態でも見ることができます。真夜中の暗い部屋の中でも、スマホは見ることができますね。

光源の中でもテレビやスマホは、赤・緑・青の3種類の光を発します。これら3種の光が合わさると人間は白色として認識し（図4-1-3）、これら3種の光の強弱でさまざまな色を表現するのです。

図4-1-2 ● 直接感知

太陽の光も白色に見えますね（厳密には大気の影響で色に違いが出ます）。太陽の光は、赤から青までさまざまな色の光が混ざっているため、白色に見えるのです。

図4-1-3

光の三原色

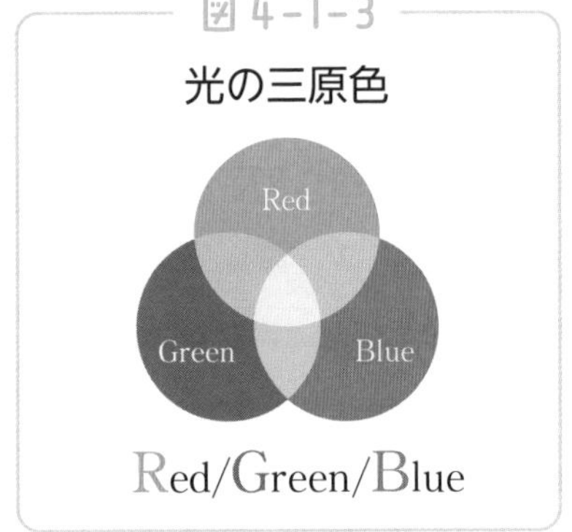

このことを確認するために、太陽光をプリズムという装置で分解してみましょう。すると「虹の7色」と表現できるほど、たくさんの色を観察することができます（図4-1-4）。

このように多くの色が混ざりあっているため太陽は白く見えるのです。

図 4-1-4

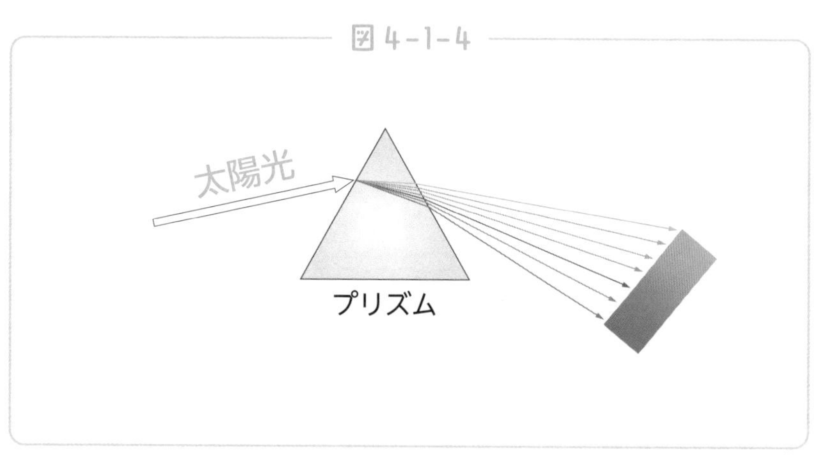

テレビやスマホの場合も、太陽の場合も、すべての色が重なると白色に見えることをポイントとして覚えておきましょう。次は②光源が出した光が物体に当たってはね返り、目に届いた光を感知する、について考えてみましょう。

図 4-1-5 ● 反射した光を感知

②は物体そのものが光らずに、他の光を反射して見ることができる場合です。この場合、物体は真っ暗な状態では見ることができません。他の物体が出す光を反射しないと見ることができないためです。写真や本、リンゴなどが代表例です。

夜に白色の蛍光灯をつけると、部屋はさまざまな色に彩られます。冷静に考えてみると、白色の蛍光灯ひとつで、部屋がさまざまな色に彩られるのは不思議ですよね。ですが先ほど確認したように、白色にはさまざまな色が含まれているため、このような現象が起こるのです。

物体はそれぞれ、何色の光を吸収し、何色の光を反射するかが決まっています。例えばリンゴは、蛍光灯に含まれるさまざまな色のうち、赤色以外を吸収し、赤色のみを反射します。そのため、私たちはリンゴを赤色と認識するのです。

図 4-1-6

このように、物体に色がついているわけではなく、**物体に当たる光の中に色が含まれている**、ということが大切なポイントです。白色の光にはさまざまな色が含まれているため、その物体が何色を反射するかによって部屋は色鮮やかになるのです。

ここで質問です。暗闇でリンゴに緑色の光だけを当てると、何色に見えるでしょうか。答えは黒色です。リンゴは赤色以外の色は反射しないため、緑色の光を当てても吸収されてしまうからです。そのため、黒色に見えるのです。

これが、人が光を感知するしくみです。光とは電磁波の一種で、人が感知できるものであること。光の見え方には、①光源が出した光を直接感知する、②光源が出した光が物体に当たってはね返り、目に届いた光を感知する、の 2 種類があること。白色の光にはさまざまな色の光が含まれていること。など新たな発見があったと思います。

ぜひ、これらの原理を理解した上で、部屋や外を見回して見てください。さまざまな発見がありますよ。

光の屈折 ～ものが曲がって見える理由～

—— 光の屈折

光の見え方に続き、今回は光の屈折について解説をしていきます。身近に見られる不思議な現象のしくみを考えていきましょう。

光は基本的に、まっすぐに進むという性質をもっています。これを**光の直進**といいます。

図4-2-1● 光の直進

しかし同時に、**光は異なる物質の間**を進むとき、その境界で折れ曲がるという性質ももっています。これが**光の屈折**です。

図4-2-2を見てください。これが光の屈折です。光の屈折が起こる身近な現象としては、光が空気中から水中(またはガラス中)に

進むときが挙げられます。このとき光が空気中と水中の**境界で屈折**していることに注目してください。

図 4-2-2 ● 光の屈折

空気と水の境界の面に垂直な線
入射角
入射光
空気中
水中
（ガラス中）
屈折光
屈折角

水中に向かって入る光を**入射光**、屈折した後の光を**屈折光**といいます。また、入射光と境界の面に垂直な線の間の角度を**入射角**、屈折光と境界の面に垂直な線の間の角度を**屈折角**といいます。

光の屈折を利用した、簡単にできる面白い実験を紹介します。おわんに入れた硬貨が、水を入れると浮かび上がって見えるというものです（動画参照）。

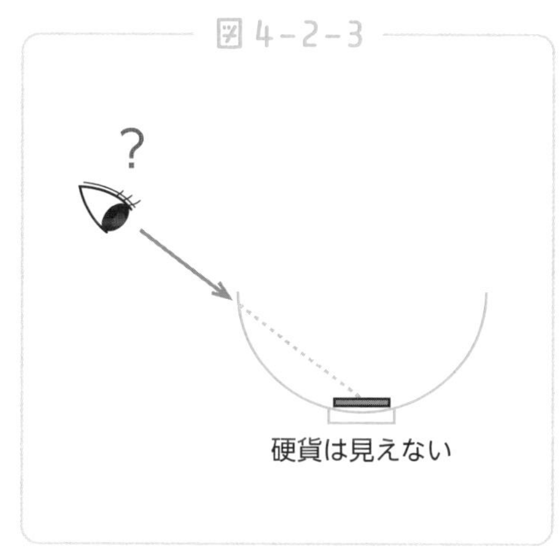

なぜこのようなことが起きるのでしょうか。この現象には光の屈折が関係しています。

水が入っていない状態では右の図のように、おわんのふちが邪魔になり硬貨を認識することができません。

しかし水を入れることにより、光の屈折が起き、硬貨の光が人の目に届くようになります。

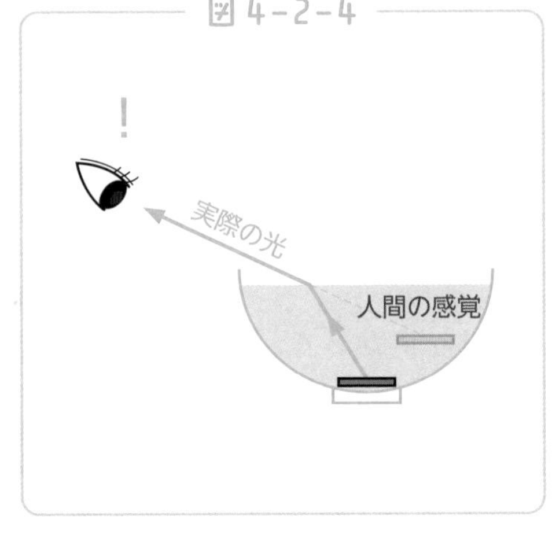

このとき**人間の感覚としては、光が直進するものととらえてしまう**ため、硬貨が浮き上がっているように感じるのです（もちろん実際には浮き上がっていません）。

このような現象は、コップに入ったストローが折れ曲がって見えるようすや、お風呂に入ったときに手の指が短く見えることなどでも確認することができます。

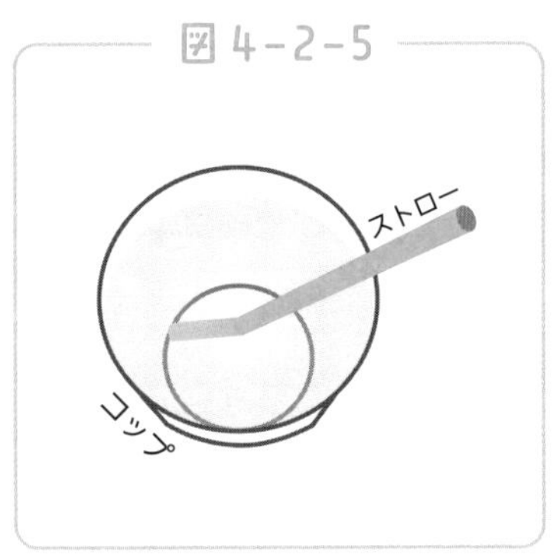

このように、光の屈折はさまざまなところで観察することができます。光の屈折に出会った際は、どのような原因で光が曲がって見えるか、ぜひ考えてみてください。

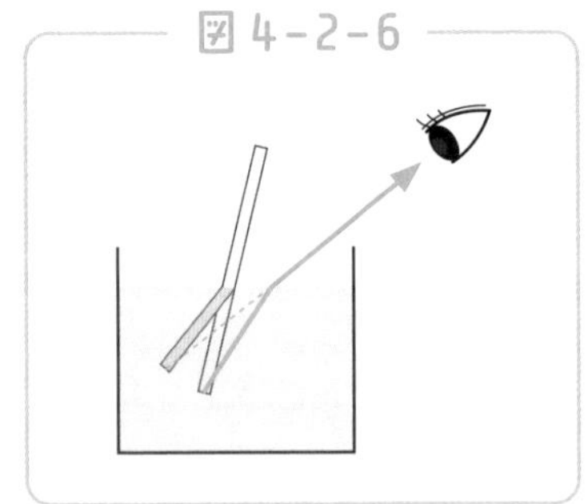

1年

花火の音はなぜ遅れて聞こえるのか

―― 光と音の速さの違い

夜空に輝く花火に目を奪われた経験は、誰にでもあるでしょう。花火を見ているとき、光ってから数秒後に音が「ドンッ」と聞こえた経験をしたことがありませんか？

なぜこのようなことが起きるのでしょうか。今回は光と音が織りなす不思議について解説をしていきます。

図 4-3-1

花火の光と音がずれて観測できる理由は、これら２つの**進むスピードが異なる**からです。

光の速さは約**30万km/s**です。「s」は「１秒」を表しますので、光は１秒間で約30万km進む、とてつもない速さということがわかります。地球１周は約４万kmなので、光は１秒で地球を７周半できる速さです。

光は電磁波の一種で、最も速いスピードで移動します。あらゆるものは、光より速く移動することはできないのです。光に近いスピードを出そうとすると、質量が増していってしまうためです。このあたりは中学の範囲を越えるため詳しく解説しませんが、興味がある方は調べてみてください。

一方音は空気中を約**340m/s**で進みます。時速で考えると約1200km/hで、この速さをマッハ1と呼ぶこともあります。1秒で約340m進む速さなので、私たちからすると非常に速いスピードといえますね。

しかし音の速さを光の速さと比較すると、音のほうが圧倒的に遅いといわざるを得ません。この速さの差が花火での光と音のずれにつながるのです。

例として花火を1020m離れた場所から見る場合を考えてみましょう。このとき花火から出た光は一瞬で観測者のもとへ届くと考えてよいでしょう。

図4-3-2

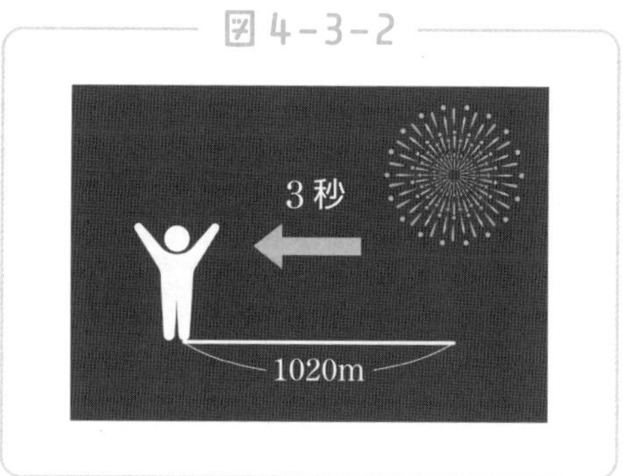

ですが花火が爆発した音は、約340m/sで進むため、観測者のもとにたどり着くには約3秒の時間がかかります。これが、花火を見たときに音が遅れて聞こえる理由です。

同様の現象は雷が落ちたときにも起こります。稲妻が光ってから、

10秒後に「バリバリ」という音が聞こえたとしましょう。音は10秒で約3400m進むので、雷が落ちた場所はおよそ3.4km先ということがわかります。

このように、光と音の速度の差により起こる現象は身近にたくさんあるものです。ちなみに音の速さが約340m/sというのは、あくまでも空気中を伝わるスピードです。水中であれば音は約1500m/sと、空気中の何倍もの速さで伝わります。クジラは500km（東京～大阪間くらい）離れた場所で会話することもあるといわれています。

光や音に関する不思議は、身近にあるさまざまな場所で見つけることができます。もし気になることがあった場合は、図書館やインターネットで調べてみましょう。今まで気づかなかった発見があるはずです。

1年

力の3つのはたらきと力の矢印

―― 力のはたらき

今回からは「力」について解説をしていきます。物体にどのような力がはたらいているかをイメージできるようになると、身の回りにあるひとつひとつの物体の見え方が変わってきます。力とは何かを学習し、日常に潜む新たな面白さを探してみましょう。

「力」とはどのようなものでしょうか。力には3つのはたらきがあります。「①物体の形を変える」「②物体の動きを変える」「③物体を支える」の3つです。

「①物体の形を変える」には「折る・曲げる・破る・割る」などがあります。「②物体の動きを変える」としては、止まっている物体を動かしたり、動いている物体を止めたりすることが挙げられます。他にも物体を加速・減速させる場合や、物体の動く向きを変えることなども含まれます。

少しわかりにくいものが、「③物体を支える」になります。中学校の授業で力のはたらきを考えるとき、このはたらきが最も生徒たちにはイメージがしにくいようです。

右の図を見てください。手で物体を支えています。このとき手は物体に力を加えているでしょうか。答えは「加えている」となります。物体を支えるというのは、力のはたらきに該当するのです。もしも手が無いと仮定すると、物体は下へと落ちていきます。手が物体に力を加えていることで、物体は落下しないのです。

図 4-4-1

さて、力は目で見ることができないためイメージをつかむことが難しいですね。もしも**力を可視化**できれば、とても学習がしやすくなります。そのために考えられたのが力の矢印です。

力の矢印は、力が加わる場所(作用点)を点で表し、力の向きと大きさを矢印で表すものです。矢印が長いほど、大きな力が加わっていることになります。

図 4-4-2 ● 力の矢印

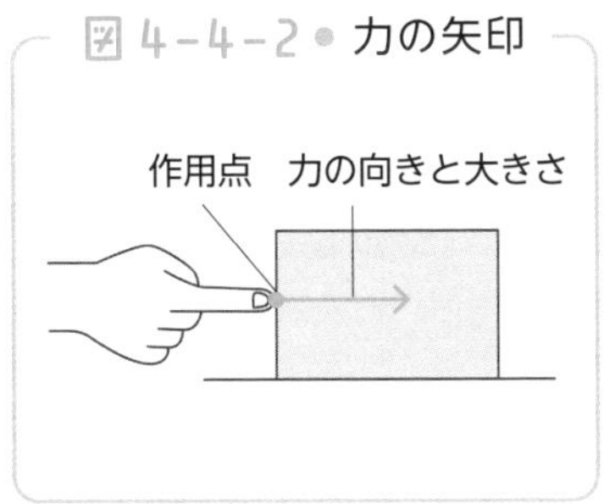

これにより、物体にどのような力が加わっているかを直感的につかめるようになります。

力の矢印の表し方は、**大きく分けて 2 種類**あります。「重力」と「重力以外」の表し方です。

重力を力の矢印で表す場合は、**作用点を物体の中心に**書きます。また、重力は必ず下向きにはたらくので、矢印は下向きに引きます。例えば、机に置かれた直方体の物体にはたらく重力は右の図のようになるわけです。

図 4-4-3

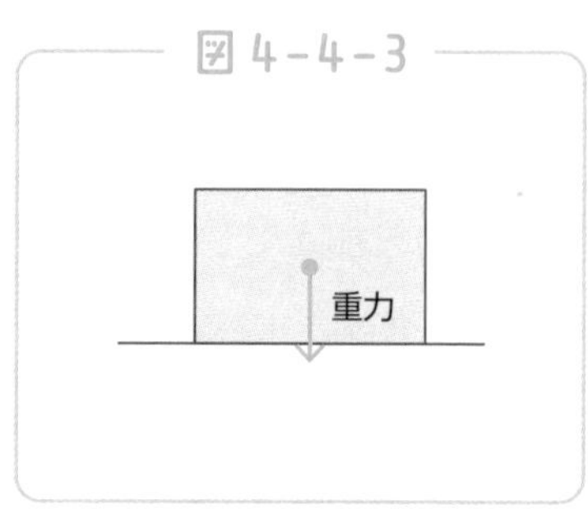

力の大きさは「N（ニュートン）」という単位で表します。中学理科では、**100gの物体にはたらく重力を1N**として考えます（高校で物理を選択した方はよくご存知かと思いますが、厳密には100gの物体を持ち上げる力の大きさは約0.98Nです）。

ちなみに、中学校の試験では、「矢印の長さは1Nにつき○cmで書きなさい」などの指定があるのですが、この本ではそのあたりの細かい部分は割愛させていただきます。

続いて、**重力以外の力の矢印の書き方**を考えてみましょう。重力以外の力の例としては「押す力」「引く力」「支える力」などがあります。

重力以外の力の矢印を書く際は、**力を加える側と、力を加えられる側が接する場所に作用点**を打ちます。後は力の向きに矢印を書くだけです。

例として、指でひもを引く力の矢印の書き方を考えてみましょう。この場合は指とひもが接する点に作用点を打ち、そこから左側に矢印を引くのが正解になります（図4-4-4）。

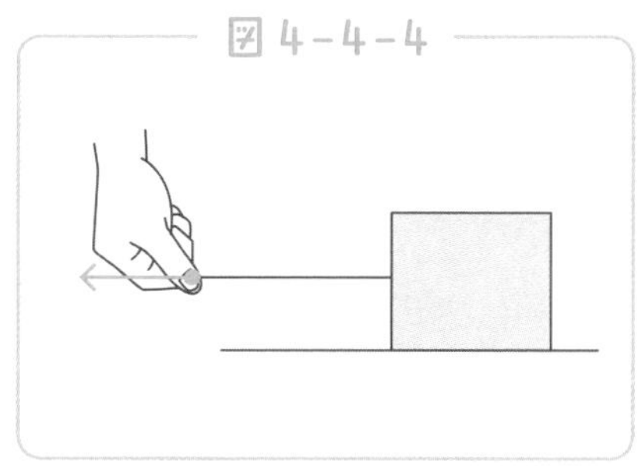
図 4-4-4

似た問題になりますが、この図のようにひもが物体を引く力を矢印で書く場合は、作用点は物体とひもが接する点に打ち、そこから左側に矢印を引くのが正解になります。何が何を押す（または引く）のかを問題文から読み取れば、簡単に解けるようになります。

最後に「机に置かれた物体を机が支える力」の矢印を書いてみましょう。答えは下の図のようになります。物体と机が接するところに作用点を書き、机は物体が落ちないように支えているため、上向きの矢印になります。

面白いのは、机は**必ず物体の重さと同じ力で押し返す**ところです。物体にかかる重力が3N（つまり物体の質量が300g）なら机も3Nで押し返し、重力が5N（質量が500g）なら机も5Nで押し返すという具合です。まるで机が生きているようですね。

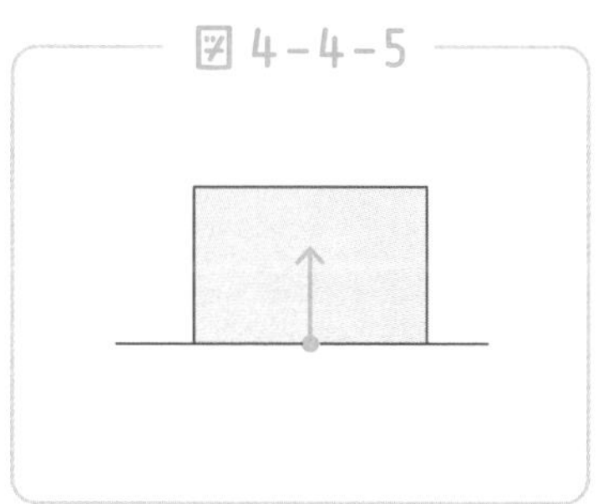
図 4-4-5

もしも物体にかかる重力が、机が物体を支える力より大きいのであれば、物体は机にめりこんでしまいます。反対に、机が物体を支える力が物体にかかる重力よりも大きいのであれば、物体は持ち上がってしまいます。これら2つの力がつり合っているからこそ、物体は静止していられるのです。

今回は力の3つのはたらきと、力の矢印の書き方について解説しました。私たちの行動ひとつひとつに、力は密接に関係しています。力を学習すると、身の回りの物体が静止しているだけでも不思議に感じてしまいます。

みなさんも身近にある力のはたらきをぜひ観察してみてください。

1年・3年

力と圧力の違いとは？日常生活に応用される力

―― 力と圧力の違い

今回は「力と圧力の違い」について解説をしていきます。力のはたらきは前回学習しましたが、力と似た言葉に**圧力**というものがあります。力と圧力。これらの言葉の違いは紛らわしく、違いが正確にわからない方や、同じ意味でとらえてしまっている方も多いでしょう。今回は力と圧力の違いを解説していきます。

図 4-5-1

力と圧力の違いを理解するには、次のようなケースを考えるとよいでしょう。まずは右の図のようにシャーペンを用意し、シャーペンのフタのほう（芯とは反対側）でほほを突いてみる場合を想像してください。

この場合、相当な強さで突かない限り、痛みはほとんどないでしょう。

次は**同じ力**で、シャーペンの芯があるほうでほほを突いてみる場合を考えてみましょう。この場合はフタのときと**同じ強さで突いたとしても、痛みがはるかに強い**ことはイメージできますね。

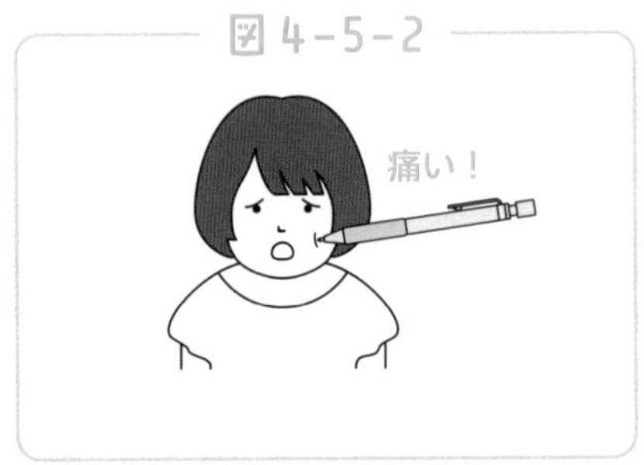

同じ力で突いたとして、フタ側と芯のほうではなぜこんなに痛みが違うのでしょうか。ここに関係してくるのが圧力です。

圧力とは触れている部分の**面積が小さいほど大きくなる力**のことです。先ほどのシャーペンの例で考えると、フタで突くときは触れる部分の面積が大きく、芯で突くときは触れる面積が小さいですね。つまり触れる面積が小さいほど圧力が大きくなることがわかります。

この力と圧力の関係は日常のあらゆるところで見ることができます。

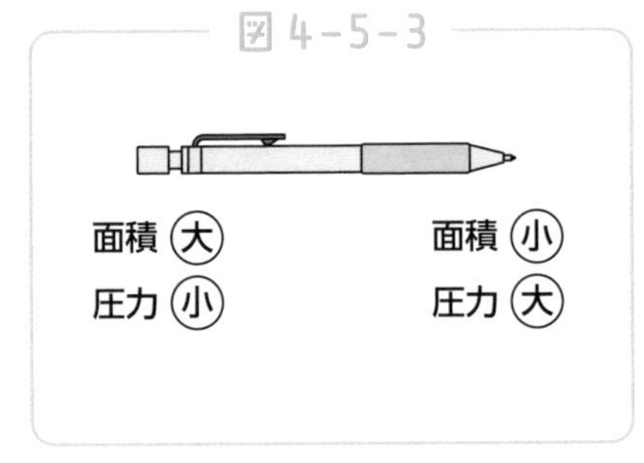

シャーペンと似た例では画鋲（がびょう）があります。これは圧力の違いを利用した代表的な道具ですね。スキーやスノーボードの板も圧力を上手に活用しています。雪と接する面積を増やすことで圧力を減らし、雪に足が沈まないようにしているのです。

「圧力とは接する面積が小さいほど大きくなる力」ということを

理解していただけたでしょうか。この圧力をより正確に表現すると「$1\,m^2$あたりに垂直にはたらく力」となります。圧力の求め方を式にすると次のようになります。

圧力の単位は「Pa」と書き「パスカル」と読みます。

$$\text{圧力 (Pa)（または N/m}^2\text{)} = \frac{\text{面に垂直にはたらく力 (N)}}{\text{力がはたらく面積 (m}^2\text{)}}$$

最後に例として右の図の物体が面を押す圧力を求めてみましょう。面にはたらく力が16,000N、面積が$16m^2$となるので、圧力は1000Paとなります。

図 4-5-4

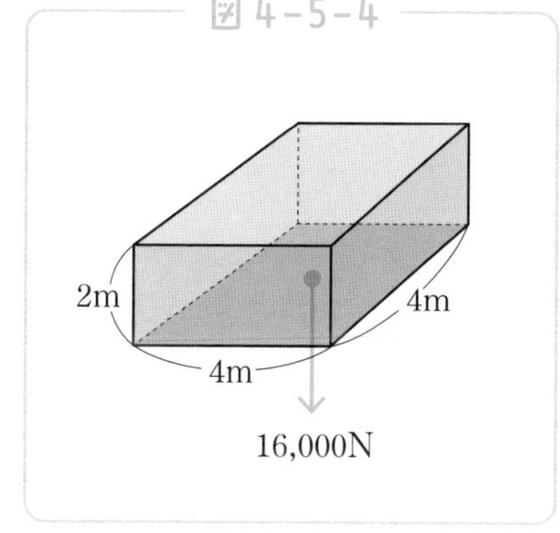

これが圧力の求め方になります。力と圧力の違いは少し紛らわしいですが、理解するとさらに日常の見え方が変わる面白いものです。

満員電車では、ハイヒールの女性に足を踏まれないよう、十分に気をつけてくださいね。

1年・3年

水圧と浮力 ～それぞれの意味を正確に理解する～

―― 水圧と浮力の違い

前回は力と圧力について見てきました。しかし中学理科で学ぶ力には、他にも紛らわしい用語があります。それが「水圧」と「浮力」です。これらは**全く異なる意味**をもつ言葉ですが、どちらも水に深く関係した言葉であるため、違いがわかりにくくなっています。今回は水圧と浮力、その違いを解説していきます。

水圧とは水の重さによる圧力のことです。p.205で気圧について解説をしました。気圧とは大気の重さによる圧力のことでした。水圧は気圧の水バージョンと考えるとよいでしょう。

水圧を理解するためのポイントは2つあります。1つは「水圧はあらゆる方向にはたらく」ということ。もう1つは「水圧は深いほど大きくなる」ということです。

「水圧はあらゆる方向にはたらく」。これを確かめるために簡単な実験をしてみましょう。手にビニール袋をかぶせ、水の中に入れてみましょう。すると水圧によりビニール袋が手にピッタリとはりつきます。このことから水圧はあらゆる方向にはたらいていることがわかりますね。

図 4-6-1

水圧を理解するためのポイント2つ目。それは「水圧は深いほど大きくなる」ということです。気圧のときも、標高が高くなるほど上空の空気の量が減るため、気圧が小さくなりましたね。

水圧もこれと全く同じ原理です。深くなるほど物体の上にある水の量が多くなり、水圧は大きくなります。

この2つの水圧の特徴を**水圧実験器**という器具を利用して確かめてみましょう。水圧実験器は2つの面がゴム膜でできた器具です。水中に沈めるとゴム膜がへこみ、そのようすから水圧の大きさがわかります。

図 4-6-2 ● 水圧実験器

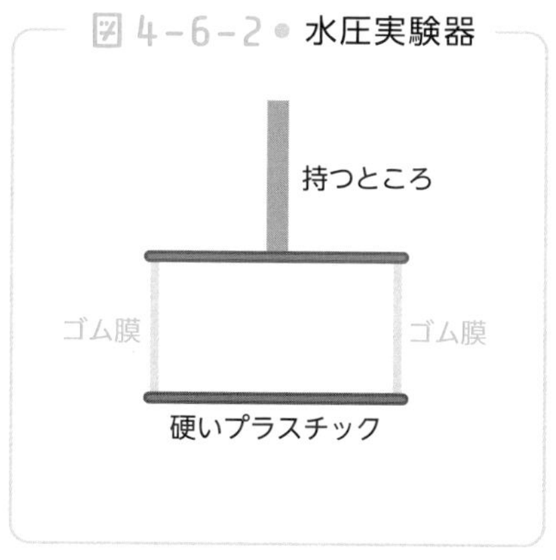

まずはゴム膜を横にして水圧実験器を「浅い位置」「深い位置」に沈めてみましょう。

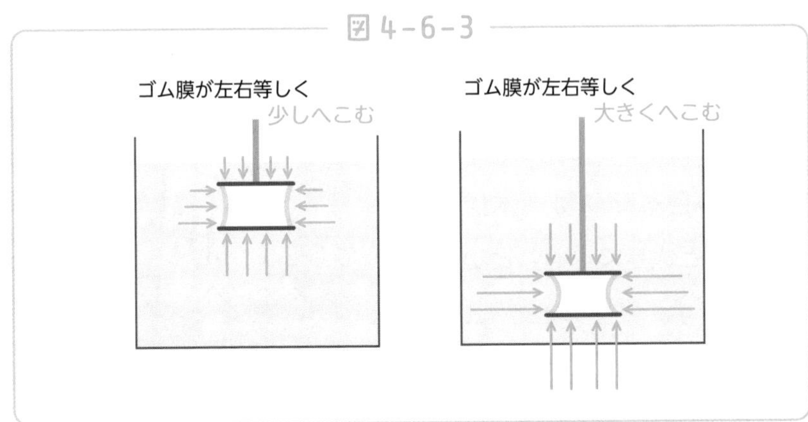

すると深い位置に沈めたほうが、ゴム膜が大きくへこみます。水圧は深い位置ほど大きくなることが確認できます。

続いて器具を縦にして沈めてみましょう。

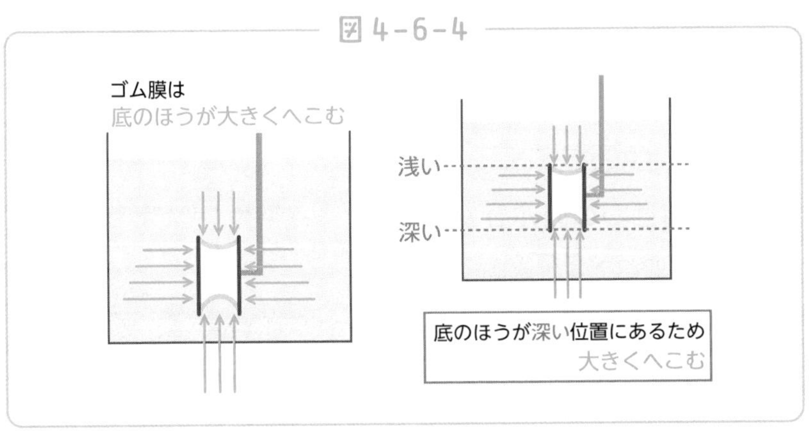

この場合は器具の下側が大きくへこみます。これは**下側のほうが上側よりも深い位置にある**ためです。

これらの実験から「水圧はあらゆる方向にはたらく」「水圧は深いほど大きくなる」という 2 つのポイントが確かめられますね。

しっかりと確認しておきましょう。

次は**浮力**について考えてみましょう。浮力のポイントは2つあります。1つは「浮力は上向きにはたらく」こと。もう1つは「浮力は水中にある物体の体積が大きいほど大きくなる」ことです。

浮力は「浮く力」という字の通り、上向きにはたらきます。これは、あらゆる向きにはたらく水圧とは異なります。なぜ浮力は上向きにはたらくのでしょうか。

右の図を見てください。これは水圧の図ですが、水圧は浮力と大きく関係しています。まず左右の水圧に注目してみましょう。

図 4-6-5

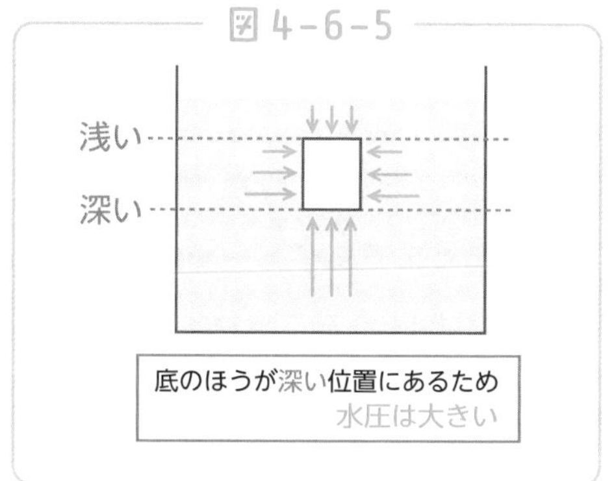

左右の水圧は深さが同じであるため、等しい力がはたらきます。物体にかかる水圧を考えたとき、左右の水圧は等しいため、プラスマイナス0と考えることができます。

一方で上下の水圧を比べるとどうでしょうか。**下向きにはたらく水圧よりも、上向きにはたらく水圧のほうが大きくなります**。これは、物体の下の面のほうが深い位置にあるためです。水圧は深い位置にあるほうが大きいのでしたね。

つまり**上下の水圧を合わせる**と、下から上向に力がはたらくことになります。これが浮力となるのです。浮力が必ず上向きにはたらくのにはこのような理由があったのです。

図 4-6-6

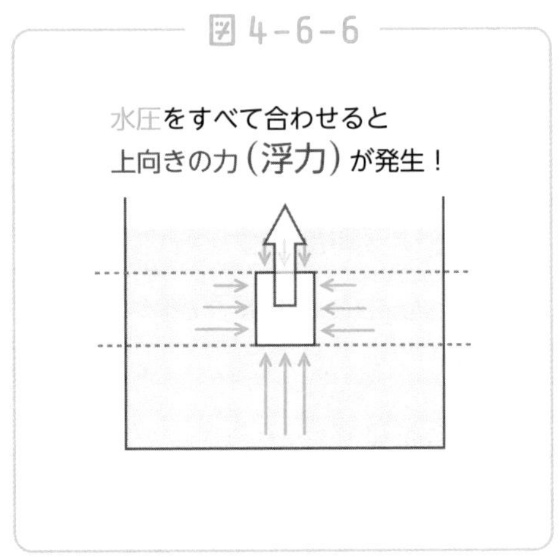

よくある勘違いは、浮力は深いほど大きくなる、というものです。浮力は水圧とは異なり、深くなっても大きくなりません。

図4-6-7を見てください。あくまでもイメージになりますが、どの位置でも水圧の差は200Paであり、その差である浮力は変わりませんね。

図 4-6-7

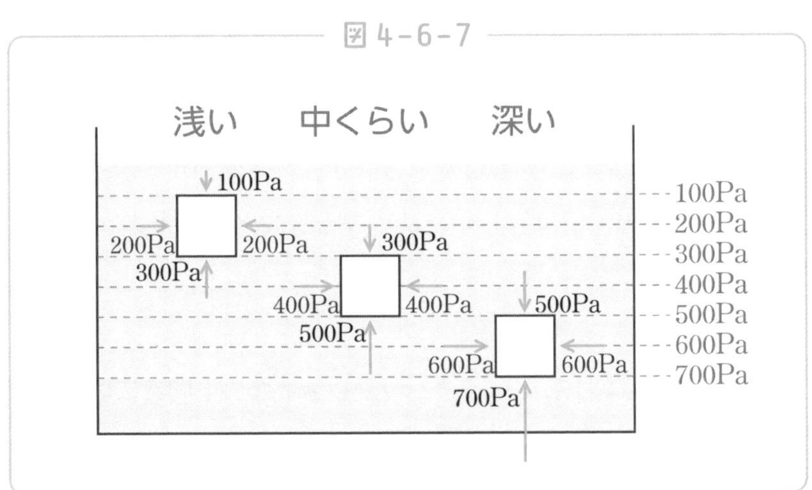

さて、浮力のもう１つのポイント「浮力の大きさは水中にある物体の体積が大きいほど大きくなる」についても考えてみましょう。

浮力は何によって変化するのでしょうか。それは**水中にある物体の体積**で決まります。

図4−6−8を見てみましょう。水中に沈んでいる体積の分だけ浮力が大きくなっていることがわかります。そして、物体が沈み切ると、それ以上深くなっても浮力は変化しません。

これが水圧と浮力の違いです。似た言葉ですが、性質は大きく異なりますので、この機会に違いを理解し、正しく使い分けてください。

図4−6−8

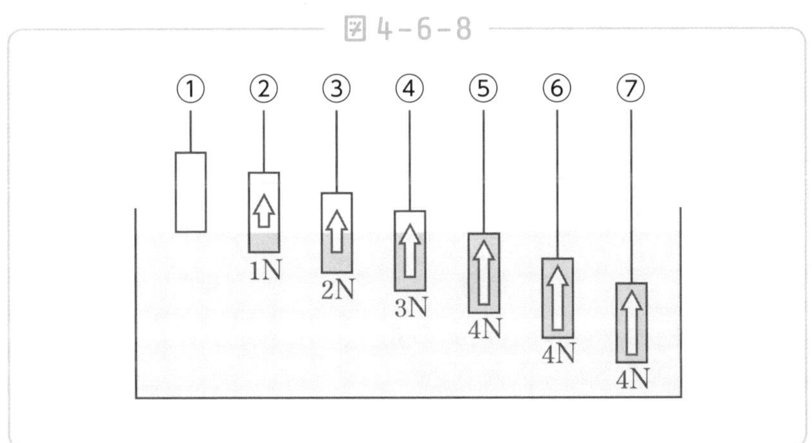

1年

重さの単位は「kg」ではない？

―― 質量と重さの違い

この単元では質量と重さの違いについて解説をしていきます。質量と重さ、この2つの言葉の違いは非常にややこしく、誤用も多いので、この機会にそれぞれの言葉の意味をしっかりと整理しましょう。

質量と重さの違いをまとめると、以下の表のようになります。

図4-7-1

	質量	重さ
意味	物体そのものの量	物体にかかる重力
単位	(g)(kg)	(N)
特徴	場所によって変化しない	場所によって変化する

表だけではイメージがつかみにくいと思います。今回は①地球、②月、③宇宙、という3つの場所を例に挙げながら考えていきます(図4-7-2と図4-7-3)。

図 4-7-2 ● 質量

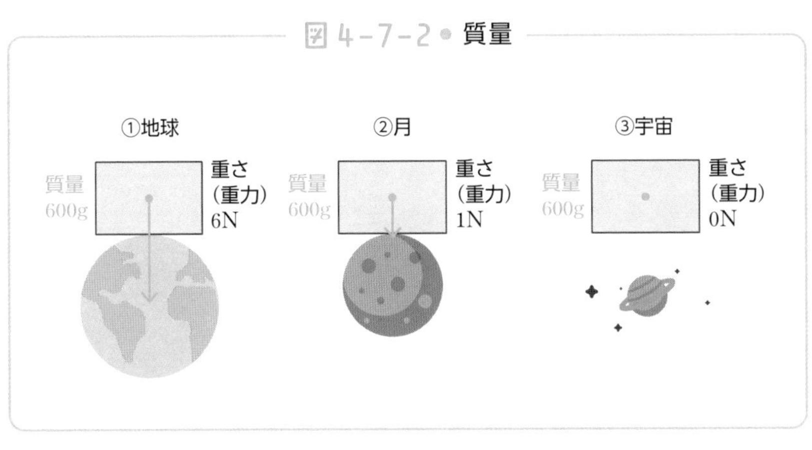

質量とは「物体そのものの量」のことで、単位は(g)(kg)で表します。質量600gの物体は、**地球でも宇宙でも変わらず質量600g**です。宇宙に行っても物体そのものが消えるわけではないからです。

宇宙は無重力(厳密には宇宙空間での宇宙船内部が無重力状態)のため、どんな質量の物体もフワフワと浮かんでいます。しかし宇宙でも、質量10kgの物体は 1 kgの物体よりもはるかに動かしにくいのです。このように、無重力であっても、物体そのものの量はしっかりと存在しているのです。これが質量です。

一方重さとは「物体にかかる重力」のことです。つまり、**重さとは力の大きさ**を表す言葉なのです。力を表す言葉ですので、重さの単位はもちろん(N)です。日常生活では「重さ○○g」という言葉が多用されますが、正確には重さの表現は○○ N となるのです。

次に質量600gの物体の重さ(600gの物体にかかる重力のこと)を①地球、②月、③宇宙、の 3 カ所でそれぞれ考えてみましょう。

図4-7-3●重さ

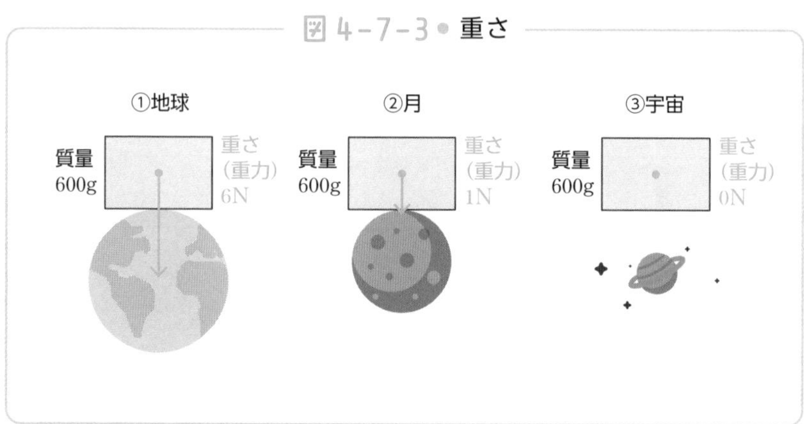

質量600gの物体の重さは地球上では6Nです。中学理科では、**100gの物体にかかる重力の大きさを1N**としているためですね。

では、この物体を月にもっていくと重さはどのくらいになるでしょうか。月の重力は地球のおよそ6分の1です。つまり重さは1Nになります。

宇宙空間の場合はどうでしょうか。宇宙は無重力ですから、どんな質量の物体も、重さは0Nになります。ですが先ほどお伝えしたように、質量は変化していないことは押さえておきましょう。

これが質量と重さの違いです。厳密には、このように使い分けるということを理解しておきましょう。

2年

直列回路と並列回路とは？見分けるポイントはただ1つ

―― 回路図の見方と考え方

ここからは中学理科・電気分野について解説をしていきます。電気分野は苦手にする中学生が非常に多いところです。しかし電気はイメージをつかむことができれば、簡単な足し算やかけ算のみでも理解することが可能です。

今回は誰もが一度は聞いたことがある「**直列回路**」と「**並列回路**」について解説をしていきます。

これら2つの回路の見分け方は、電気分野を理解する基本中の基本なのですが、曖昧な理解のまま進んでしまう中学生が非常に多いのです。**見分け方はとても簡単**なので、ここで一度しっかりと確認するようにしましょう。

図4-8-1

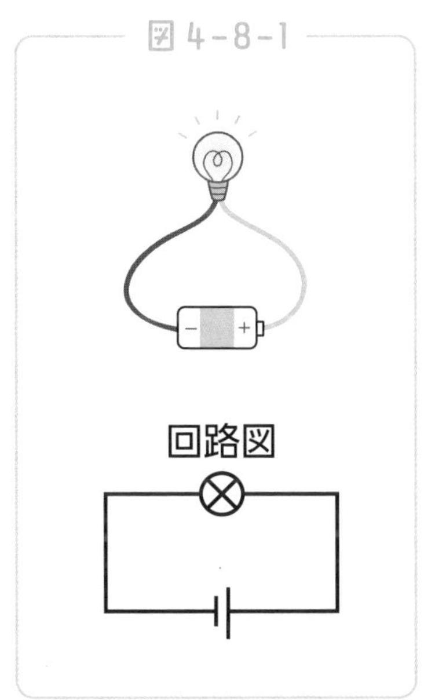

まずは「電気用図記号」の確認です。回路とは右の図のように、電流がひとまわりして流れる道筋

のことです。しかし、回路の絵を毎回描くのは大変なので「電気用図記号」を使い、回路図で表します。

以下の図が中学生で利用する「**電気用図記号**」です。回路図は、これらの記号を使って表します。

図 4-8-2

では、**直列回路と並列回路の違い**を考えていきましょう。直列回路とは「分かれ道がない回路」のことです。図4-8-3の回路図を見てください。

これらはすべて「直列回路」になります。回路によっては複数の電池や電球が接続されています。ですがポイントは「分かれ道があるかないか」です。すべての回路に**分かれ道がない**ことがわかると思います。これが直列回路です。

続いて並列回路を考えてみましょう。並列回路とは、「分かれ道がある回路」のことです。図4-8-4の回路図を見てください。

図 4-8-3 ● 直列回路

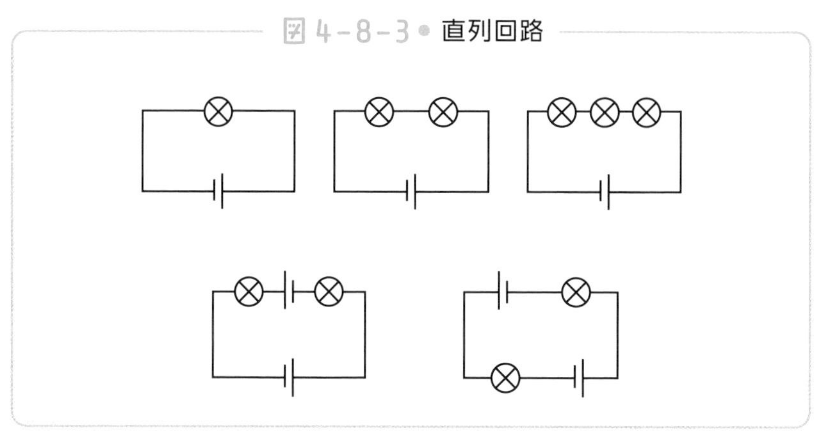

図 4-8-4 ● 並列回路

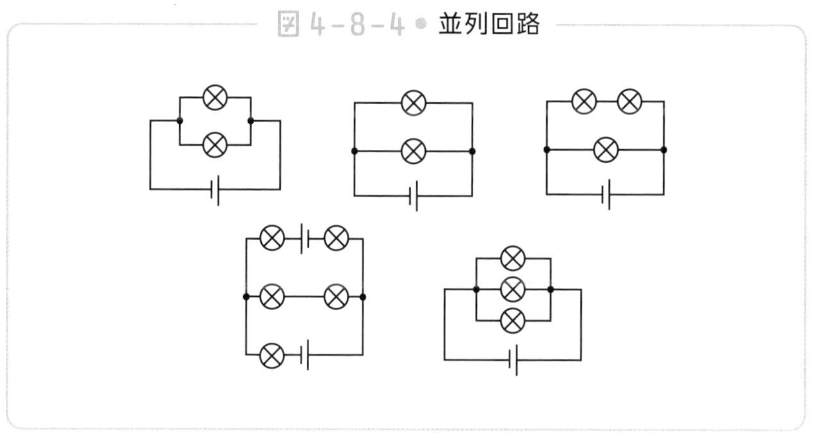

これらが並列回路です。すべて**分かれ道がある**回路になっていますね。電池や電球の数に惑わされずに、「分かれ道があるかないか」で見分けるようにしましょう。

図 4-8-5

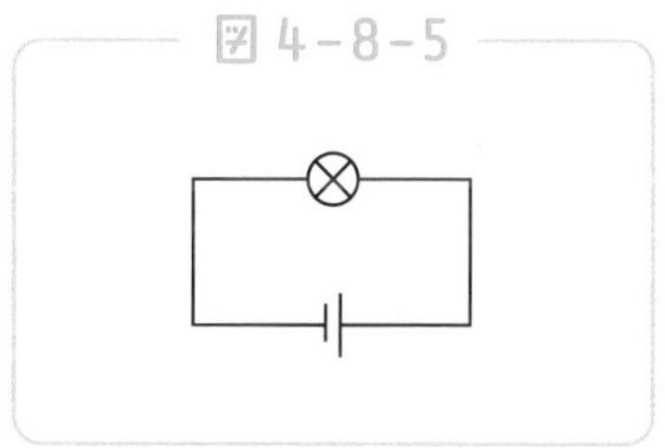

続いて「**直列つなぎ**」と「**並列つなぎ**」についても説明をします。直列つなぎとは分かれ道ができないようにつなぐこと。並列つ

なぎとは分かれ道ができるようにつなぐことです。例として、図4-8-5の回路に電球を直列つなぎ・並列つなぎで接続してみましょう。

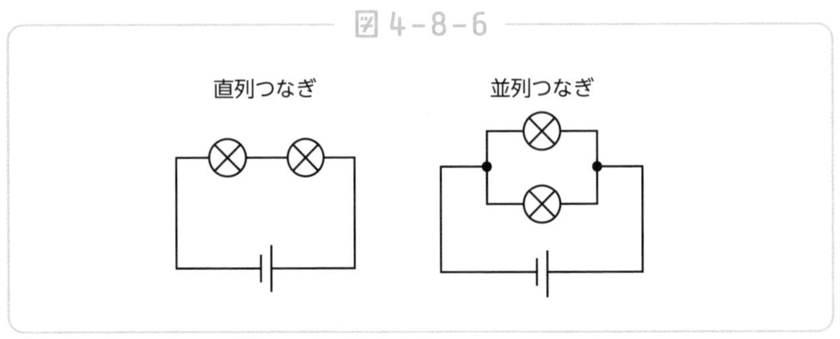

図4-8-6

このようになります。直列つなぎは分かれ道ができないように、並列つなぎは分かれ道ができるようにつながっています。並列つなぎは図4-8-7のようにつないでも構いません。理科の回路図としては、**図4-8-6の右図と図4-8-7は全く同じ回路**になります。中学理科の回路図では、導線の長さは回路図に一切影響を与えません。

つまり、図4-8-6の右図と図4-8-7を見比べると、どちらも電池が1つ、分かれ道が1つ、分かれ道の先には電球が1つずつとなります。よってこの2つは全く同じ回路になるのです。

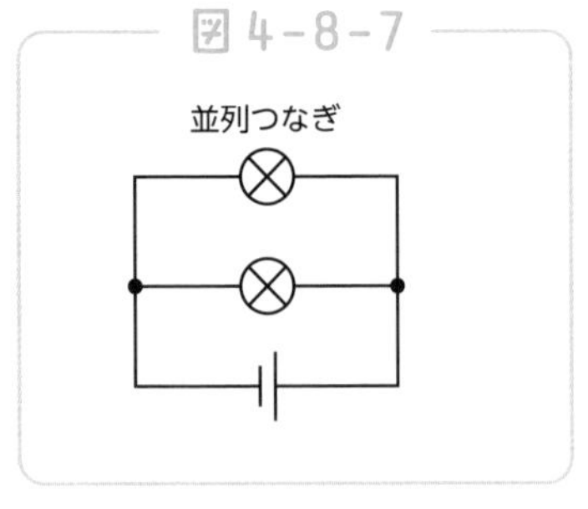

図4-8-7

つまり「直列つなぎ（並列つなぎ）」とはつなぎ方の名称。「直列回路（並列回路）」とはつないでつくられた回路の名称なのですね。

2年

電流とは何？ イメージをつかめば理解は簡単！

―― 電流とは何か

続いては**電流**について解説をしていきます。電気の分野では「電流」や「電圧」など、似た言葉が出てきます。これらの言葉の理解が曖昧だと、電気分野を理解することはできません。

今回解説をする電流の理解に大切なことは、回路内でどのようなことが起こっているのか、イメージをつかむことです。それができれば、簡単に理解することができるでしょう。

まず電流の**単位**について説明します。単位とは、**数字の後につけるもの**のことです。「10**年**」「10**円**」など、単位があるだけで数字のもつ意味を理解することができます。反対に、単位を間違えると意味が全く異なるものになってしまいます。単位は正確に覚えるようにしましょう。

電流の単位は「**A（アンペア）**」「**mA（ミリアンペア）**」を使用します。1A＝1000mAです。1m＝1000mmのように、**m（ミリ）は1000分の1という意味をもつ**のです。

では、電流とは何かを考えていきましょう。電流とはズバリ「回路を流れる電気」のことです。まずは下の図の回路図とイメージ図を見てください。

図4-9-1● 回路図

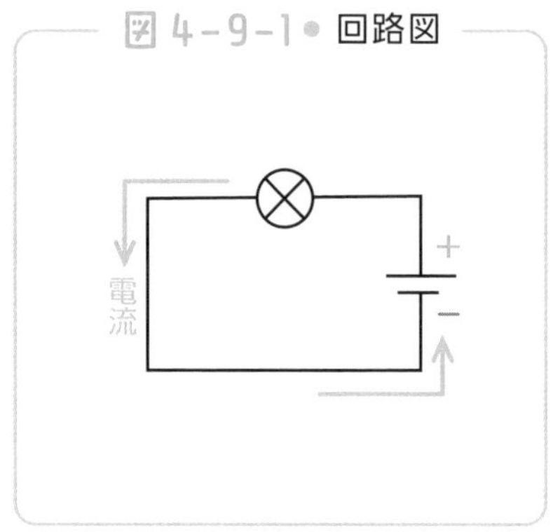

図4-9-2● イメージ図

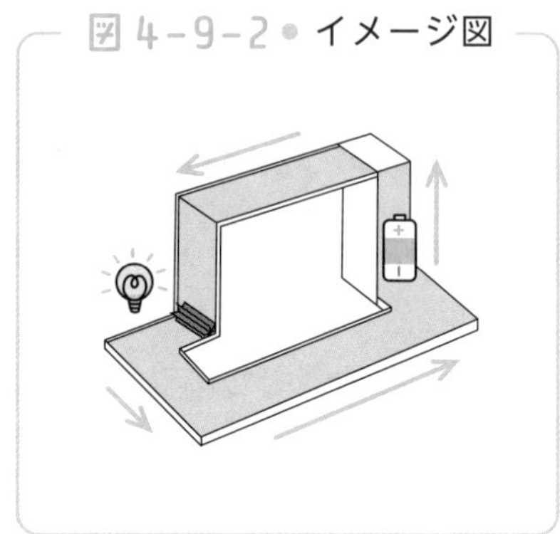

図4-9-2が回路をイメージ化した図になります。今回は電流の説明なので、押さえてほしいポイントは1つだけです。それは「イメージ図で流れている水のようなものが電流である」ということです。電流とは水の流れのように、**回路をグルグルと回っているもの**というイメージをもつことが大切なのです。

右の図を見てください。①に3Aの電流が流れているとします。②に流れる電流はどのくらいでしょうか。

図4-9-3

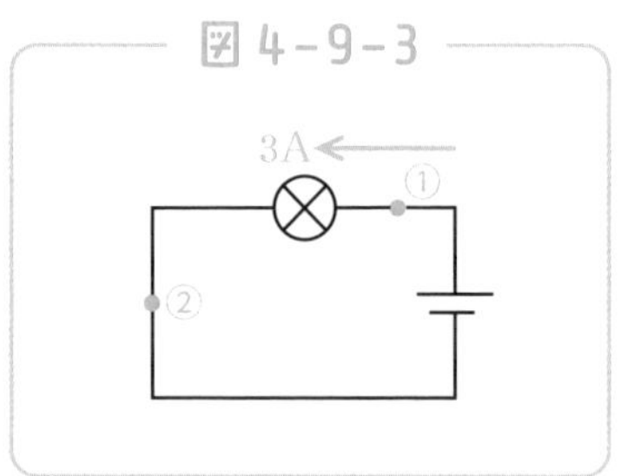

答えは3Aになります。図4-9-4を見てください。これは図4-9-3のイメージ図ですが、①で流れている水の量が、②でも全く変化していないことを確認してください。**1本道を流れる電流の量は変化しない**のですね。

つまり図4−9−3に流れる電流は、すべての部分で3Aなのです。よくある間違いが、「電球を通ったら電流は減るはずだ」という考え方です。**電球を何度通っても、電流は変化しません**。直列回路では、流れる電流の量はすべて同じなのです。電球が2個の直列回路も、確認してみましょう。

図 4−9−4

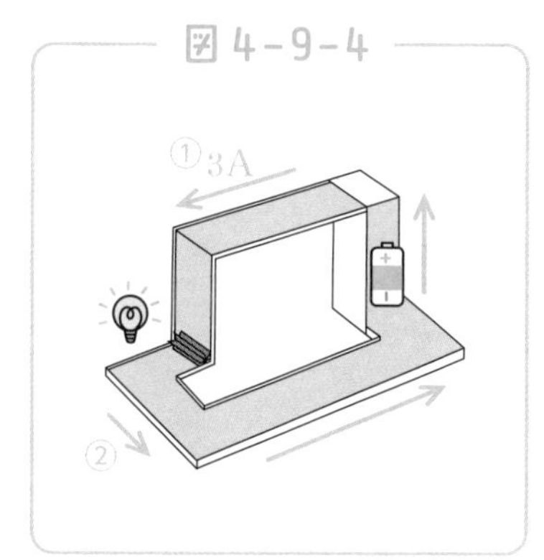

図 4−9−5

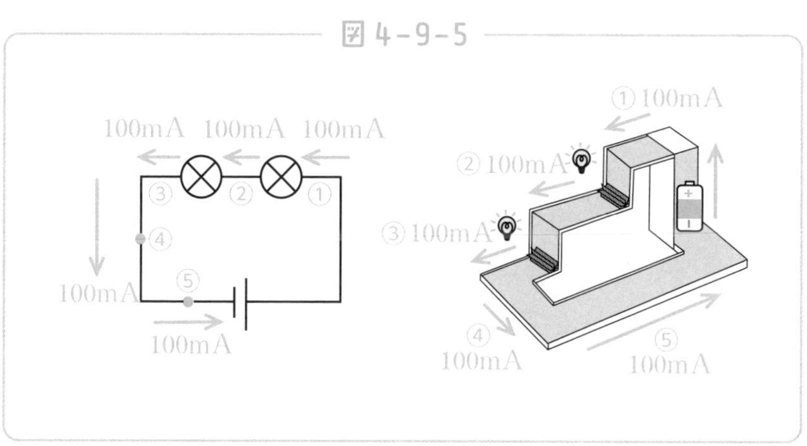

図4−9−5の①を流れる電流が100mAだとしたら、すべての場所で100mAとなるのです。1本道の川を流れる水の量は、どこも同じだからですね。

直列回路に流れる電流を式にすると次のようになります。

図 4-9-6 ● 直列回路に流れる電流

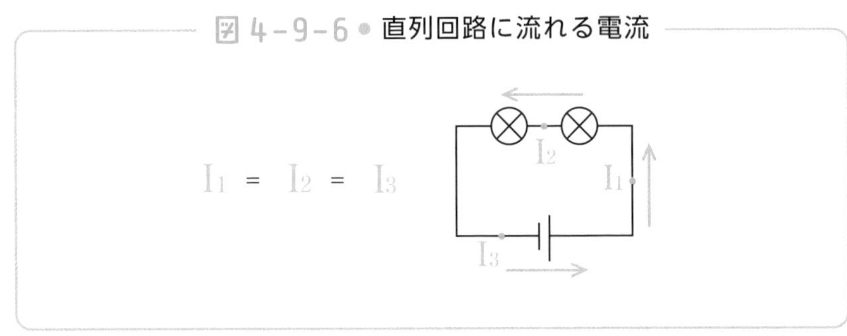

この式を言葉になおすと、**直列回路に流れる電流はどこも同じ**、となります。これだけのことですが、教科書でいきなりこの公式が出てくると、苦手意識をもってしまう中学生も多いのです。しっかりと確認しておきましょう。

続いては並列回路を流れる電流を考えていきましょう。イメージさえつかむことができれば、足し算や引き算だけで求めることが可能ですので、難しくありません。

図 4-9-7

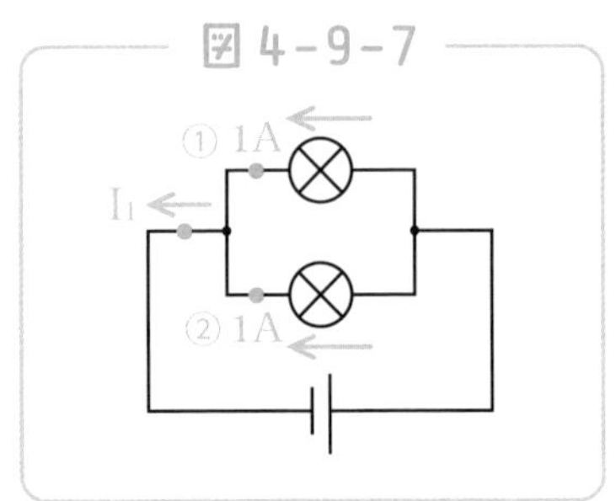

右の図の回路を見てください。この回路の I_1 に流れる電流はどのくらいでしょうか。答えは２Ａになります。その理由を図4-9-8のイメージ図をもとに考えてみましょう。

図 4-9-8

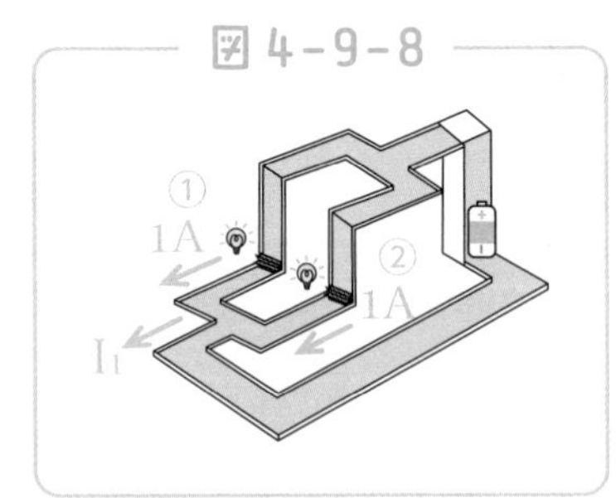

流れる水の量のみに注目してください。

①、②は１Ａずつ水が流れて

います。I_1ではこれらの水が合流しているので、流れる水の量は1A＋1Aで2Aとなるのです。**2本の川の水が、1本の川に合流する**イメージをもつことが大切です。

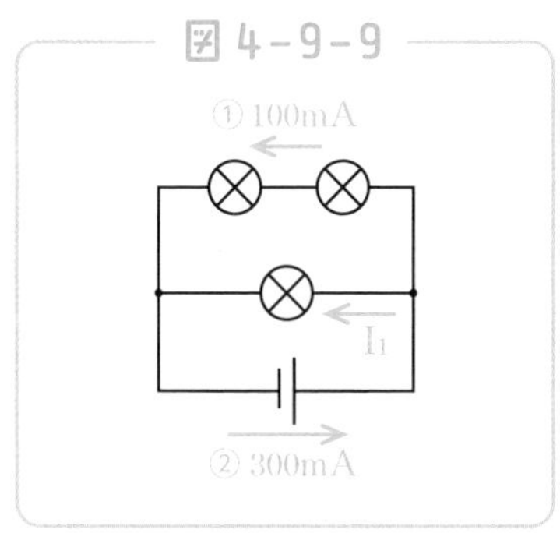

もう一例考えてみましょう。右の図の回路のI_1に流れる電流はどのくらいでしょうか。水の流れをイメージして考えてみましょう。

答えは200mAになります。②の300mAのうち、100mAが①のほうへ流れるので、残った200mAがI_1へと流れていると考えればいいのです。

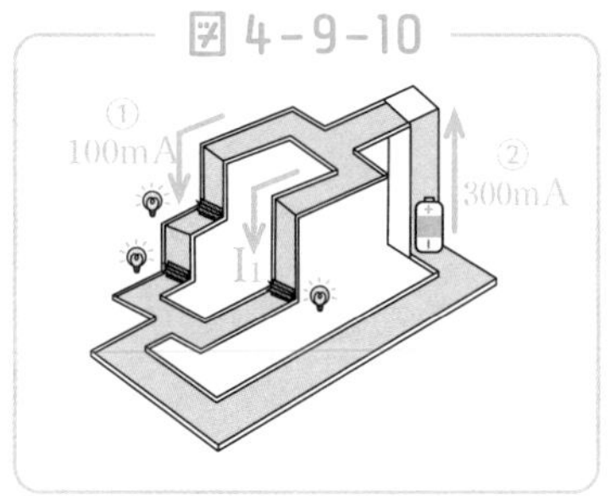

これを公式で表してみましょう。

並列回路に流れる電流は以下のようになります。

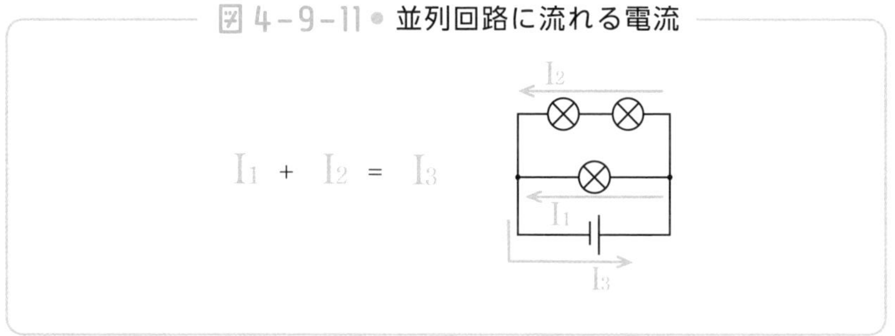

合流前に流れる電流を合わせたものが、合流後の電流になるとい

うことですね。式と水の流れのイメージを併せて理解することが大切です。電流の学習は、イメージをつくることができれば、意外と簡単だったのではないでしょうか。続いては「電圧」について学習していきましょう。

電圧がわかれば回路がわかる！
〜電流との違いは何？〜

—— 電圧とは何か

前回の電流に続いて、今回は**電圧**について解説をしていきます。電流と電圧の違いは、多くの中学生が混乱するポイントです。しかし電流と同様、イメージをつくることさえできれば、理解することは難しくありません。

はじめに電圧の基本事項を確認していきましょう。まずは単位についてです。電圧の単位は「**V（ボルト）**」です。乾電池などに「1.5V」などの表記があるのを見たことがある方も多いでしょう。

では、電圧(電池)はどのようなはたらきをしているのでしょうか。良いイメージは「電圧が電気を押すと電流が流れる」というイメージです。

図 4-10-1

図4−10−2・図4−10−3を見てください。実は電池をつながなくても、導線の中に電気のもとは存在しています。そこへ電圧をかけると、**電気のもとが動き出し、**

電流となるのです。

図 4-10-2

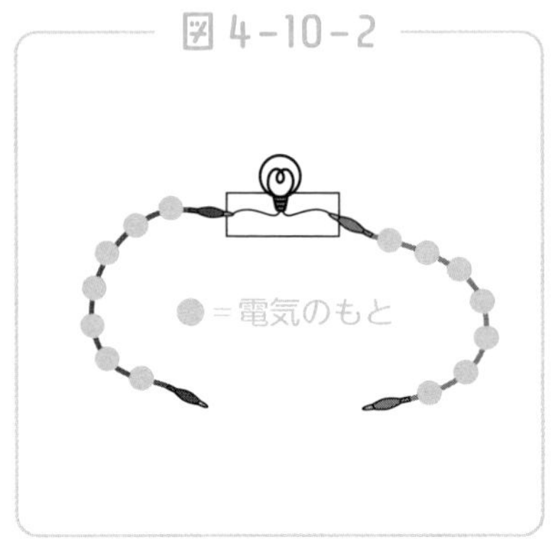

図 4-10-3

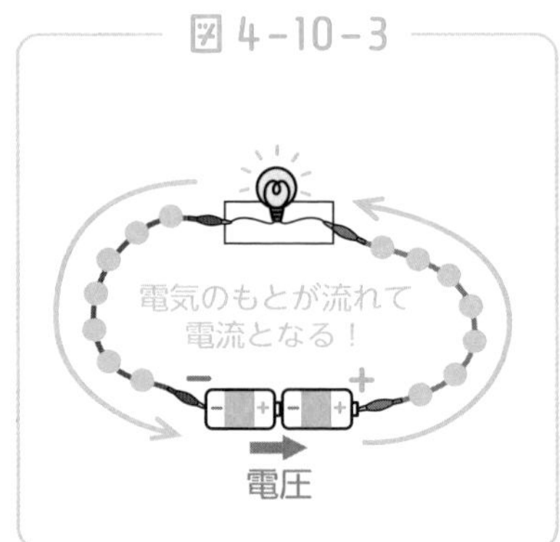

このイメージをもっておくことは非常に大切です。ここをいい加減にしておくと「電池の中には電気が詰まっていて、電池をつなぐと中の電気が電流として流れ出す」という誤った理解をしやすいからです。電池は電気を押すものであり、使い続けると押す力がなくなります。それが電池切れなのです。電圧のイメージはつかめたでしょうか。では続いて、**回路における電圧の考え方**を紹介します。回路での電圧の考え方にはコツがあります。それは「電圧とは高さである」と考えることです。

電圧とは、電気を押す力のことでしたが、**回路ではこの押す力を「高さ」というイメージとして考える**のです。電圧を高さとして考える際には**4つのポイント**があります。以下にそれをまとめます。

図 4-10-4

①電源(電池)では、電圧の高さが上がる

②電球、抵抗では電圧の高さが下がる

③導線では高さが変化しない(長さに関係ない)

④電源(電池)の直前の高さからスタートし、回路を
1周したとき高さは「0」に戻る

右の図を見てください。電源の電圧が3Vのとき、①にかかる電圧はどのくらいでしょうか。

答えは3Vになります。図4-10-6のイメージ図を見てください。電源の直前で高さ0Vからスタートし、電源で高さが3V上がります。そして、1周したときの高さは0Vに戻るので、①では高さが3V下がっていることになります。このように、電圧を高さと考えると、問題がイメージしやすいのではないでしょうか。

図 4-10-5

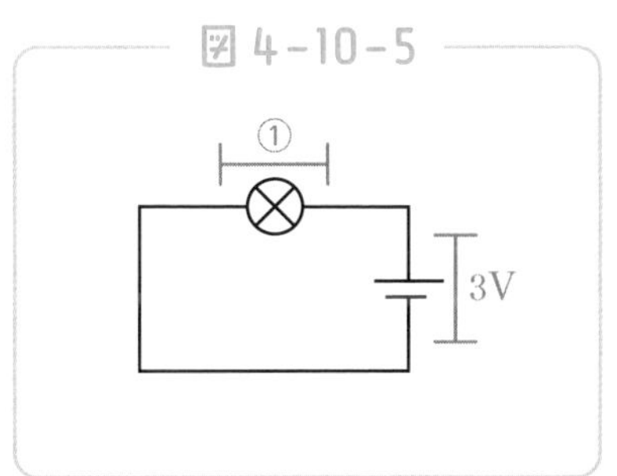

図 4-10-6

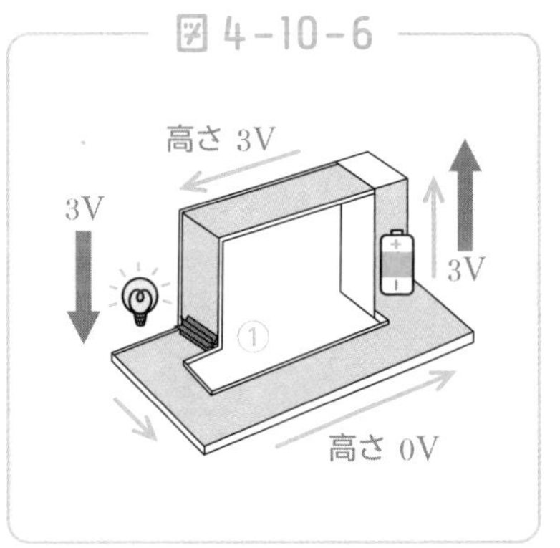

続いて、電球が直列に接続された際の電圧を考えていきましょう。図4-10-7の①にかかる電圧の高さを考えてみましょう。電源の前からスタートします。

電源の電圧の高さは5Vなので、高さが5V上がると考えましょう。その後、1つ目の電球があり、2Vの電圧がかかっています。つまり、高さが2V下がることになりますね。

図 4-10-7

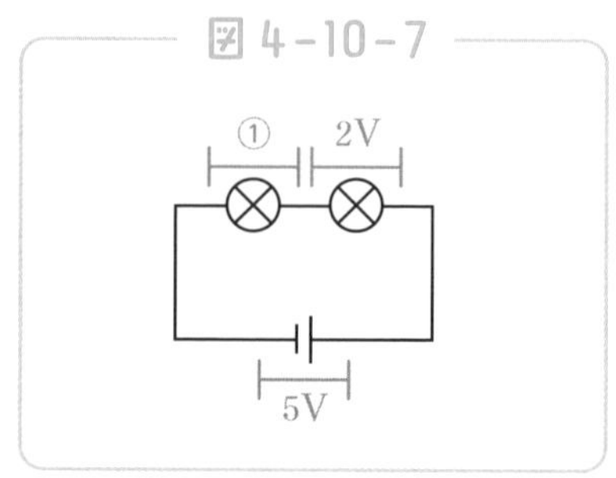

図 4-10-8

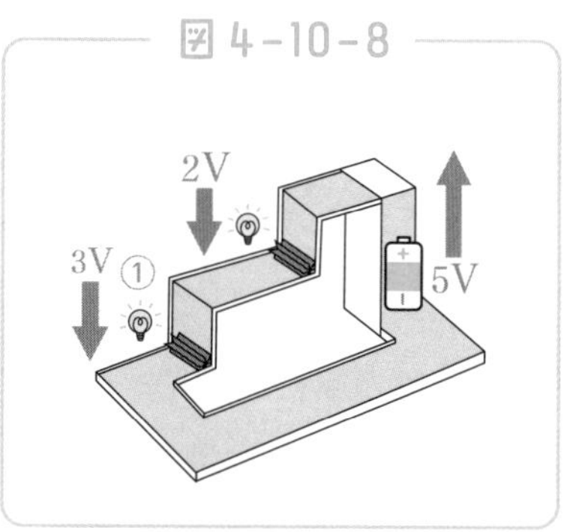

では、①の電球では、何V高さが下がれば、1周まわったときに高さが0Vになるのでしょうか。もちろん3V。よって答えは3Vとなるのです。これが、電球が直列に接続された際の電圧の考え方になります。ではこのことを式で表してみましょう（電球間に抵抗も加えてみます）。

図 4-10-9 ● 直列回路の電圧

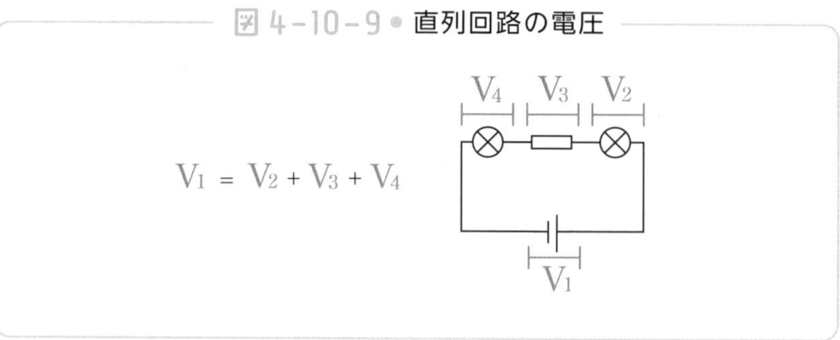

つまり、電源の電圧は、**電球や抵抗にかかる電圧を足したもの**、ということです（回路の計算では電球と抵抗は同じものとして考えて構いません）。

これが直列回路の電圧の考え方です。では続いて、並列に接続された電球にかかる電圧を考えていきましょう。

右の図を見てください。①、②にかかる電圧はそれぞれどのくらいになるでしょうか。図4−10−11のイメージ図を見ながら考えてみましょう。

図 4−10−10

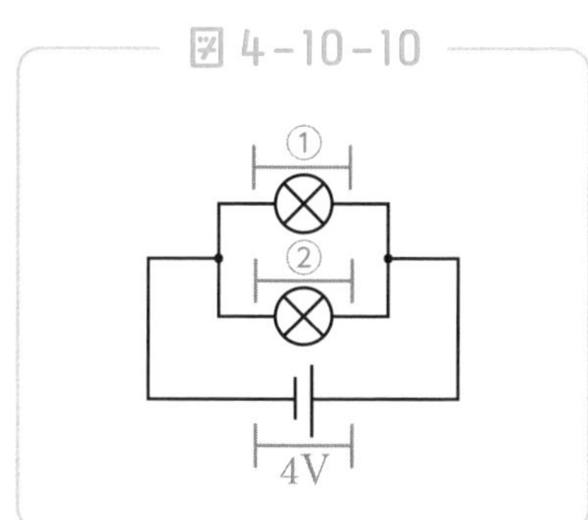

まず、電源で4V高さが上がります。その後、分かれ道があります。**どちらに進んでもよい**のですが、まずは①へ進んでみましょう（図4−10−12）。すると、電球が1つだけあり、回路を1周します。

図 4−10−11

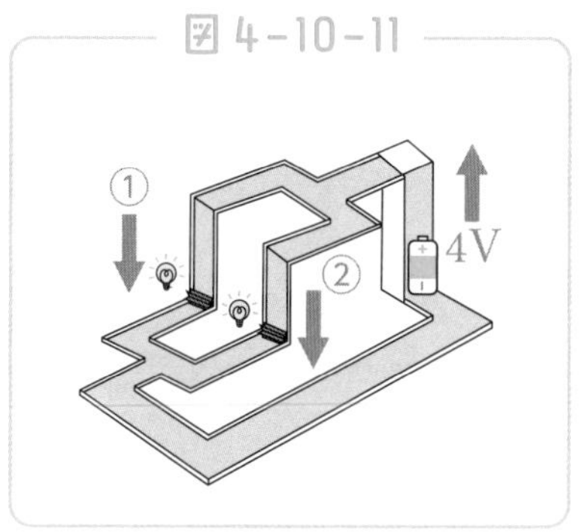

回路を1周したときに、高さは0Vへ戻らないといけないので、①にかかる電圧は4Vだとわかります。

図 4−10−12

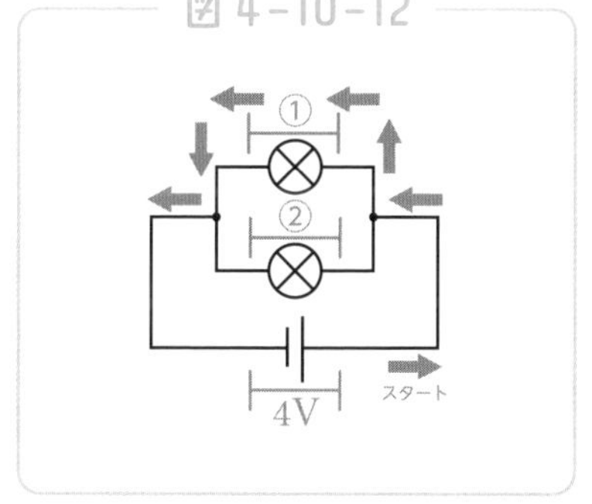

続いて、**②へ進んだ場合**を考えてみましょう（図4−10−13）。このときも、電球が1つだけあり、回路を1周します。そのため

②にかかる電圧も4Vとなります。

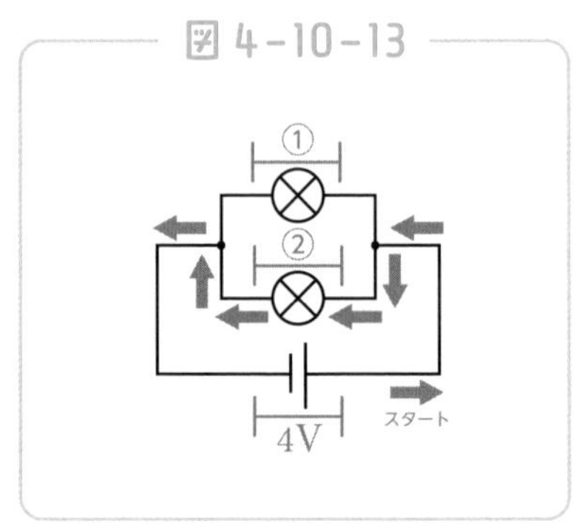

このように、並列回路では、電源の電圧がそれぞれの電球や抵抗にかかる電圧と等しくなります。

式に表すと以下のようになります。

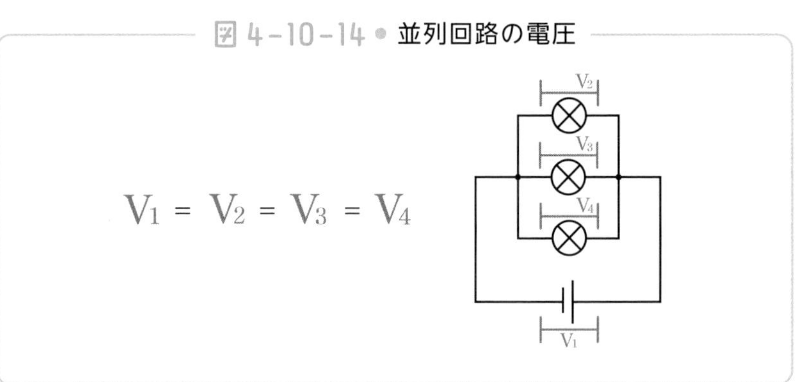
図 4-10-14 ● 並列回路の電圧

並列回路では、電源の電圧はそれぞれの電球にかかる電圧と等しくなる、ということです。

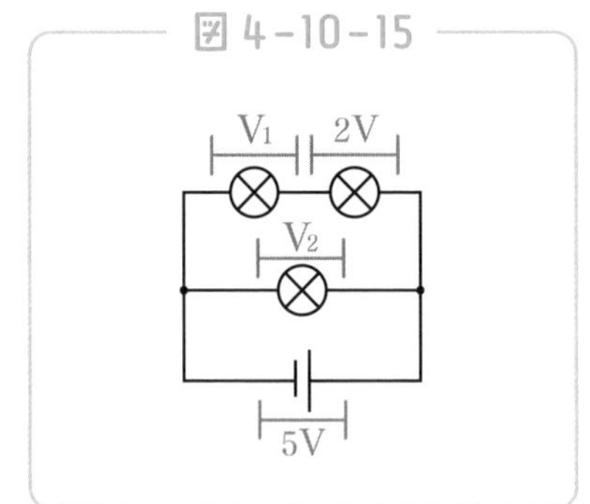

それでは最後に、電球が直列・並列に接続された応用問題にチャレンジしましょう。

図4-10-15を見てください。まずはV_2にかかる電圧を

考えてみましょう。電源の電圧は５Ｖです。その後、電球は１つあり、回路を１周します。１周した後に電圧の高さは０Ｖに戻らなければいけないので、V_2にかかる電圧は**5V**です。

図 4-10-16

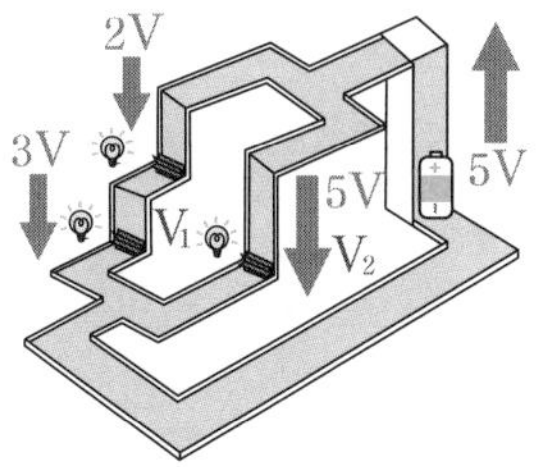

V_1にかかる電圧も考えてみましょう。電源の電圧は５Ｖで、その後の電球に２Ｖの電圧がかかっています。では、V_1に何Ｖの電圧がかかれば、回路を一周したときに高さ０Ｖに戻れるでしょうか。

答えは**3V**になります。このように、イメージをつくることができれば、どんな問題も解くことが可能になります。電流と混同しないように注意し、整理して理解するようにしましょう。

2年

オームの法則 〜これほど便利な法則はない〜

―― オームの法則の計算

電流・電圧と解説をしてきましたが、回路にはもう一つ大切な要素があります。それが**抵抗**です。抵抗とはその名の通り、**電流の流れを妨げるもの**です。抵抗の単位は**Ω(オーム)**を使います。

図4-11-1と 図4-11-2を比べてみましょう。どちらも電源の電圧は10Vです。ですが、図4-11-2では抵抗が図4-11-1の2倍の2Ωとなります。同じ電圧でも、**抵抗が2倍になると、回路に流れる電流は2分の1**になります。このように、抵抗が大きくなると、流れる電流が小さくなるのです。

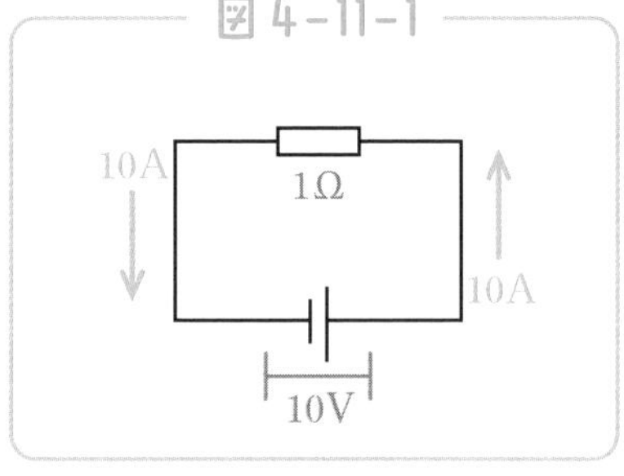

図 4-11-1

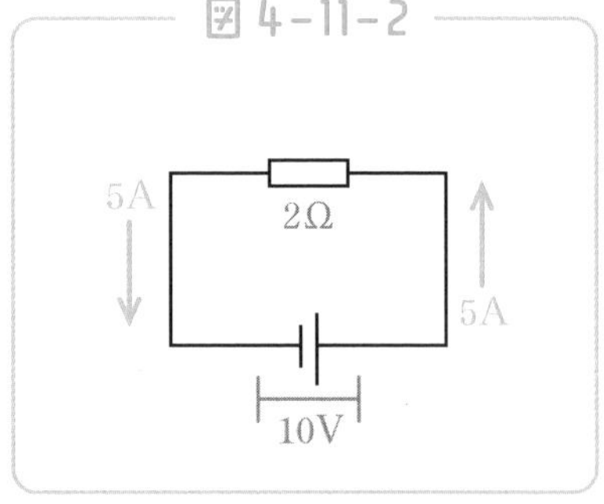

図 4-11-2

電流・電圧・抵抗という3つの関係を表した法則を「**オームの法則**」といいます。オームの法則の公式は次の通りです。

図 4-11-3 ● オームの法則の公式

$$\text{電流（A）} = \frac{\text{電圧（V）}}{\text{抵抗（Ω）}}$$

つまり電流の大きさは電圧の大きさに比例し、抵抗の大きさに反比例するというものです。

この法則は言い換えると「電流」「電圧」「抵抗」のうち、**2つがわかれば残りの1つを知ることができる**、ということです。回路においてこれほど便利な法則はありません。

例を挙げてみましょう。右の図は、電球にかかる電圧が5V、電球の抵抗は20Ωです。このとき、流れる電流の大きさはどのくらいでしょうか。

図 4-11-4

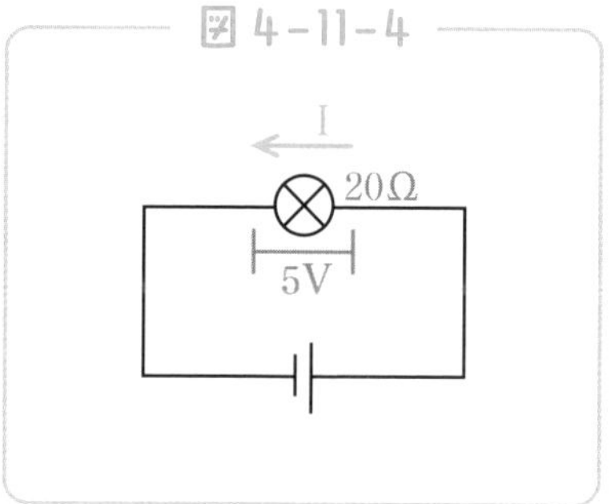

オームの法則を利用すれば簡単です。電圧/抵抗で、電流を求めることができます。つまり電流は、0.25Aということになります。直列回路を流れる電流はどこも同じですから、この回路には0.25Aの電流が流れていることがわかります。

もちろん電流以外を求めることも可能です。図4−11−5は、電流と抵抗がわかっていますが、電圧がわかっていません。オームの法則の公式に電流と抵抗の数値を当てはめると「0.5＝電圧/30」

となります（オームの法則を使うときは、電流の単位をmAからAに直すことに注意しましょう）。答えは**15V**になりますね。

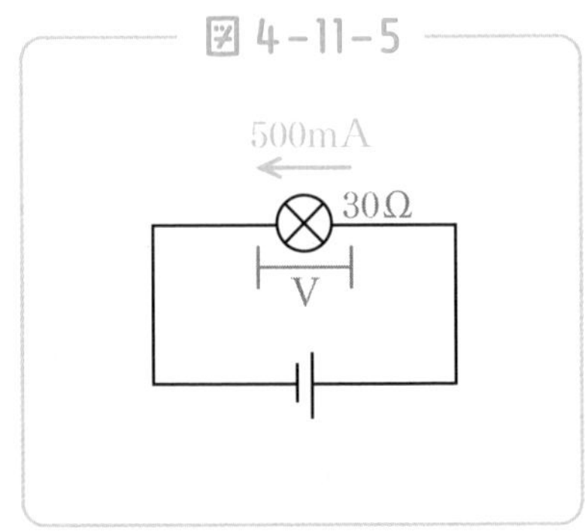

このようにオームの法則を利用すると、回路からさまざまな情報を得ることができます。回路以外にも、見た目では判別できない物質に電圧をかけ、電流の大きさを調べることで、物質が何かを特定することも可能です。中学生のときには苦手意識をもつ方も多かったかもしれませんが、オームの法則の魅力や利便性を知っていただければ幸いです。

2年

静電気はなぜ発生する？物体に電気のたまるしくみ

―― 静電気が発生するしくみ

今回は「**静電気**」について解説をしていきます。前回まで学習してきた「電流」ですが、これは「動電気」と呼ぶこともあります。文字通り、電気が動いているため動電気というのですね。

一方静電気とは**物体にたまった電気**のことです。動電気（電流）が川の流れとすれば、静電気は池にたまった水とも考えられます。静電気はとても身近な現象であり、多くの方が静電気で遊んだり、困ったりした経験があるでしょう。

図 4-12-1

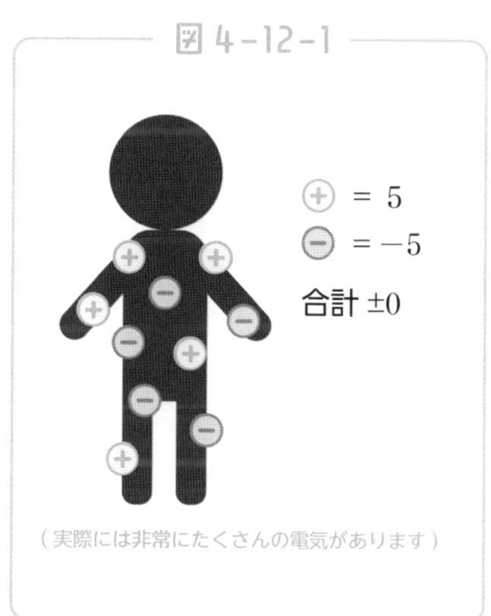

静電気はどのように発生するのでしょうか。静電気を理解するためのポイントは２つあります。１つ目は「電気がたまっていない状態とは、**プラスの電気とマイナスの電気の数（量）が等しい**状態である」ということです。私たちの体をはじめ、すべての物体

の中には**もともとプラスやマイナスの電気をもった粒子がある**のです。しかし、プラスの電気とマイナスの電気の数が等しいため、プラスマイナス 0 となり、電気をもっている感覚がないわけです。

ポイントの 2 つ目は「マイナスの電気をもった粒子は摩擦などにより移動することがある」ということです。マイナスの電気をもった粒子(これを「**電子**」といいました)は物質同士が摩擦し合ったときに移動することがあります。

例として、ティッシュ（紙）でとストロー（ポリプロピレン）をこすった場合のようすを考えてみましょう。

右の図のように、こする前はティッシュもストローも、プラスの電気とマイナスの電気が等しい状態です。

こすると、ティッシュの電子がストローへと移動します。移動した後の電気のようすを比べるとティッシュはプラスの電気を帯(お)びた(たまった)状態、ストローはマイナスの電気を帯びた状態になるのです。これが、静電気の発生のしく

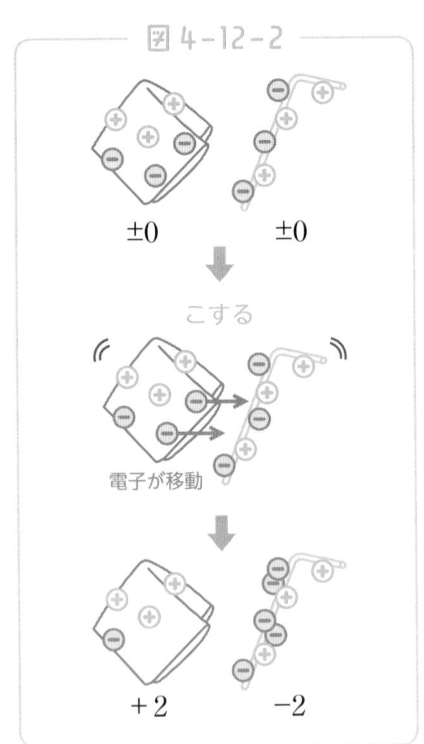

みです。

なお、異なる種類の電気をもった物質同士は磁石のように引き合うので、この場合はティッシュとストローは引き合います。ティッシュでストロー2本を同時にこすった場合、マイナスの電気を帯びた2本のストロー同士は反発します。これも磁石と同じく、同じ種類の電気同士は反発し合う性質があるためです。

物質ごとに電子を離しやすいか、受け取りやすいかは決まっています。離しやすい物質はプラスの電気を帯びやすく、受け取りやすい物質はマイナスの電気を帯びやすいのです。下の図は電気の帯びやすさを表した図です。洋服を選ぶときは、人の皮膚と帯電率が近い素材の服を着ると、体に電気がたまるのを防ぎやすくなりますよ。

図 4-12-3

2年

電流の正体は何？電子の不思議に迫る

―― 電流の正体

前回の解説で、静電気が発生するしくみはおわかりいただけたと思います。

今回は、電流の正体とは何か。その解明のしくみを解説します。静電気は、前回解説した「引き合う」「反発し合う」ことの他にも、たまった電気が流れ電流となる現象を引き起こすことがあります。ドアノブなどに触れた際、パチッという音と痛みを感じることがあるでしょう。このときに電流が流れているのです（電子が空間を移動する場合、放電という言葉を使うこともあります）。

空気は電気を通しにくいため、放電を起こすには非常に大きな電圧が必要になります。誘導コイルという装置を使用すると、数万Vという電圧を発生させることができ、さまざまな状況下での放電を観察することが可能になります（動画参照）。

誘導コイルを使用し空気中で放電させると、雷のような電気の流れを観察することができます。これを火花放電といいます。

火花放電では電流の正体が調べにくいため、電流の正体をさらに詳しく観察するには、電圧を発生させる誘導コイルと併せて**クルックス管**という装置を利用します。右の図がクルックス管です。クルックス管は管の中を真空状態に近づけ、電流を流れやすくしています（このような状態で起こる放電を**真空放電**といいます）。図4−13−2を見てください。このクルックス管の平らな部分（図の右側）には蛍光物質が塗ってあり、管内には十字型のしきりが置いてあります。このクルックス管に放電させてみましょう。

図 4-13-1

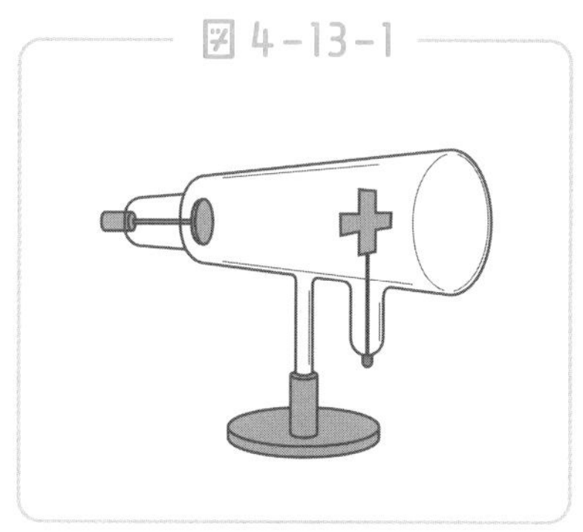

図 4-13-2

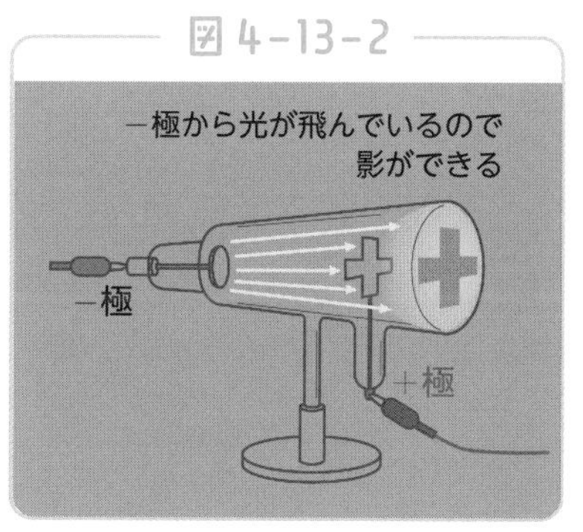

すると、蛍光物質を塗ったところに影ができるようすが観察できます（動画参照）。仮にマイナス極とプラス極を入れ替えても、影はできません。このことから、電流のもとになるものは、**マイナス極から出ている**とわかります。この線を**陰極線**（または**電子線**）といいます。

続いて、図4−13−3のクルックス管で実験をしてみましょう。このクルックス管にはスリット（切れ込み）がついていて、陰極線

を細くする工夫がされています。さらに蛍光板をつけ、陰極線が進むようすが観察しやすくなっています。

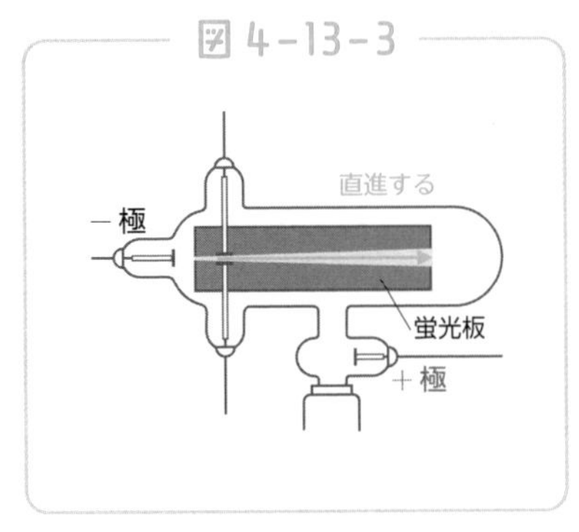

このような工夫により、電圧をかけると陰極線が光のすじのように観察できます。

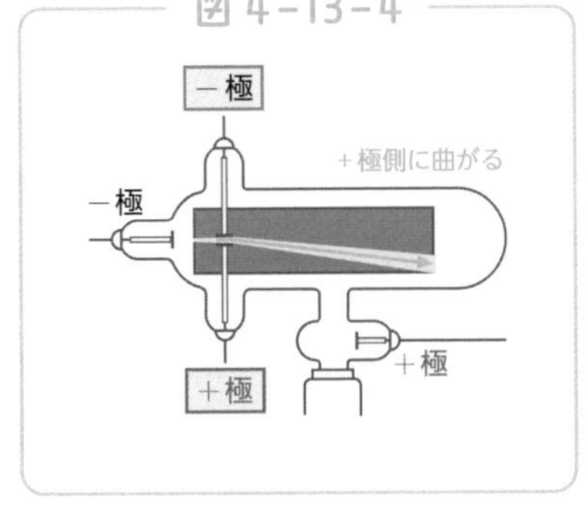

図4-13-3の状態から、図4-13-4のように、上下にも電圧をかけてみましょう。すると陰極線は、プラス極側に曲がることが観察できます。このことから、電流のもとはマイナスの電気をもっていることがわかります。マイナスの電気はプラスに引き寄せられるからです。

このような研究を重ねた結果、電流のもととなるものは、非常に小さい質量をもつ、マイナスの電気をもった粒子であることがわかりました。この物質は「**電子**」と名づけられました。電流のもとは電子であり、**電子が移動すると電流の流れや放電が起きる**のです。

それでは最後に、導線を流れる電流と、電子の関係を見ていきましょう。電圧の学習のときに解説をさせていただきましたが、電源(電池)をつなぐ前の導線に、すでに電流のもと(電気のもと)は入っています。これが電子です。

右の図はスイッチを入れる前の導線のようすです。導線の中には、自由に動き回れる電子がたくさん存在しています。この段階では、電子はいろいろな向きに動き回っています。

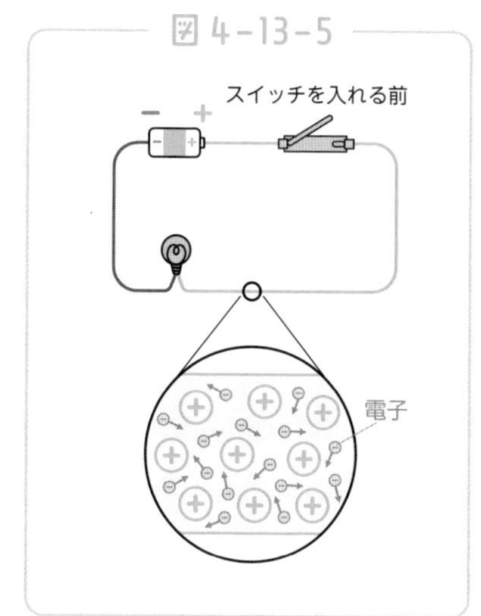

図4-13-6を見てください。スイッチを入れると、電子がマイナスからプラスへと、一斉に移動します。このような電子の流れが**電流**となるのです。

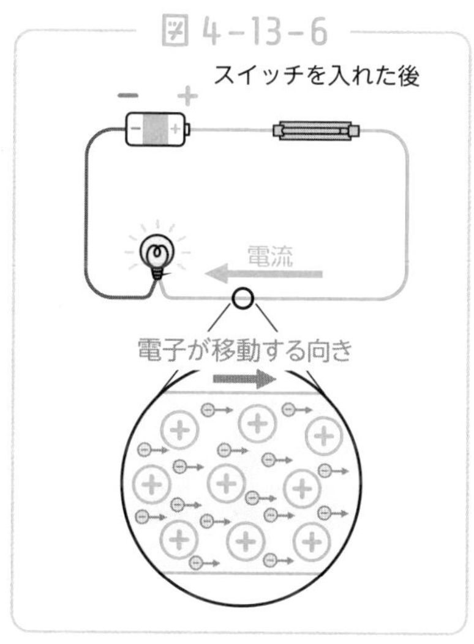

しかし、電子の向きはマイナスからプラスなのに、電流の向きはプラスからマイナスと決められています。なぜこのようなややこしいことになっているのでしょうか。

実は電子の詳細がわからない時代に「電流の向きはプラスからマイナスとする」という約束を決めてしまったのです。しかしその後に研究を重ねると、電流の正体である電子は電流とは逆方向に移動していることがわかりました。

　ですが今更「電流の向きはマイナスからプラスに変更する」というわけにもいかず、現在でも「電流はプラスからマイナス」「電子はマイナスからプラス」ということになっているのです。

2年

磁界とは？電流との不思議な関係

―― 電流と磁界

今回からは電流と磁界の関係について解説をしていきます。電流についてはここまでに説明をしてきました。続いて磁力や磁界についての解説から始めていきます。

図 4-14-1

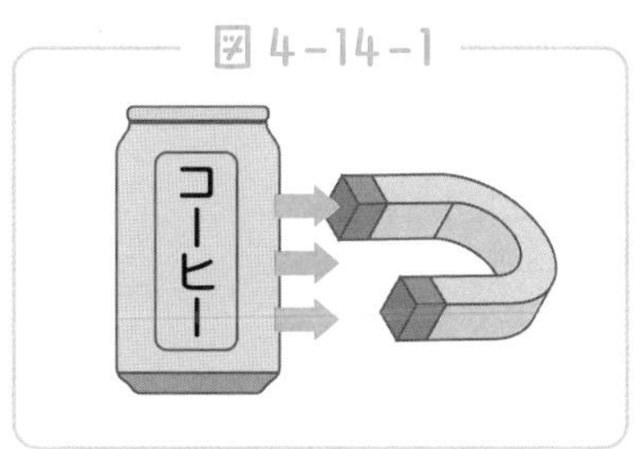

鉄でできた空き缶に磁石を近づけると空き缶は磁石に引き寄せられます。この力を**磁力**といいます。

しかし空き缶と磁石の距離が遠すぎる場合は、空き缶が磁石に引き寄せられることはないでしょう。空き缶を引き寄せるような磁力がはたらく範囲には限界があるのです。

図 4-14-2

このように磁力がはたらく範囲(空間)のことを**磁界**といいます。磁界は目で見ることができませんが、イメージ図としては右の図のようになります。磁石

から遠ざかるほど磁界は弱くなります。

磁界にはもう1つ大切なポイントがあります。それは**磁界には向きがある**、ということです。磁界の向きを調べる方法の1つに、方位磁針を使う方法があります。

図4-14-3

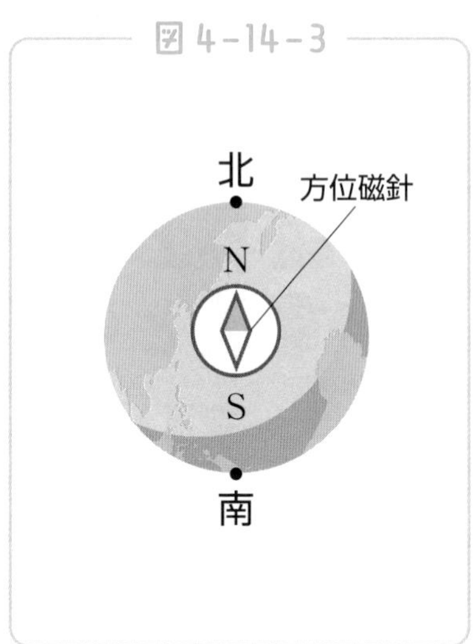

磁石がない場所に方位磁針を置くと、N極は北側を指します。これは地球自体が大きな磁石の役割をもっているためです（これを地磁気といいます）。

しかし方位磁針の近くに磁石を置くと、磁石の強い磁界により方位磁針の指す向きが変わります。このように磁石を置いたとき、方位磁針のN極が指す向きを磁界の向きといいます。

図4-14-4

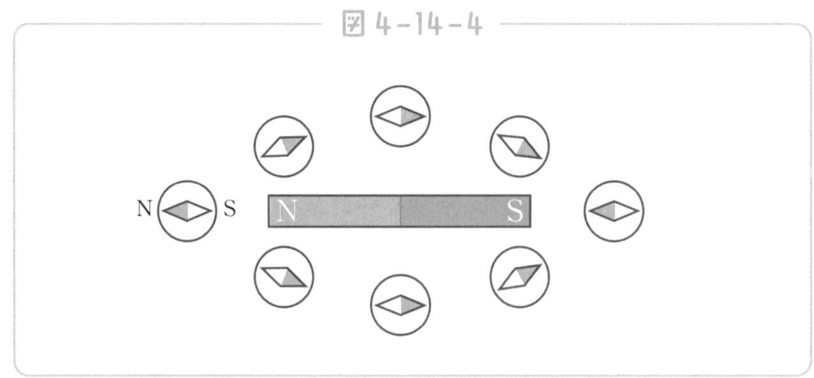

さて、磁界の向きをよりわかりやすくするために、**磁界の向き**を線で表してみましょう。すると下の図のような線が書けます。

このように、磁界の向きをつなげた線のことを**磁力線**といいます。磁力線は必ず、**N極から出てS極に入る向き**になります。また、線の間隔が狭いところほど磁力は強く、間隔が広いところは磁力が弱くなります。

図 4-14-5

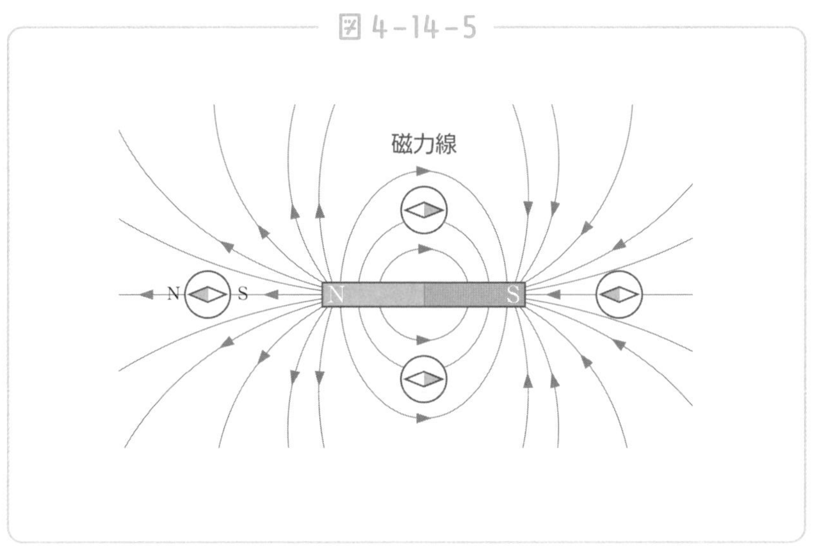

最後に、電流と磁界の不思議な関係を見てみます。図4-14-6のようなコイルに電流を流してみましょう。すると図4-14-5と同じような磁力線ができます。

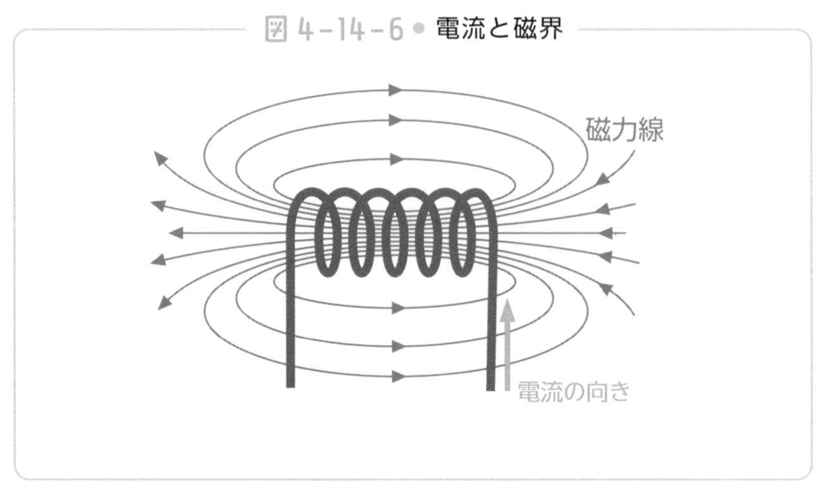

　このように導線に電流を流すと、**磁界が発生**するのです。この磁界はコイルの巻き数を増やす、流す電流を大きくする、コイルの中に鉄の棒を入れることでさらに強くすることが可能です。

　導線に電流を流すことで磁界を発生させる装置を**電磁石**といいます。電磁石は電気のON・OFFで磁力の切りかえができるため、非常に使い勝手が良い装置です。電流と磁界には、密接な関係があるのですね。

2年

電磁誘導と誘導電流 ～発電のしくみ～

―― 電磁誘導と誘導電流

コイルに電流が流れると、そのまわりに磁界が発生することを学習しました。では反対に、コイルの中の磁界を変化させるとどのようなことが起こるのでしょうか。

右の図のようにコイル内へ磁石を入れたり抜いたりすると、検流計の針が動きます。検流計とは**電流計**の一種で、非常に小さい電流をはかることができる装置です。つまり、コイル内で磁石を動かすと、電流が発生することがわかります。

図 4-15-1

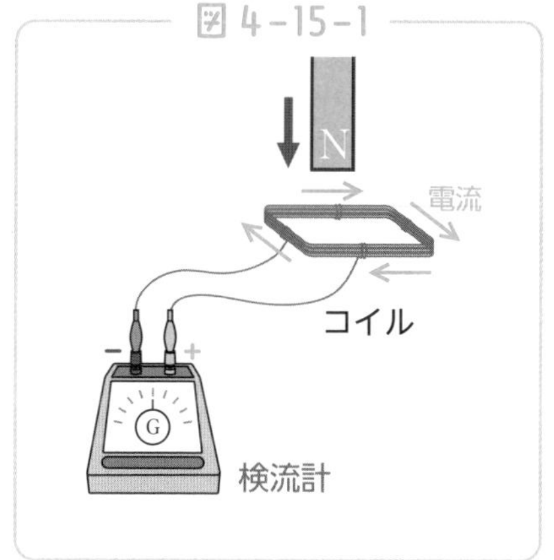

コイルに電流を流すと磁界が発生しましたが、それとは逆に**磁界を動かすことで電流を発生させる**ことができるのです。この現象を**電磁誘導**といい、電磁誘導により流れる電流を**誘導電流**といいます。電池が無くても、コイルと磁石だけで電流を流すことができるとは

驚きですね。

電磁誘導は、コイルに磁石を近づけたときと、離したときに起こります。磁石をコイルの中に静止させた場合では、電流は発生しません。コイルの中の磁界が動かないからです。

図 4-15-2

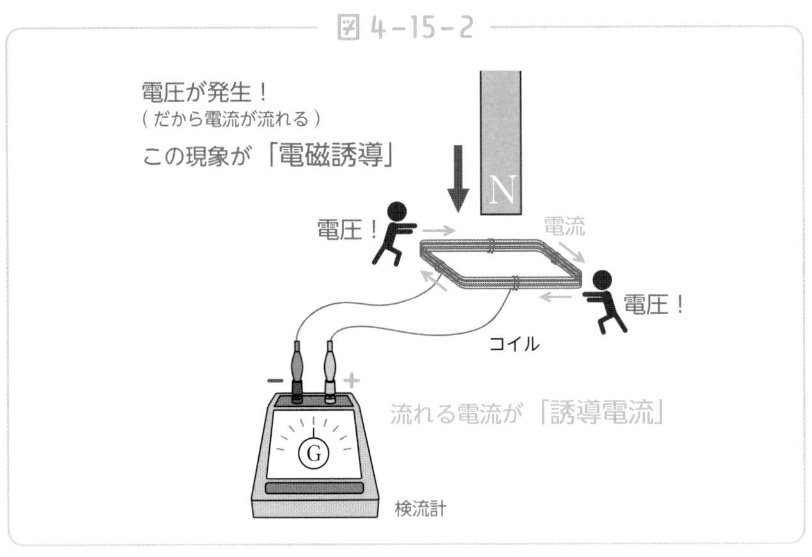

また、誘導電流が流れる向きは磁石をコイルに近づけたときと、離したときでは逆になります。さらに、N極を近づけたとき（図4-15-3）と、S極を近づけたとき（図4-15-4）でも逆になります。

図 4-15-3

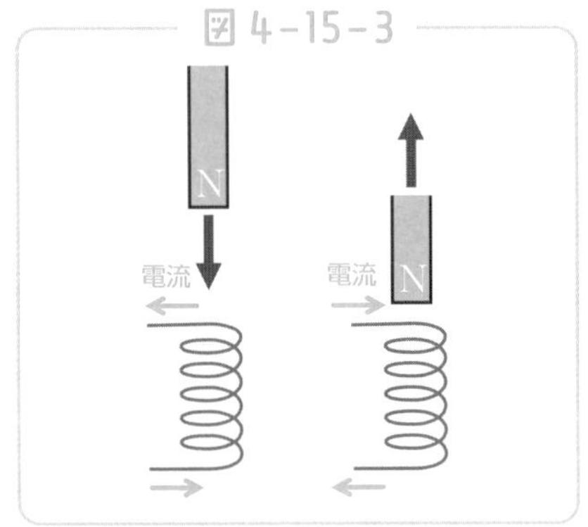

続いて電磁誘導と発電機について解説をします。発電機は電磁誘

導のしくみを利用してつくられています。ここでは簡易な発電機を紹介します。

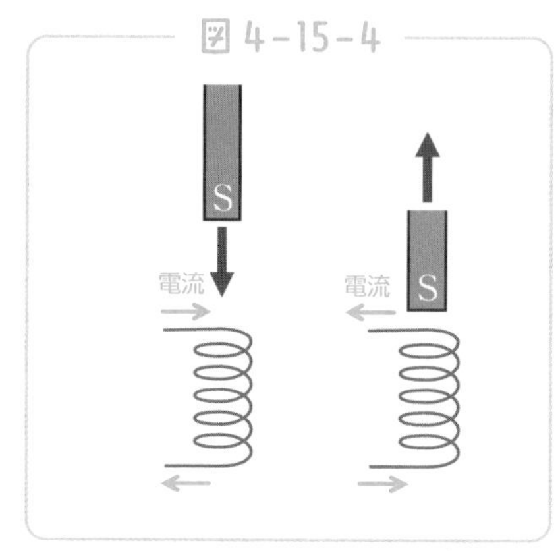

図 4-15-4

それは、図4-15-5、図4-15-6のようにコイルの近くで棒磁石を回転させたものです。図4-15-5ではN極が離れると同時に、S極が近づくので誘導電流が発生します。

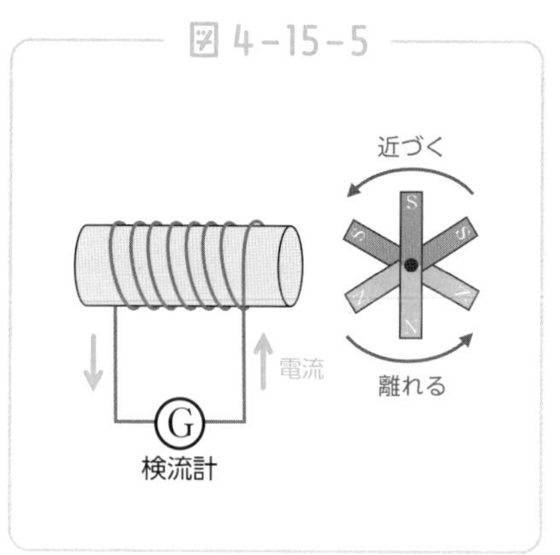

図 4-15-5

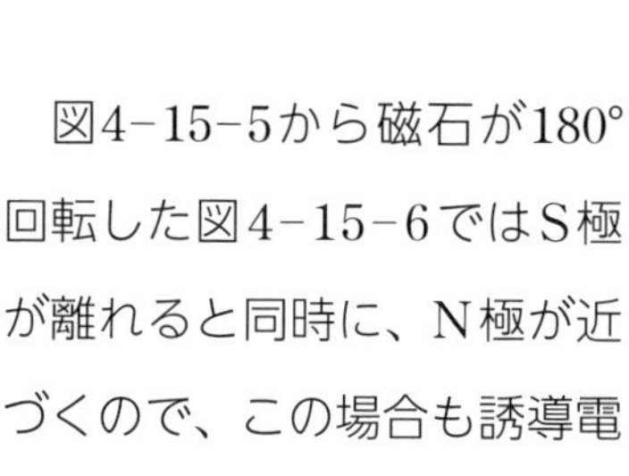

図4-15-5から磁石が180°回転した図4-15-6ではS極が離れると同時に、N極が近づくので、この場合も誘導電流が発生します。

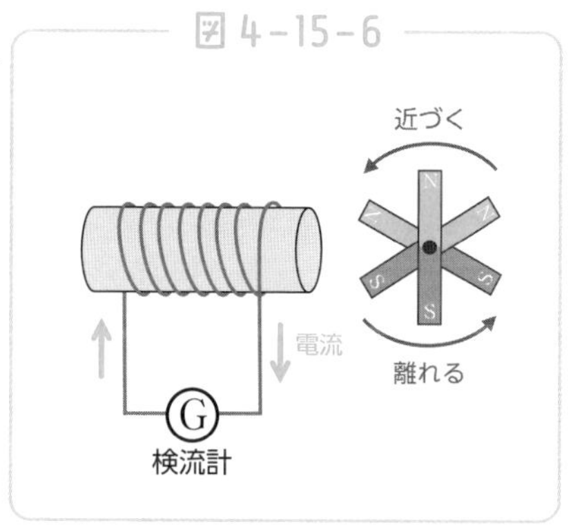

図 4-15-6

注意点は、図4-15-5と図4-15-6では電流が流れる向きが反対になっていることです。このように、周期的に向きが変わる電流を**交流**(AC)といいます。一般に、発電機でつくられた電流は交流です。

交流に対して、一定の方向に流れる電流を**直流**(DC)といいます。直流の電流をグラフにすると、図4-15-7のようになります。流れる電流は一方向で、電流の大きさも一定です。イメージ図としては、グラウンドを一定のスピードで走ることが直流です。乾電池などは直流の電源です。

図 4-15-7 ● 直流のイメージ

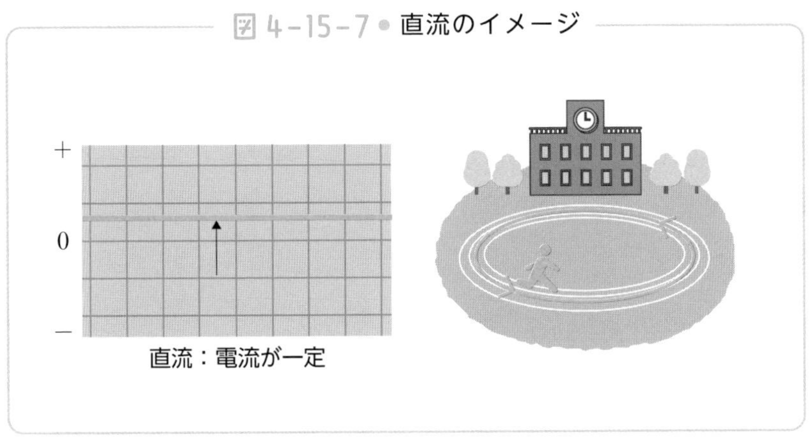

一方、交流は周期的に向きが変わる電流でした。交流の電流をグラフにすると、図4-15-8のようになります。電流の大きさや向きが周期的に入れ替わっています。交流のイメージは、往復ダッ

図 4-15-8 ● 交流のイメージ

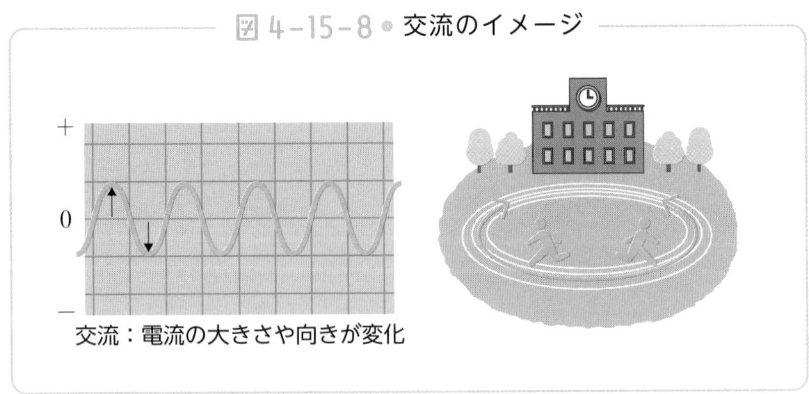

シュや、シャトルランになるでしょう。走る向きが周期的に入れ替わりますね。

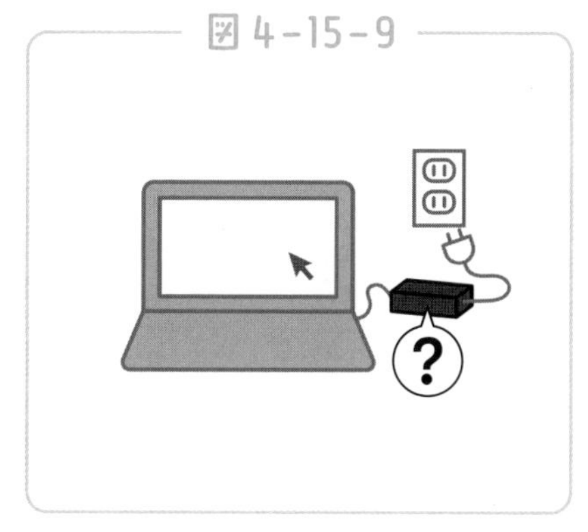
図 4-15-9

今回は発電のしくみから、直流・交流まで解説をしました。家庭用のコンセントは交流(AC)ですが、電化製品には直流(DC)のものも多くあります。その場合は交流を直流に変換するアダプターが必要です。電化製品の電源ケーブルについている黒い四角い物体は、交流を直流に変えるためのものだったのですね。

2年

フレミング左手の法則
～あの有名な法則を復習～

—— 電流・磁界・力の関係

電流と磁界には密接な関係があることを学習してきました。今回は電流と磁界、そして力という 3 つの関係について解説をしていきます。

フレミング左手の法則という名前に聞き覚えはあるでしょうか。名前だけは記憶にある方や、独特な手の形まで覚えている方もいるでしょう。今回は中学理科の中でも代表的な法則である、フレミング左手の法則を解説していきます。

図 4-16-1

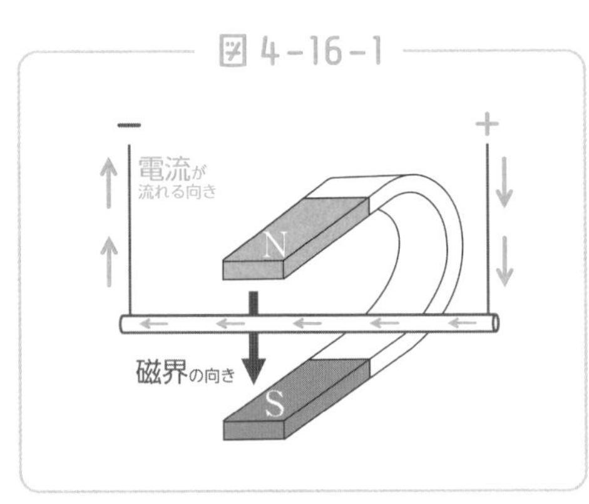

右の図を見てください。U字型の磁石が置かれています。磁界の向きはN極からS極なので、下向きになります。

この図ではこの磁界の中に導線を通し電流を流しています。電流の向きはプラスからマイナスです。

さて、磁界の中に電流を流すと不思議なことが起こります。磁界の中の電流が力を受け、導線が動くのです。このようすは、QRコードから動画でも見ることができます。**電流を流すと、コイルが大きく動く**ことがわかります。

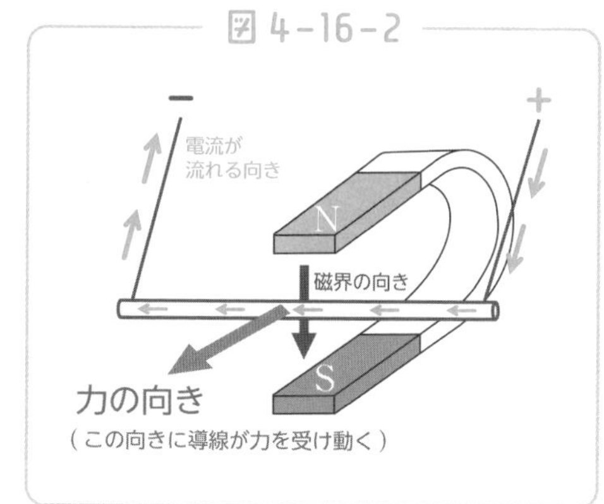

このとき、磁界の向き、電流の向き、そして力の向き（導線が動く向き）は互いに直行する関係にあります。それを表すのが下の図のフレミング左手の法則です。

このような指の形をつくり、中指を電流の方向、人差し指を磁界の方向へそろえます。すると残った親指の向きに導線が力を受け動きます。中指から順に「電・磁・力」とゴロ合わせで覚えるとよいでしょう。

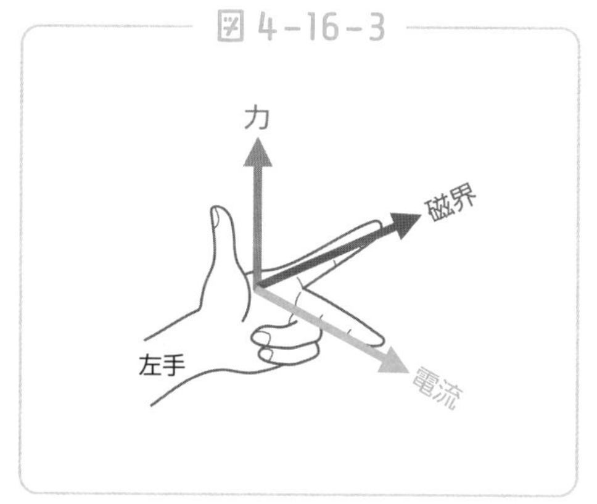

図4-16-1にフレミング左手の法則を適用してみてください。図4-16-2のように力が加わる方向を導くことができるはずです。

第4章 物理

なぜこのような力が発生するのでしょうか。やや発展的な内容になりますが、簡単に解説をしておきます。一直線に流れる電流のまわりには、同心円状の磁界ができます。図4-16-4の導線の左側では、磁石による磁界と電流による磁界が強め合い、右側では弱め合います。このとき、電流は磁界の強め合うほうから弱め合うほうへ向かって力を受けるのです。これが力の発生した理由です。

図 4-16-4

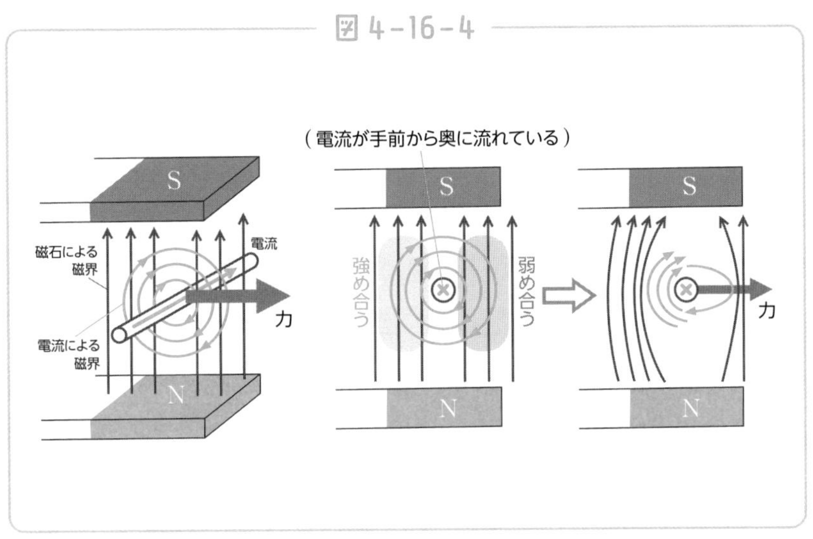

少し話が難しくなりましたが、電流と磁界、力が密接に関連していることを理解してもらえたらと思います。次回はこれらの原理を上手に利用した、人間の発明を紹介していきます。

2年

モーターはなぜ回る？人間の叡智の結晶

―― モーターのしくみ

今回は電流・磁界・力の関係を上手に活用した装置モーターについて詳しく解説をしていきます。モーターとは、**電気の力から機械的な力を得る**ことを可能にした装置です。

モーターは洗濯機・扇風機・掃除機など、日常のいたるところで利用されています。モーターは電気の力をどのように物体を動かす力に変換しているのでしょうか。今回は簡易的なモーターから、その動くしくみを考えていきましょう。

右の図はモーターの模式図です。**整流子(電流の切り替えスイッチ)はコイルと連動して回転し**、ブラシと接触しているときのみ電流が流れます(詳しくは後述)。

図 4-17-1

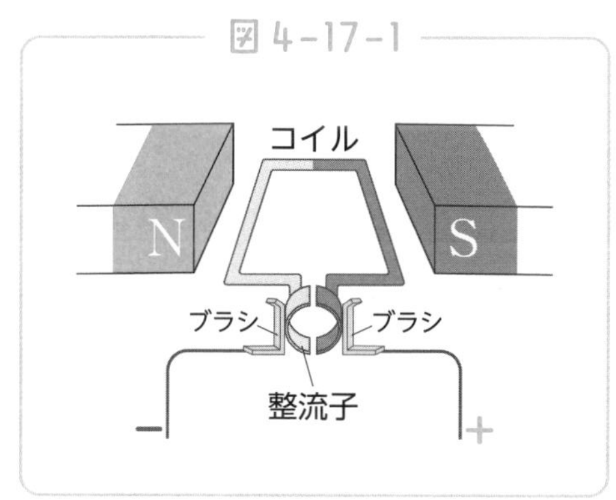

まずは磁石による磁界の向きを確認しましょう。**磁界の向きはN**

極→S極になりますね。続いて電流の向きを考えてみましょう。**電流はプラス極→マイナス極**の向きへ流れます。磁界の向きと電流の流れをまとめると、図4−17−2のようになりますね。

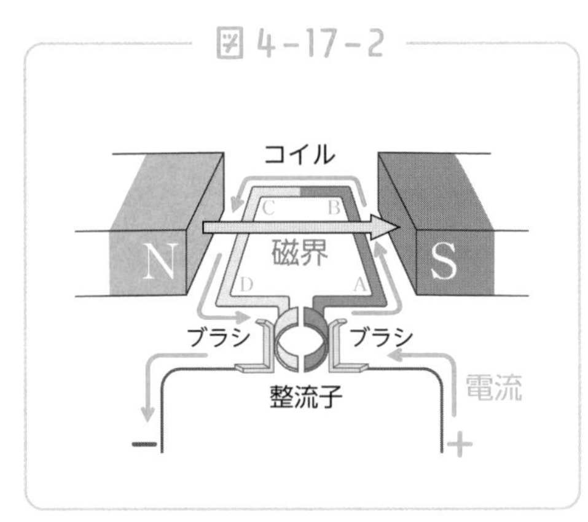

電流の流れをさらに詳しく見てみましょう。ブラシ、整流子、コイルの3つはつながっていますので、電流の流れはプラス極からブラシ→整流子→A→B→C→D→整流子→ブラシ→マイナス極となります。

ここで思い出してほしいのが前回学習したフレミング左手の法則です。**磁界の中で電流が流れると力が発生**しましたね。コイルのA→Bの部分と、C→Dの部分にフレミング左手の法則を適用してみましょう。

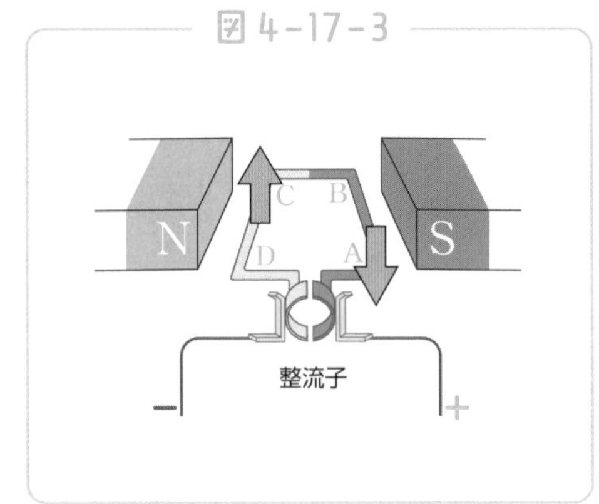

A→Bでは加わる力は下向き。C→Dでは加わる力が上向きになります。それぞれ右の図のようになりますね。このような力がはたらくと、コイルは時計回りに回転を始め

ます。

コイルが図4−17−3から90°**回転したときの、整流子とブラシのようす**を見てみましょう。このとき、ブラシと整流子は一瞬接触が途切れます(図4− 17−4)。この瞬間は電流の流れが止まりますが、コイルは回転する勢いがついているため、回転が続きます。

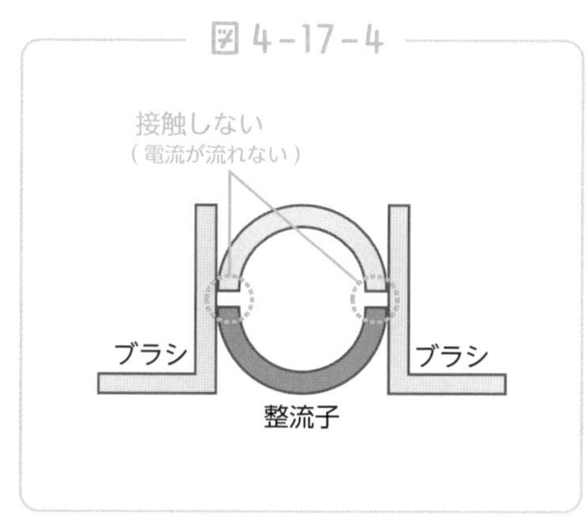

右の図を見てください。これは図4−17−2からコイルが**180°回転したときの図**です。ぱっと見ると図4−17−2と変化がないように見えますが、よく見ると、コイル・整流子が180°回転していることがわかりますね。

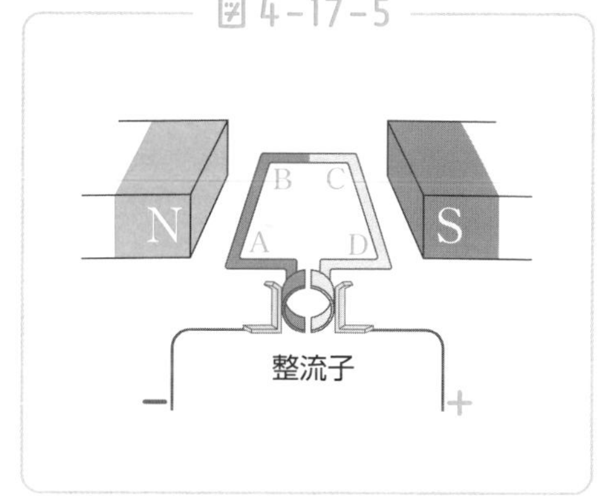

この図のときの電流の流れを確認しましょう。電流が流れる向きはプラス極→マイナス極なので、電流はブラシ→整流子→D→C→B→A→整流子→ブラシのように流れます。

このとき、コイルに流れる電流の向きは図4−17−2のときと比

第4章 物理

べ反対になっています。**見た目ではなく、記号で考えると逆向き**になっていることがわかりやすいでしょう。

図4-17-5のとき、コイルに加わる力を考えてみましょう。フレミング左手の法則を使うと、コイルに加わる力は右の図のようになります。

図4-17-6

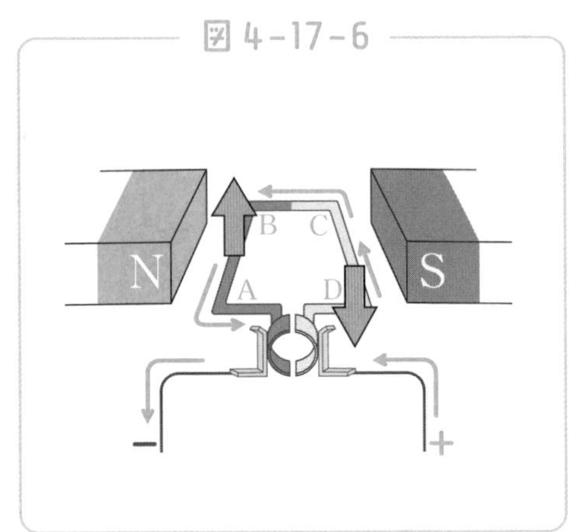

この**力の向きは、図4-17-3のときと同じ**です。つまりコイルが半回転しても、力は同じ向きに加わるのです。この力によりコイルがさらに180°回転すると、コイルは図4-17-2の状態に戻ります。

このようにコイルに連続的に力が加わることで、コイルは回転を続けることができるのです。これがモーターのしくみです。何度見ても「よくできたしくみだ」と感心させられます。

もしも**ブラシと整流子がなかった場合**、モーターはどのようになるのかも考えておきましょう。これらがない場合は、コイルが180°回転したときに、コイルが逆回りを始めてしまいます。

つまり、図4-17-1の状態から時計回りに180°回転→反時計回りに180°回転→時計回りに180°回転、というのをくり返してしまうのです。これではモーターとして使うことは難しいでしょう。

モーターはフレミング左手の法則、それにブラシ・整流子をうまく組み合わせた非常に画期的な道具なのですね。

今回で回路と磁界の話は終わりです。特に文系の方にとっては非常に難しい単元だったと思いますが、身の回りにあふれる電気や磁界のしくみについて、少しでも知識が深まったのであれば幸いです。

3年

等速直線運動と慣性の法則

―― 力と物体の運動

力のはたらきには「①物体の形を変える」「②物体の動きを変える」「③物体を支える」の3つがありました。今回は②**力と物体の動きの変化**について詳しく考えていきましょう（理科では物体の動きのことを「運動」ともいいます）。

物体に力を加えると物体の運動が変化します。地球上では重力や摩擦力などさまざまな力がはたらき運動の変化がとらえにくいため、一度宇宙空間で考えてみましょう。

宇宙で静止した物体に力を加えると、物体は力を加えた方向に動きます。面白いのは、物体に一度力を加えると、物体は**力を加えた向きに永久に同じスピードで進み続ける**ことです。

このように、一定の向きに同じスピードで進み続ける運動を、**等速直線運動**といいます。

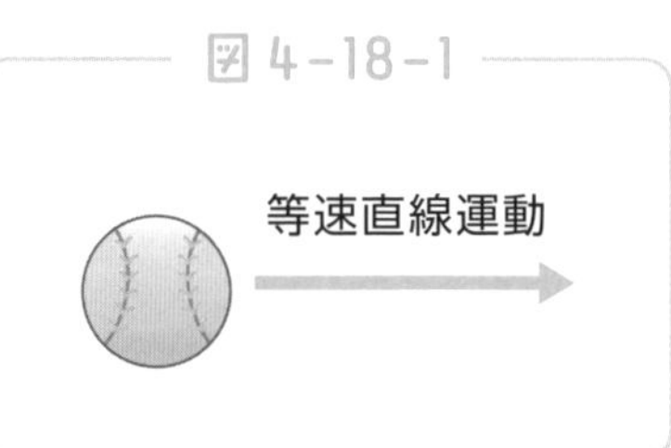

等速直線運動はとても基本的な運動ですが、**地球上では摩擦力や**

空気抵抗があるため、ほとんど見ることができません。

紀元前にアリストテレスは「運動している物体は、力を加えなければやがて止まる」という考えを発表しました。この考えは非常に長い間支持されてきました。しかしこの考えをひっくり返す人物が現れます。それがニュートンです。

ニュートンは「運動している物体は力を加えない限り、等速直線運動を続ける」という考えを発表しました。物体の運動が止まるのは、摩擦力や空気抵抗など動きを妨げる力がはたらくためであり、それらがなければ物体は運動を続けるという考えです。

今現在ではニュートンの考え方が広く受け入れられていますが、ニュートンがこのような考えを発表しなければ、未だに私たちは「運動している物体は、力を加えなければやがて止まる」というアリストテレスの考えを信じていたかもしれません。

さて、ニュートンが言うように物体は力を加えない限り等速直線運動を続けます（速さ0の場合は、静止しようとし続けます）。この運動の性質を「慣性（かんせい）」といいます。

例えば電車に乗って移動しているとき、電車が急ブレーキをかけると、私たちは前に倒れそうになります。これは電車がブレーキで止まろうとしても、私たちはブレーキをかける前のスピードで進み続けようとするからです。

図 4-18-2 ● 慣性

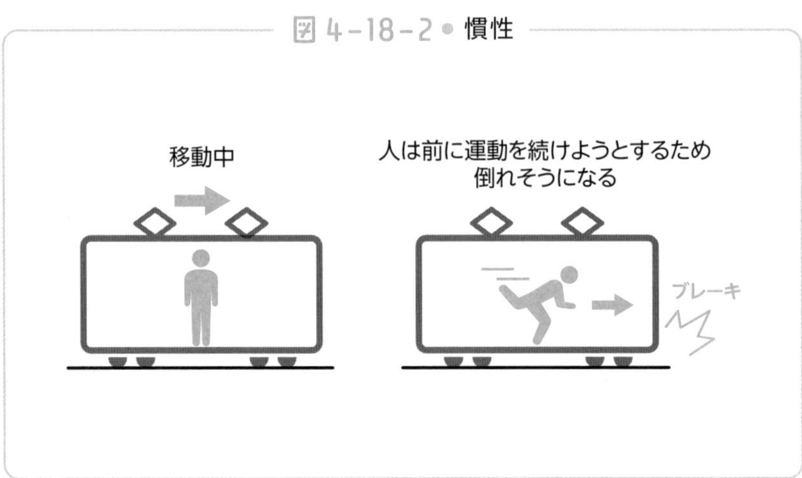

反対に、電車が急発進をしようとすると、静止したままの状態を保とうとする私たちは後ろに倒れそうになります。もちろん電車が一定のスピードで走っている場合は、私たちもそのスピードを維持しようとするので、力を受けることはありません。

これは地球に立っている私たちにも同様なことがいえます。地球は約24時間で1周（自転）しています。東京付近では、地面は時速1500kmほどのスピードで動いていることになります。

しかし私たちは、空気も含めそのスピードを維持しようとしていますので、**自転の速度を実感することができません**。もしも地球の自転が急ブレーキのように止まってしまったら、私たちは時速1500kmの速さで飛んでいってしまうでしょう。

慣性の法則は日常生活のさまざまな場面にも適用される法則です。ぜひ身近にある慣性を探してみてください。

「仕事」とは？ 理科の仕事と仕事の原理

―― 力と仕事の関係

一般に仕事といえば「職業」や「業務」を意味することがほとんどです。しかし理科にも「**仕事**」という用語があり、それは**職業とは全く異なる意味**をもちます。今回は中学理科で学習する「仕事」について解説をしていきます。

理科では「物体に力を加え、その力の向きに物体を動かしたとき」力は物体に対して「仕事をした」といいます。仕事の大きさは「**力の大きさ(N（ニュートン）)×力の向きに動いた距離(m)**」で求めることができます。仕事の単位はJ（ジュール）です。具体的な例で考えてみましょう。

図 4-19-1

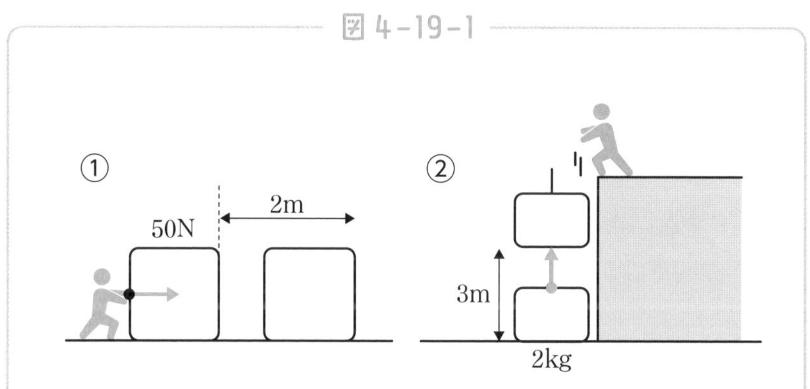

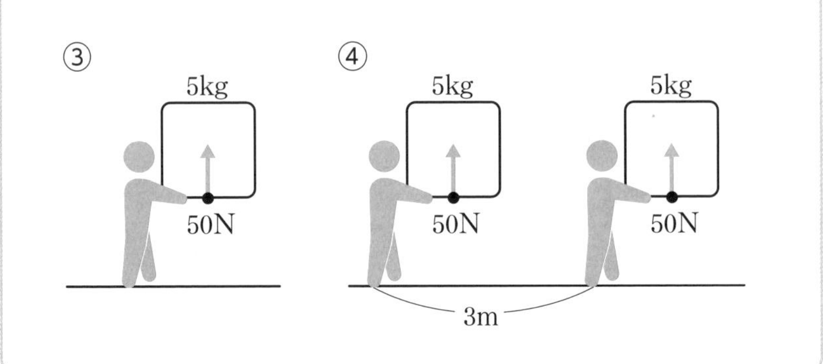

図4-19-1の①を見てください。50Nの力で力の向きに物体を2m動かしています。この場合の仕事は、50×2で100Jとなります。

②を見てみましょう。質量2kgの物体を3m持ち上げるときの仕事を考えてみましょう。**質量2kgの物体には20Nの重力**がかかります（中学理科では100gの物体にかかる重力が1Nでしたね）。つまり重力に反して、この物体を持ち上げるのに必要な力は20Nとなります。持ち上げる距離は3mですから、仕事は20×3で60Jとなります。

③は5kgの物体を支えて静止しています。この場合物体を支えるには50Nの力が必要です。しかし物体は、支えられているだけなので、**動いていません**。つまり動いた距離は0mになるので、このときの仕事は50×0で0Jとなります。

人間の感覚としては、支えているだけで疲れてしまうのですが、**理科の仕事としては0**になってしまいます。

④は物体を支えたまま3m歩いています。このときの仕事の大きさはどのくらいになるでしょうか。結論としては仕事は0Jになります。なぜ、物体を支えながら移動しているのに仕事が0Jなのでしょうか。

ポイントは仕事とは力の大きさ×**力の向き**に動いた距離で求められるということです。「力の向きに動いた距離」というのがカギで、④では人は物体を支えるために上向きに力を加えています。しかし歩く向きは水平方向なので、**力の向きには物体は動いていない**ことになります。よって仕事は50×0で0Jとなるのです。

これが理科でいう仕事です。続いて「**仕事の原理**」について考えてみましょう。世の中には(理科でいう)仕事を楽にするための道具がたくさんあります。代表的なものとしては「てこ」があります。

下の図を見てください。てこを使って4kgの物体を0.5m持ち上げようとしています。

図4-19-2

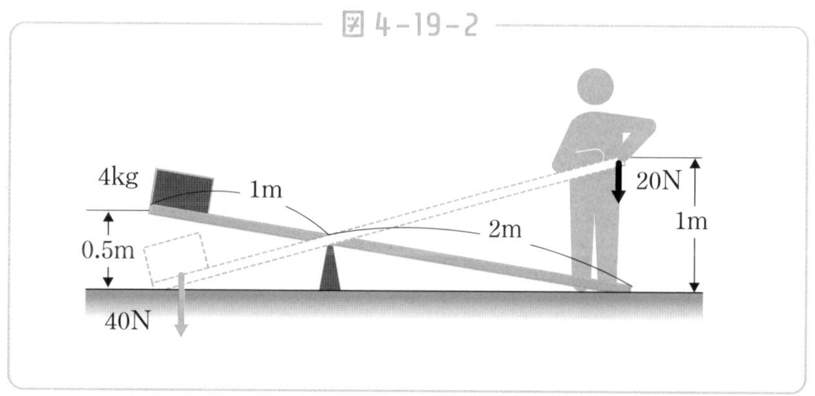

この仕事をてこを使わずに行なった場合、仕事の大きさは40×0.5で20Jとなります。しかし、てこを使うと持ち上げるのに必要な力を小さくすることができるのです。

図のようなてこを使った場合、物体を持ち上げるのに必要な力は半分になります。つまり20Nの力で物体が持ち上げられるようになるわけです。

ですが必要な力が半分になったので、仕事の大きさも半分になるかというと、そうはいかないのです。もう一度図を見てみましょう。物体を0.5m動かすのに、手は2倍の1m動かしていますね。つまりてこを使った場合の仕事は20×1で20Jと、**てこを使わない場合と仕事の総量は変わらない**のです。

このように、道具を使って必要な力を減らしたとしても、動かさなければいけない距離が増え、仕事の総量は変化しないのです。これを「仕事の原理」といいます。

しかし仕事の総量は変わらなくても、必要な力が減れば人間としては楽に仕事ができることが多いので、さまざまな道具の有用さを疑う余地はありません。

てこ以外の身近な例としては、ペンチが挙げられます。ペンチは手を大きく動かすことで、先端に大きな力を加えることを可能にしています（図4-19-3）。

人間はさまざまな道具を活用することで、加える力を変化させる工夫を行なってきました。しかしその裏には仕事の原理がしっかりと存在していることを理解しておきましょう。

図 4-19-3

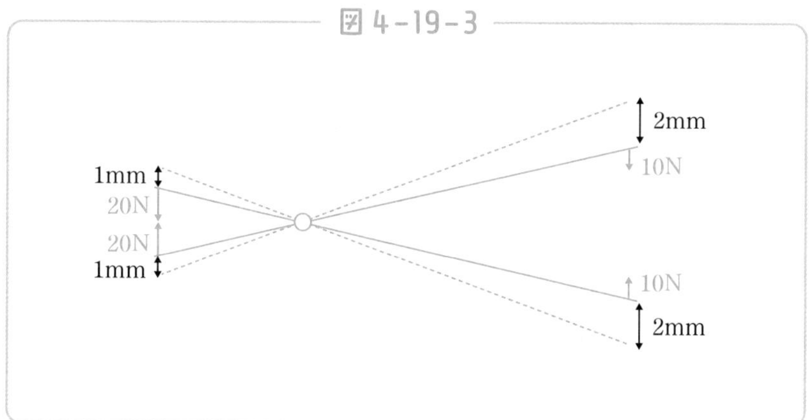

力学的エネルギー保存の法則とは

――運動エネルギーと位置エネルギー

今回は物体の**運動とエネルギーの関係**について解説をしていきます。理科でいう**エネルギー**とは「仕事をする能力」のことです。仕事をする能力がある物体のことを「エネルギーをもっている」というのです。今回は代表的なエネルギーである運動エネルギー、位置エネルギー、そして力学的エネルギーについて説明します。

まずは**運動エネルギー**から考えていきましょう。運動エネルギーとは「運動している物体がもつエネルギー」のことです。運動している物体は、仕事をする能力があるということですね。

例として運動するボールが物体にぶつかる場合を考えてみましょう。運動するボールが物体に当たると、物体は移動します。これはボールが物体に仕事をしているといえます。つまりボールはエネルギーをもっているのです。このときのエネルギーを運動エネルギーというのです。

図 4-20-1

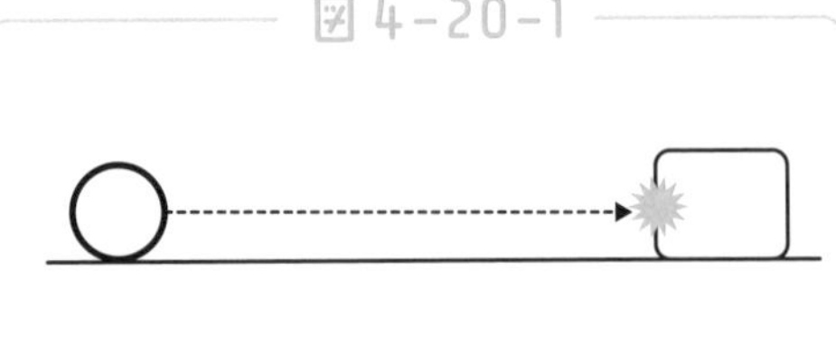

運動エネルギーの大きさは、**物体の質量と速さで決まります**。下の図を見てください。同じスピードでも、質量が大きいほど運動エネルギーが大きくなります。これは想像に難くないでしょう。

図 4-20-2

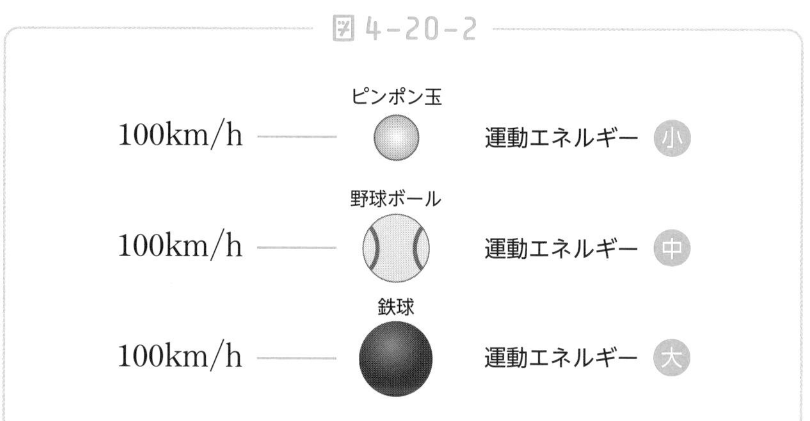

物体が運動する速さについても同様です。同じ質量であっても、物体が運動する速さが大きいほど運動エネルギーは大きくなります。

図 4-20-3

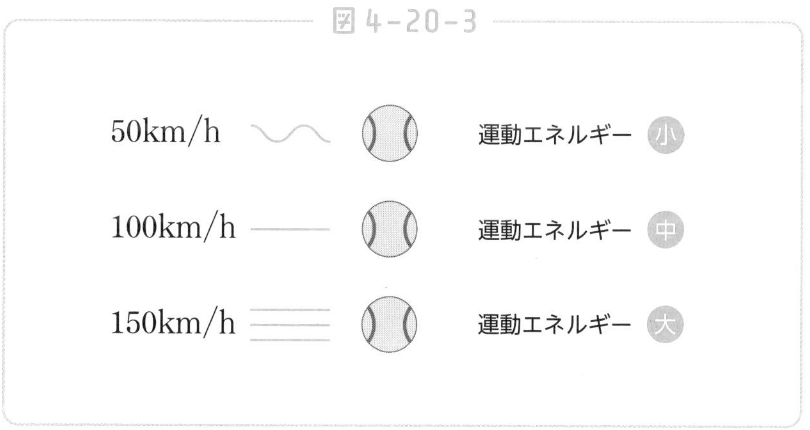

これが運動エネルギーです。なお、運動エネルギーの大きさは質量の大きさに比例し、速さの 2 乗に比例します。速さが 2 倍、

3 倍、……となると、運動エネルギーは 4 倍、9 倍、……となるのです。このことから車の運転をする際に、スピードが速いというのは非常に危険なことがわかりますね。

続いて**位置エネルギー**を考えてみましょう。位置エネルギーとは「高い位置にある物体がもつエネルギー」のことです。物体は**高い位置にあるだけでエネルギーをもつ**のです。

例として右の図のような高い位置に吊るされた物体のひもを切ることを考えてみましょう。ひもを切ると物体は落下し、くいが打ちこまれるはずです。

つまり物体は高い位置にあるだけで仕事をする能力をもつといえます。このエネルギーを位置エネルギーというのです。

図 4-20-4

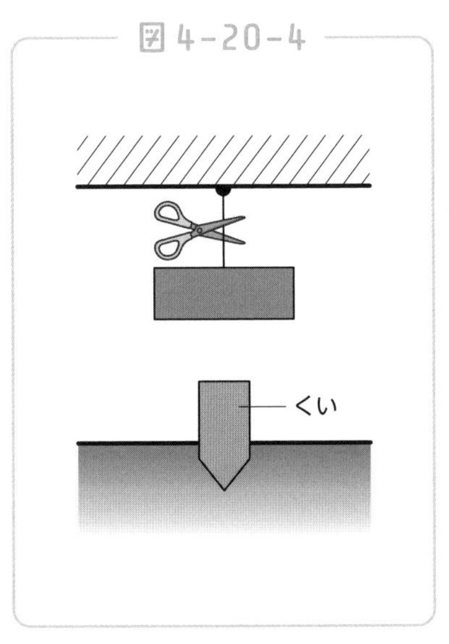

位置エネルギーの大きさは、**物体の質量と高さで決まります**。図 4-20-5のように、同じ高さでも物体の質量が大きいほど位置エネルギーは大きくなります。

図4-20-5

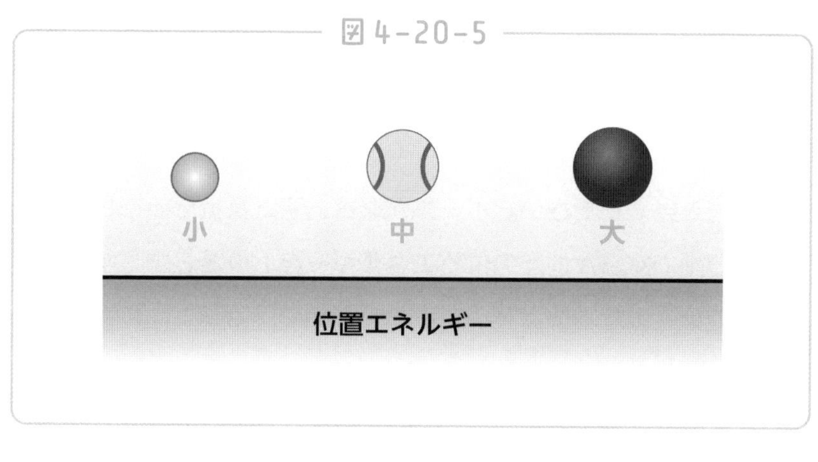

また、下の図のように同じ質量でも物体の位置が高いほど位置エネルギーは大きくなります。

図4-20-6

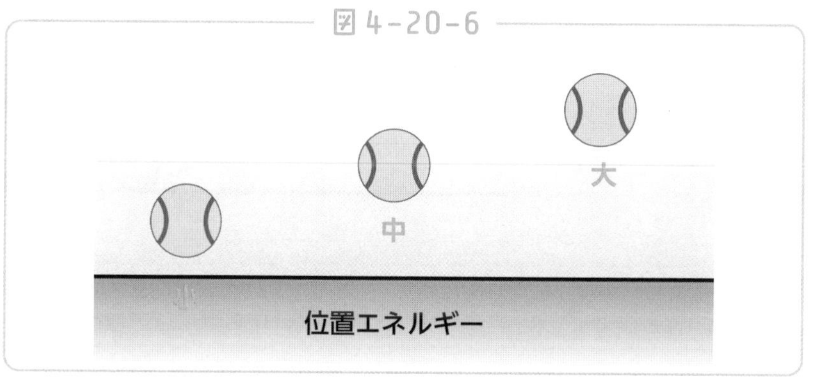

位置エネルギーの大きさは、物体の質量と高さに比例するのです。

最後に**力学的エネルギー**について解説をします。位置エネルギーと運動エネルギーの和(足したもの)を力学的エネルギーといいます。

摩擦や空気抵抗を無視して考えるとき、力学的エネルギーはいつも一定に保たれます。これを**力学的エネルギー保存の法則**といいます。文字だけではイメージがつかみにくいので、例を挙げながら解説をしていきます。

下の図を見てください。ボールが摩擦、空気抵抗を無視して斜面を下る運動です。A地点の位置エネルギーを100としましょう。この地点では、まだ物体は動いていませんので、運動エネルギーは0です。A地点の力学的エネルギーは、100＋0で100になります（数値はイメージとしてとらえてください）。

図 4-20-7

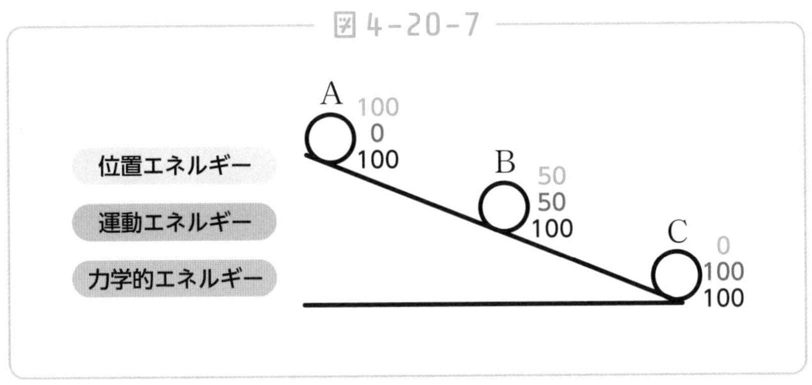

B地点を見てください。ボールが下り低い位置にきたため、位置エネルギーは減少します。一方でボールはスピードを上げますので、運動エネルギーは上昇します。それぞれのエネルギーは50ずつになりました。ここでのポイントは、2つのエネルギーの和である**力学的エネルギーは100で、A地点と変わっていない**ことです。

ボールがC地点まで下りると、位置エネルギーは0になります。しかしスピードはさらに上がるため、運動エネルギーは100となります。このとき力学的エネルギーは0＋100で100となります。

このように、摩擦や空気抵抗を無視する場合、力学的エネルギーは一定に保たれるのです。これが力学的エネルギー保存の法則です。

図 4-20-8

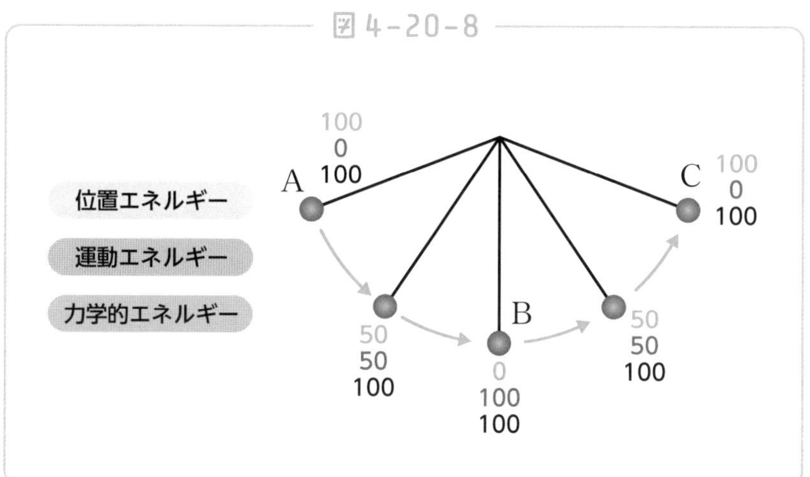

力学的エネルギー保存の法則は、上の図のようにふりこでも確認することができます。注意点としては、力学的エネルギーは、あくまでも摩擦や空気抵抗を無視できる場合のみ保存されるということです。

実際の地球上では摩擦や空気抵抗が発生するため、力学的エネルギーは保存されず、次第にスピードが落ち静止してしまいます。この場合は、エネルギーは音エネルギーや熱エネルギーに変化してしまいます。

次回は運動エネルギー、位置エネルギー以外のエネルギーについても解説をしていきます。エネルギーについての理解がさらに深まることでしょう。

3年

エネルギーの変換と保存

── いろいろなエネルギー

前回は運動エネルギー、位置エネルギー、そして2つの和である力学的エネルギーについて解説をしました。しかしエネルギーにはこれら以外にもたくさんの種類があります。今回はいろいろなエネルギーについて説明していきます。まず熱エネルギーから見ていきましょう。

熱エネルギーとは熱がもつエネルギーです。熱エネルギーを上手に活用したものとしては蒸気機関車が挙げられます。蒸気機関車は熱を利用して水蒸気を発生させ、その圧力で走ります。他にも物体が移動するときに摩擦が起こると、熱エネルギーが発生します。

音がもつエネルギーを**音エネルギー**といいます。花火や太鼓などで大きな音が発生すると、体に振動を感じることがあるでしょう。音もエネルギーをもつのです。また、物体が運動する際に音が出ることがあります。これは運動エネルギーが音エネルギーへと変化しているのです。

光がもつエネルギーを**光エネルギー**といいます。ソーラーカーや

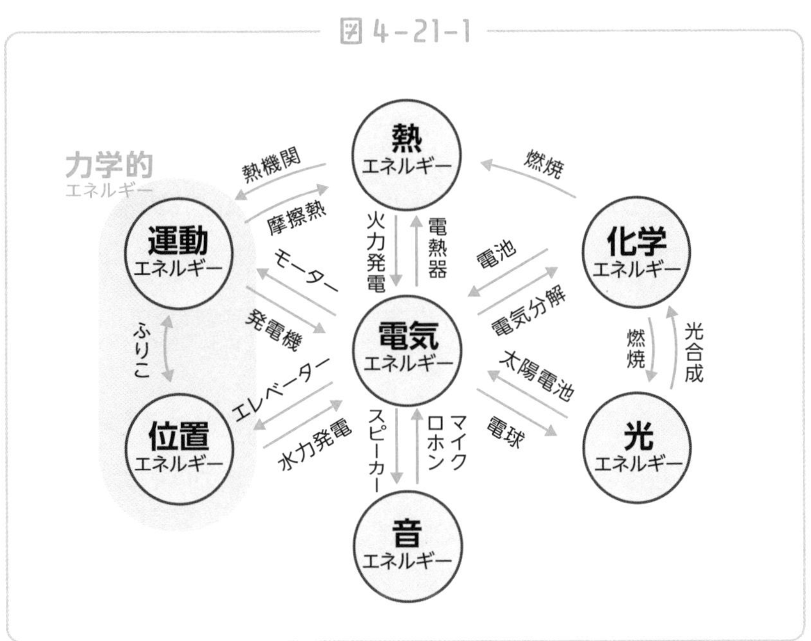

太陽光発電などが光エネルギーを活用する代表的な例です。他にも植物は光エネルギーを利用し、水と二酸化炭素からデンプンをつくる光合成を行ないます。

化学エネルギーは少しイメージが難しいかもしれません。化学エネルギーとは化学変化によって取り出すことが可能なエネルギーのことです。化学エネルギーを多くもつ物質の代表例は石油や石炭が挙げられます。これらは上手に活用すれば、車を動かしたり、部屋を暖めたりなど非常に大きなエネルギーを得ることができます。化石燃料は非常に多くの化学エネルギーをもつ物質なのです。

最後は**電気エネルギー**です。これは文字通り電気がもつエネルギーのことです。上の図で中心にあることからもわかるように、電気エネルギーは他のエネルギーに変換することが容易で、非常に扱いやすいエネルギーです。そのため日常で最も利用されるエネルギーともいえるでしょう。

ここで紹介した以外にも、エネルギーにはたくさんの種類があります。人間はさまざまなエネルギーを上手に活用しながら生活をしているのですね。

さて、前の単元で力学的エネルギー保存の法則というものがありました。これは摩擦や空気抵抗を無視したとき、力学的エネルギーが一定に保たれるという法則でした。

今回は「**エネルギー保存の法則**」を解説します。この法則が力学的エネルギー保存の法則と異なる点は、**摩擦や空気抵抗を無視しない場合でも適用可能**なことです。

図 4-21-2

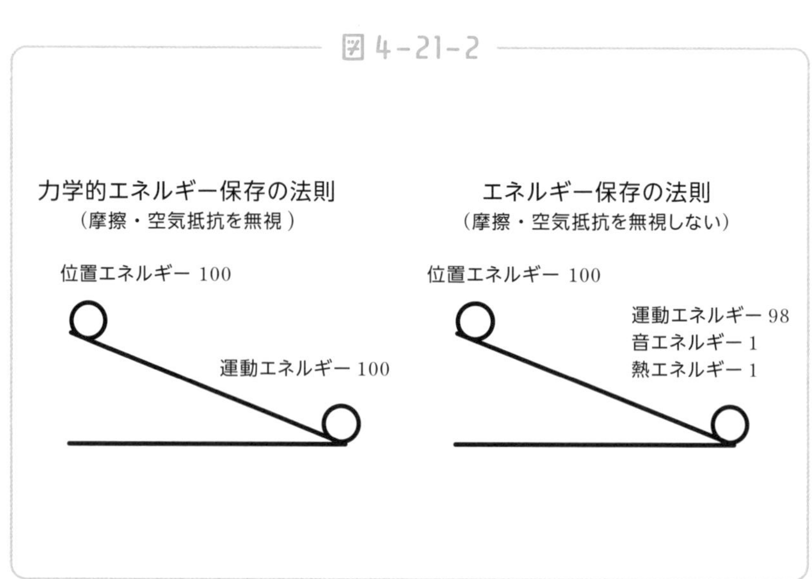

図4-21-2を見てください。実際の世界では図の右側のように摩擦や空気抵抗が存在するため、力学的エネルギーは保存されません。位置エネルギーが運動エネルギーに変わるとき、その一部が音エネルギーや熱エネルギーに変化してしまうからです。図4-21-2の数値はイメージですが、力学的エネルギーは100から98へと減少してしまっていますね（数値はあくまでもイメージです）。

しかし音や熱のエネルギーを合わせたエネルギー全体としては100のまま保存されています。これをエネルギー保存の法則というのです。エネルギーはいろいろなものへと変化しますが、その総量は変化しないのです。

では、私たちが利用するエネルギーの大元はどこからきているのでしょうか。これは、太陽からのエネルギーが大きく関係しています。太陽からの光や熱はもちろん、風や雨、石油や石炭などの燃料も、元をたどれば太陽からのエネルギーが関わっています。太陽は私たちが住む地球のさまざまなエネルギーの源といっても過言ではありません。

最後にエネルギーの変換について考えてみましょう（図4-21-3）。もとのエネルギーから、目的のエネルギーに変換された割合を**変換効率**といいます。

例として電気エネルギーを光エネルギーに変換する場合を考えてみましょう。100Jの電気エネルギーを光に変える場合、そのすべてを光エネルギーに変えることができれば理想的ですね。

図 4-21-3 ● 変換効率

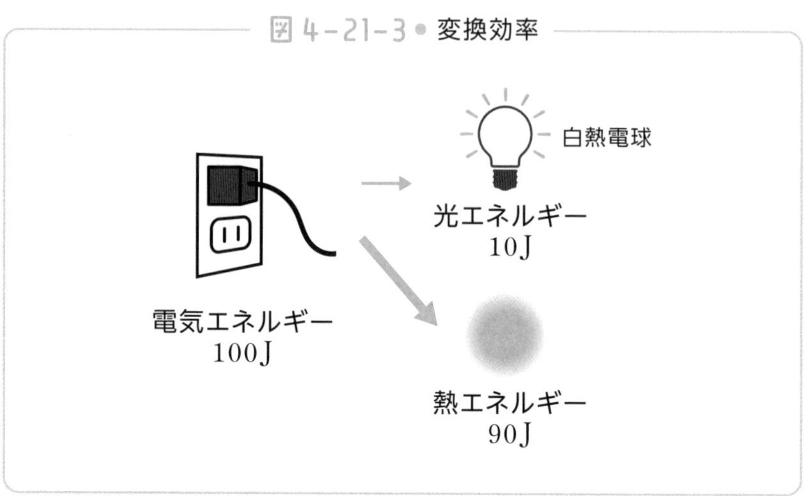

しかし実際にはどうしてもエネルギーのロスが出てしまいます。例えば白熱電球では、100Jの電気エネルギーを10J程度しか光エネルギーに変換できません。それ以外は熱エネルギーなど目的以外のエネルギーに変わってしまうのです。この場合の変換効率は10％になります。

一方LED電球は変換効率を30～50％ほどまで上げることができています。最新のLED電球ですら50％程度の変換効率なのですから、いかに目的のエネルギーに変換することが難しいかがわかりますね。

ちなみに生物のホタルはからだの中で化学変化を利用し発光していますが、その変換効率は90％ほどになるそうです。生物の体のしくみには本当に驚かされますね。

索　引

あ行

か行

さ行

た行

な行

は行

ま行

や行

ら行

わ行

著者紹介

さわにい

1985年生まれ。
大阪教育大学を卒業後、公立中学校で11年間勤務。
退職後に運営を開始した「中学理科の苦手解決サイト」が評判となり、累計アクセス数は1000万回を超える。
(https://kagakuhannou.net/)
YouTubeでも中高生向けの学習チャンネルを運営。登録者数は8万人を超える。
(https://www.youtube.com/@sawanii)
著書
『さわにいの中学理科 電気分野が3日でわかる本』(翔雲社)
(https://www.amazon.co.jp/--/dp/4910135022)

図版作成

ぽにょん

元中学理科の教員。イラストレーター、YouTuberとして活動中。
(https://www.ponyoani.net/)

◉── ブックデザイン　三枝 未央
◉── 本文・カバー図版　ぽにょん／三枝 未央
◉── 監修　ハレ(https://twitter.com/U15Marine) 松井 浩一
◉── 画像・動画撮影協力　山梨学院中学校・高等学校

「中学の理科」が一冊でまるごとわかる

2024年 4月 25日　初版発行
2024年 9月 30日　第3刷発行

著者	さわにい
発行者	内田 真介
発行・発売	ベレ出版 〒162-0832 東京都新宿区岩戸町12 レベッカビル TEL.03-5225-4790 FAX.03-5225-4795 ホームページ https://www.beret.co.jp/
印刷	モリモト印刷株式会社
製本	根本製本株式会社

ISBN 978-4-86064-762-9 C2040　編集担当　坂東 一郎